大学软件学院软件开发系列教材

C 语言程序开发实用教程
(微课版)

秦　娜　高莉莉　杨柱平　主编

清华大学出版社
北　京

内 容 简 介

本书是针对零基础读者研发的C语言程序开发入门教材。该书侧重案例实训，并通过二维码来讲解当前热点案例。

本书共分为16章，主要内容包括快速搭建C语言开发环境，C语言基础，运算符和表达式，常用的数据输入输出函数，流程控制语句，数值与字符数组，精通函数的应用，使用库函数提高开发效率，灵活使用指针，结构体、共用体和枚举，操作文件，使用排序整理数据，编译与预处理指令，高级存储管理，动态数据结构链表，最后通过热点综合项目开发商品信息管理系统，进一步巩固读者的项目开发经验。

本书通过精选热点案例，可以让初学者快速掌握C语言程序开发技术。通过微信扫码看视频，读者可以随时在移动端学习技术对应的视频操作。本书还提供技术支持QQ群和微信群，专为读者答疑解惑，降低零基础学习C语言程序开发的门槛。

图书在版编目(CIP)数据

C语言程序开发实用教程：微课版/秦娜，高莉莉，杨柱平主编. —北京：清华大学出版社，2022.10
大学软件学院软件开发系列教材
ISBN 978-7-302-61826-3

Ⅰ. ①C… Ⅱ. ①秦… ②高… ③杨… Ⅲ. ①C语言—程序设计—高等学校—教材 Ⅳ. ①TP312.8

中国版本图书馆CIP数据核字(2022)第169101号

责任编辑： 张彦青
装帧设计： 李 坤
责任校对： 翟维维
责任印制： 沈 露
出版发行： 清华大学出版社
网 址：http://www.tup.com.cn, http://www.wqbook.com
地 址：北京清华大学学研大厦A座 邮 编：100084
社 总 机：010-83470000 邮 购：010-62786544
投稿与读者服务： 010-62776969, c-service@tup.tsinghua.edu.cn
质量反馈： 010-62772015, zhiliang@tup.tsinghua.edu.cn
印 装 者： 三河市铭诚印务有限公司
经 销： 全国新华书店
开 本： 185mm×260mm **印 张：** 20.75 **字 数：** 505千字
版 次： 2022年10月第1版 **印 次：** 2022年10月第1次印刷
定 价： 68.00元

产品编号：093864-01

前　言

C 语言是一门历史悠久、博大精深的程序设计语言。它对计算机技术的发展起到了极其重要的促进作用，而且这种促进作用一直在持续下去。它从产生之时就肩负了很多重要使命，开发操作系统、开发编译器、开发驱动程序，可以解决计算机中的大部分问题。C 语言几乎是每一个致力于程序设计人员的必学语言。但在学习之初，很多 C 语言的初学者都苦于找不到一本通俗易懂、容易入门和案例实用的参考书。通过本书的案例实训，大学生可以很快地上手流行的工具，提高职业化能力，从而解决公司与学生的双重需求问题。

本书特色

- 零基础、入门级的讲解

无论您是否从事计算机相关行业，也无论您是否接触过 C 语言程序开发，都能从本书中找到最佳起点。

- 实用、专业的范例和项目

本书在编排上紧密结合深入学习 C 语言程序开发的过程，从 C 语言程序开发环境搭建开始，逐步带领读者学习 C 语言程序开发的各种应用技巧，侧重培养实战技能，使用简单易懂的实际案例进行分析和操作指导，让读者学起来简明轻松，操作起来有章可循。

- 随时随地学习

本书提供了微课视频，通过手机扫码即可观看，随时随地解决学习中的困惑。

- 全程同步教学录像

教学录像涵盖本书所有知识点，详细讲解每个实例及项目的过程及技术关键点。看录像比看书能更轻松地掌握书中所有的网页制作和设计知识，而且扩展的讲解部分可使您得到比书中更多的收获。

- 超多容量王牌资源

8 种王牌资源为您的学习保驾护航，包括精美教学幻灯片、本书案例源代码、同步微课视频、教学大纲、C 语言程序开发常见疑难问题解答、12 个 C 语言企业经典项目、名企招聘考试题库、毕业求职面试资源库。

读者对象

本书是一本完整介绍 C 语言程序开发技术的教程，内容丰富、条理清晰、实用性强，适合以下读者学习使用：

- 零基础的 C 语言程序开发自学者
- 希望快速、全面掌握 C 语言程序开发的人员
- 高等院校或培训机构的老师和学生
- 参加毕业设计的学生

如何获取本书配套资料和帮助

为帮助读者高效、快捷地学习本书知识点，我们不但为读者准备了与本书知识点有关的配套素材文件，而且还设计并制作了精品视频教学课程，同时还为教师准备了 PPT 课件资源。购买本书的读者，可以通过扫描下方的二维码获取相关的配套学习资源。

附赠资源

读者在学习本书的过程中，使用 QQ 或者微信的扫一扫功能，扫描本书各标题右侧的二维码，在打开的视频播放页面中可以在线观看视频课程，也可以下载并保存到手机中离线观看。

创作团队

本书由秦娜、高莉莉、杨柱平编写，其中，西北师范大学的秦娜老师编写了第 2～7 章，共计 197 千字；兰州市体育运动学校的高莉莉老师编写了第 8～11 章，共计 141 千字；兰州现代职业学院的杨柱平老师编写了第 1 章和第 12～16 章，共计 140 千字。在编写过程中，我们虽竭尽所能将最好的讲解呈现给读者，但难免有疏漏和不妥之处，敬请读者不吝指正。

编　者

目　　录

快速搭建 C 语言开发环境

C 语言是一种通用的、面向过程的计算机程序设计语言，具有广泛的应用性，且功能强大。学习好 C 语言，可以为以后的程序开发之路打下坚实的基础。本章将带领读者步入 C 语言的殿堂，初识C语言的世界。

1.1 C语言概述

C 语言作为一种通用的、模块化以及程序化的编程语言，被广泛应用于操作系统和应用软件的开发之中。由于 C 语言具有高效和可移植性，它能适用于不同硬件和软件平台，深受开发人员的喜爱。而 C 语言在诞生之后经历了几个发展阶段，之后逐步成为成熟的设计语言。本节将对 C 语言的发展历史、特点以及 C 语言的应用进行详细讲解。

1.1.1 C语言的发展史

C 语言在它的历史舞台上经历了翻天覆地的发展，如图 1-1 所示。但它的发展历程总的来说有五个阶段。

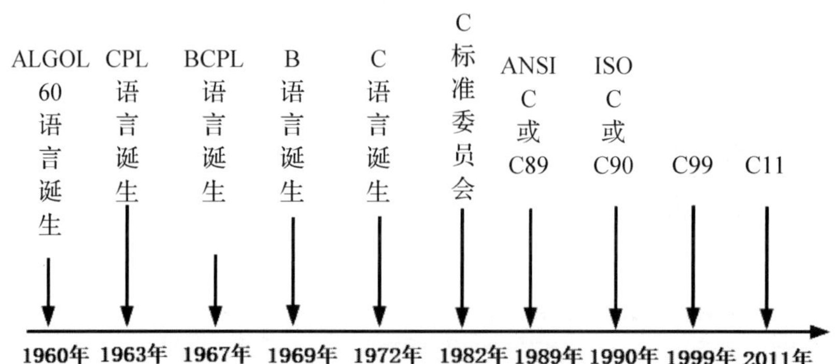

图 1-1　C 语言的发展历程

1. ALGOL 60 语言

1960 年，算法表示法被综合后诞生了一种算法语言——ALGOL 60 语言(算法语言 60)，标志着程序设计语言由技艺转向科学，其特点是局部性、动态性、递归性和严谨性。

2. CPL 语言

CPL 语言，全称为 Combined Programming Language(组合编程语言)，是基于 ALGOL 60 的高级语言。1963 年，英国剑桥大学在 ALGOL 60 语言的基础上推出了 CPL 语言。CPL 语言虽然较 ALGOL 60 语言更接近硬件，但由于其规模比较大，故难以实现。

3. BCPL 语言

BCPL 语言，全称为 Basic Combined Programming Language(基本组合编程语言)，它是一种早期的高级语言。BCPL 语言是 1967 年由剑桥大学的马丁・理查德(Matin Richards)在 CPL 语言上改进而来的，而且它是最早被用于牛津大学的 OS6 操作系统上面的开发工具。BCPL 语言也是典型的面向过程的高级语言，并且语法更加接近机器本身，适合开发精巧、高要求的应用程序，同时对编译器的要求也不高。BCPL 也是最早使用库函数封装基本输入输出的语言之一，这使得它跨平台的移植性很好。

4. B 语言

B 语言是由美国贝尔实验室开发的一种通用的程序设计语言，它是 1969 年前后由美国贝尔实验室的计算机科学家肯·汤普逊(Ken Thompson)在丹尼斯·里奇(Dennis Ritchie)的支持下设计出来的。肯·汤普逊在设计 B 语言时从 BCPL 语言系统中删减了非必备的组件，以便 B 语言能够在当时的小型计算机上运行。B 语言只有一种数据类型，大部分操作将其作为整数对待，其余操作将其作为一个复引用的内存地址。从某些角度上来看，B 语言更像是一个早期版本的 C 语言，因为它还包括了一些库函数，其作用类似于 C 语言中的标准输入/输出函数库。

5. C 语言

由于 B 语言过于简单，数据没有类型，功能也有限，所以贝尔实验室的丹尼斯·里奇在 B 语言的基础上最终设计出了一种新的语言，取名为 C 语言，并试着以 C 语言编写 UNIX。1972 年，丹尼斯·里奇完成了 C 语言的设计，并成功地利用 C 语言编写出了操作系统，降低了操作系统的修改难度。

1978 年，C 语言先后被移植到大、中、小、微型计算机上，风靡世界，成为使用广泛的计算机语言之一。

1983 年，美国国家标准委员会(ANSI)对 C 语言进行了标准化，当年颁布了第 1 个 C 语言标准草案(83 ANSI C)，1987 年又颁布了另一个 C 语言标准草案(87 ANSI C)。1994 年，ISO 修订了 C 语言的标准。最新的 C 语言标准是在 1999 年颁布并在 2000 年 3 月被 ANSI 采用的 C99，正式名称是 ISO/IEC9899:1999。

在 2011 年 12 月 8 日，ISO 又正式发布了新的标准，称为 ISO/IEC9899:2011，简称为 C11。

1.1.2　C 语言的特点

C 语言作为一种通用的计算机编程语言，具有以下特点。

1. 简洁紧凑、灵活方便

在 C 语言中包含了 32 个关键字，9 种控制语句，程序书写形式比较自由，区分大小写。C 语言把高级语言的基本结构和语句与低级语言的实用性进行了结合，并且它能够像汇编语言一样对位、字节以及地址进行操作，而这三者都是计算机最基本的工作单元。

2. 运算符丰富

C 语言的运算符包含的范围十分广泛，共有 34 种运算符。并且在 C 语言中，括号、赋值、强制类型转换等都作为运算符进行处理，从而使 C 语言的运算类型极其丰富，表达式类型多样化。通过使用 C 语言的各种运算符可以实现在其他高级语言中难以实现的运算。

3. 数据类型丰富

C 语言的数据类型有：整型、实型、字符型、数组类型、指针类型、结构体类型、共用体类型等。通过这些数据类型能够实现各种复杂的数据结构的运算。而且 C 语言中引入了指针的概念，这使得程序效率更高。

4. 表达方式灵活实用

C 语言提供多种运算符和表达式值的方法，对问题的表达可通过多种途径获得，其程序设计更主动、灵活。并且 C 语言语法限制不太严格，这使得程序的设计自由度更大，如整型数据、字符型数据及逻辑型数据可以通用等。

5. 允许直接访问物理地址，对硬件进行操作

由于 C 语言允许直接访问物理地址，可以直接对硬件进行操作，因此它既具有高级语言的功能，又具有低级语言的许多功能，能够像汇编语言一样对位(bit)、字节和地址进行操作，可用来编写系统软件。

6. 生成的目标代码的质量高，程序执行效率高

C 语言描述问题比汇编语言迅速，工作量小、可读性好，易于调试、修改和移植，而且代码质量与汇编语言相当。一般来讲，C 语言只比汇编程序生成的目标代码效率低 10%～20%。

7. 可移植性好

C 语言在不同机器上的 C 编译程序，86%的代码是公共的，所以 C 语言的编译程序便于移植。在一个环境中用 C 语言编写的程序，不需改动或稍加改动，就可移植到另一个完全不同的环境中运行。

1.1.3 C 语言的应用

C 语言作为一种计算机程序设计类的语言，既有汇编语言的特点，又具有高级语言的特色。它不但可以作为系统设计语言，编写工作系统的应用程序，而且也可以作为应用程序设计语言，以编写不依赖于计算机硬件的应用程序。因此可以说 C 语言的应用范围比较广泛。

通过 C 语言编程可以做很多事，涉及面比较广，例如可以编写单片机程序、嵌入式程序等。大多数系统内核是由 C 语言编写的。C 语言主要用于偏底层的地方，如果要实现一些偏向底层或者系统的高级功能，C 语言是必不可少的，而且它也是很多学习计算机编程的基础语言。

学习 C 语言可以让读者了解编程，锻炼编程的逻辑思维，所以 C 语言也是比较重要的，能够为读者学习好其他编程语言打下基础。各种语言之间虽说语法不同，但是编程的思维是相通的。

1.2　C 语言常用开发环境

C 语言常用的集成开发环境有很多，主要包括 Visual Studio 2019、Microsoft Visual C++ 6.0、Turbo C 等，下面分别进行介绍。

1.2.1　Visual Studio 2019 开发环境

对于使用 Windows 平台的 C 语言开发人员来讲，使用 Visual Studio(VS)进行开发比较普遍，所以本书以 Visual Studio 2019 为主进行讲解。

1. 安装 Visual Studio 2019

下面介绍 Visual Studio 2019 的安装方法，具体操作步骤如下。

01 下载 Visual Studio 2019 安装程序，如图 1-2 所示。

02 双击下载好的软件，进入安装界面，如图 1-3 所示。

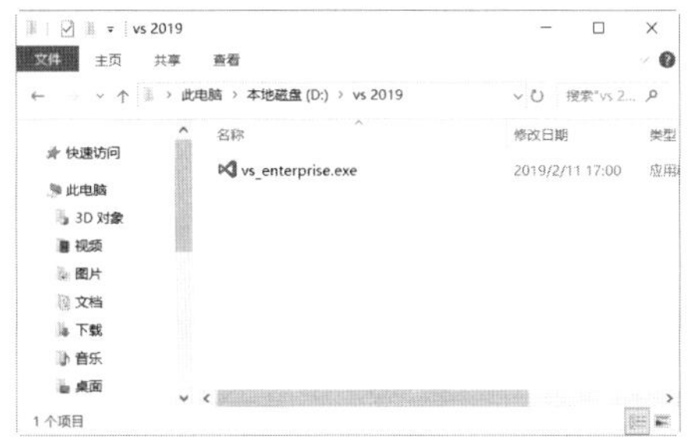

图 1-2　Visual Studio 2019 程序安装包

图 1-3　Visual Studio 2019 安装界面

03 单击【继续】按钮，会弹出 Visual Studio 2019 程序安装加载界面，显示正在加载程序所需的组件，如图 1-4 所示。

04 当加载完成后应用程序会自动跳转到 Visual Studio 2019 程序安装起始界面，如图 1-5 所示。该界面提示有三个版本可供选择，分别是 Visual Studio Community 2019、Visual Studio Enterprise 2019、Visual Studio Professional 2019，用户可根据自己的需求进行选择。对于初学者而言，一般推荐使用 Visual Studio Community 2019。

图 1-4　Visual Studio 安装加载界面

图 1-5　Visual Studio 安装起始界面

05 单击【安装】按钮，弹出 Visual Studio 2019 程序安装选项界面，在该界面中切换到【工作负载】选项卡，然后选中【通用 Windows 平台开发】和【使用 C++的桌面开发】复选框。用户也可以在【位置】处设置产品的安装路径，如图 1-6 所示。

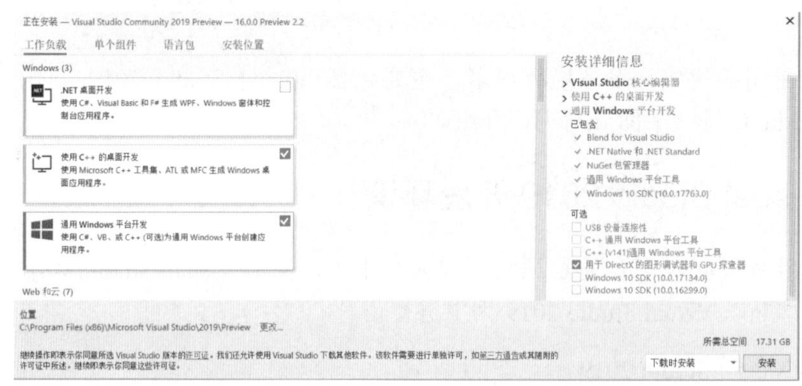

图 1-6　Visual Studio 2019 程序安装选项界面

06 选择好要安装的选项后，单击【安装】按钮，进入图 1-7 所示的 Visual Studio 2019 程序安装进度界面，显示安装进度。安装程序自动执行安装过程，直至该安装过程执行完毕。

图 1-7　Visual Studio 2019 程序安装进度页界面

2. *启动* Visual Studio 2019

Visual Studio 2019 安装完毕后，会提示重启操作系统。重新启动操作系统后，即可启动 Visual Studio 2019。

01 单击【开始】按钮，在弹出的【开始】菜单中选择【所有程序】→Visual Studio 2019 Preview 命令，如图 1-8 所示。

02 在 Visual Studio 2019 启动后会弹出欢迎使用界面，如果注册过微软的账户，可以单击【登录】按钮登录微软账户。如果不想登录，则可以直接单击【以后再说】链接跳过登录，如图 1-9 所示。

03 在弹出的 Visual Studio 环境配置界面中，在【开发设置】下拉列表框中选择 Visual C++选项。颜色主题默认为【蓝色】(这里可以选择自己喜欢的风格)，然后单击【启动 Visual Studio】按钮，如图 1-10 所示。

04 弹出 Visual Studio 2019 起始界面。至此程序开发环境安装完成，如图 1-11 所示。

图 1-8 启动 Visual Studio 2019 Preview

图 1-9 欢迎使用界面

图 1-10 Visual Studio 环境配置界面

图 1-11 Visual Studio 2019 起始界面

05 单击【继续但无需代码】链接，即可进入 Visual Studio 2019 主界面，如图 1-12 所示。

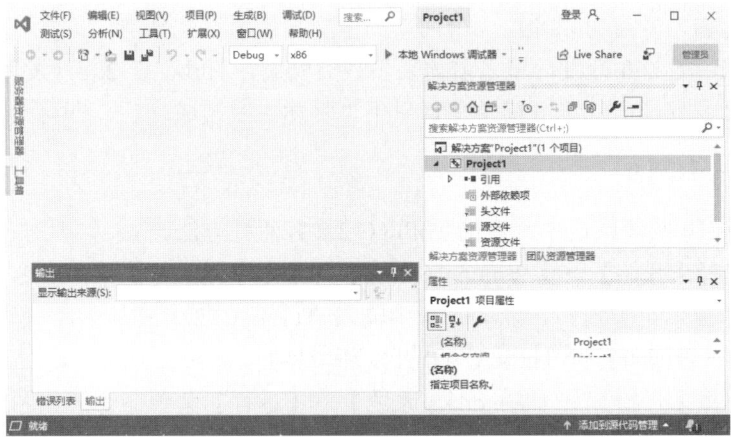

图 1-12 Visual Studio 2019 主界面

1.2.2 Visual C++ 6.0 开发环境

在使用 Microsoft Visual C++ 6.0 开发环境之前需要下载后安装，Microsoft Visual C++ 6.0 开发环境可自行通过浏览器搜索下载，安装方法十分简单，这里不再赘述。

Microsoft Visual C++ 6.0 开发环境安装成功后，即可启动开发环境。在 Windows 10 操作系统中，选择【开始】→Microsoft Visual Studio 6.0→Microsoft Visual C++ 6.0 菜单命令，即可打开 Microsoft Visual C++ 6.0 开发环境界面，如图 1-13 所示。

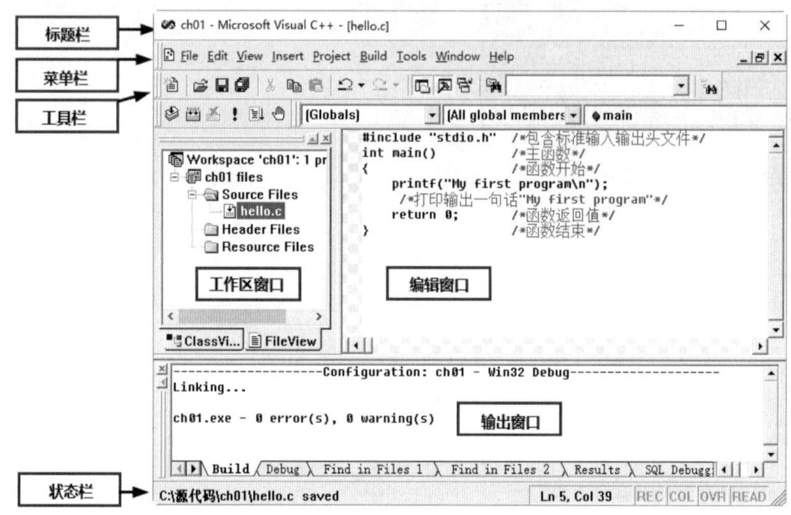

图 1-13 Microsoft Visual C++ 6.0 开发环境界面

1.2.3 Turbo C 2.0 开发环境

Turbo C 是一个快捷、高效的编译程序，使用 Turbo C 2.0，无须独立地编辑、编译、连接程序和执行出错功能，就能建立并运行 C 语言程序。因为这些功能都组合在 Turbo 2.0 的集成开发环境内，并且可以通过一个简单的主屏幕使用这些功能。

在使用 Turbo C 2.0 开发环境之前需要下载后安装，Turbo C 2.0 开发环境可自行通过浏览器搜索下载，安装方法十分简单，这里不再赘述。安装成功后，即可启动开发环境。

1. *启动* Turbo C 2.0

在 Windows 10 操作系统中，启动 Turbo C 2.0 有两种方法。

方法 1：选择【开始】→【Windows 系统】→【命令提示符】菜单命令，如图 1-14 所示。打开【命令提示符】窗口，在命令行中输入 Turbo C 2.0 相应的路径，如图 1-15 所示。接着按 Enter 键即可打开 Turbo C 2.0 开发环境界面。

方法 2：选择【开始】→【Windows 系统】→【运行】菜单命令，如图 1-16 所示。打开【运行】对话框，在【打开】下拉列表框中输入 Turbo C 2.0 程序相应路径，如图 1-17 所示。单击【确定】按钮即可打开 Turbo C 2.0 开发环境界面。

图 1-14　选择【命令提示符】菜单命令

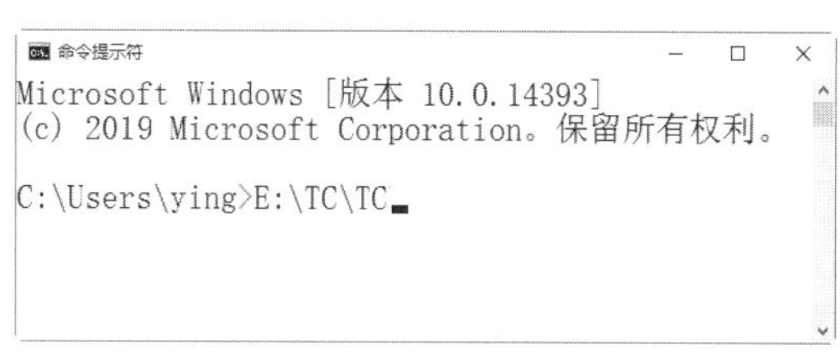

图 1-15　【命令提示符】窗口

图 1-16　选择【运行】菜单命令

图 1-17　【运行】对话框

2. Turbo C 2.0 开发环境介绍

Turbo C 2.0 的主界面分为 4 部分，由上至下分别为：菜单栏、代码编辑区、信息输出区和功能索引键栏，如图 1-18 所示。

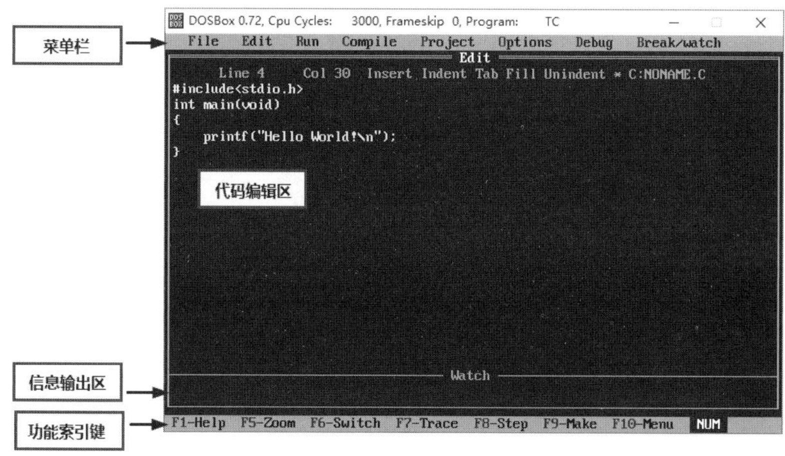

图 1-18　Turbo C 2.0 的主界面

1.3　编写 C 语言程序

在了解了 C 语言常用的开发环境后，下面使用这些开发工具来编写一个简单的 C 语言

程序，进而学习这些开发工具的使用方法。

1.3.1 在 Visual Studio 2019 中编写

Visual Studio 2019 是微软公司推出的一款高性能集成开发工具，具有可视化的开发环境，其功能完善，操作简便，界面友好，适合初学者使用。

在 Visual Studio 2019 中编写 C 程序的具体操作步骤如下。

01 启动 Visual Studio 2019 主界面，进入初始化界面。选择【文件】→【新建】→【项目】菜单命令，如图 1-19 所示。

图 1-19 在初始化界面中选择命令

02 进入【创建新项目】对话框，在左侧选择【空项目】选项，如图 1-20 所示。

03 单击【下一步】按钮，进入【配置新项目】对话框，在【项目名称】文本框中输入项目的名称，这里输入“HelloWorld”，单击【创建】按钮，如图 1-21 所示。

图 1-20 【创建新项目】对话框　　图 1-21 【配置新项目】对话框

04 进入 Visual Studio 2019 的 HelloWorld 项目工作界面，在【解决方案“HelloWorld”】窗格中选择【源文件】选项，单击鼠标右键(或简写为“右击”)，在弹出的快捷菜单中选择【添加】→【新建项】命令，如图 1-22 所示。

05 弹出【添加新项】对话框，在【名称】文本框中输入“Helloworld.c”，如图 1-23 所示。

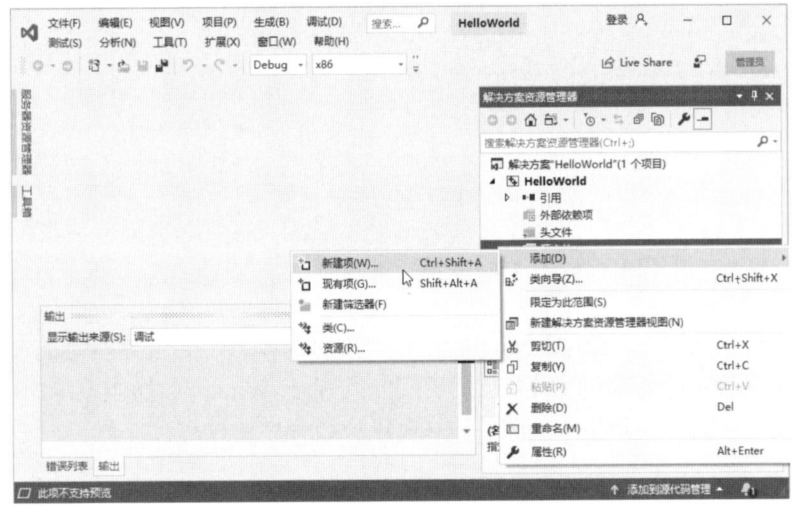

图 1-22　Visual Studio 2019 主界面

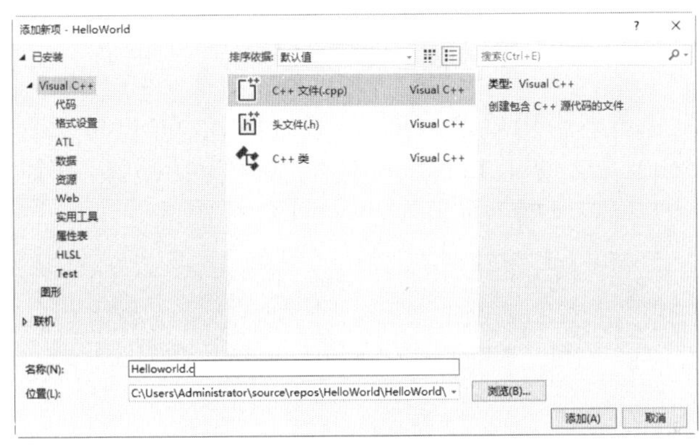

图 1-23　【添加新项】对话框

06 单击【添加】按钮，即可完成项目的添加操作，然后在打开的工作界面中输入 C 语言代码，如图 1-24 所示。

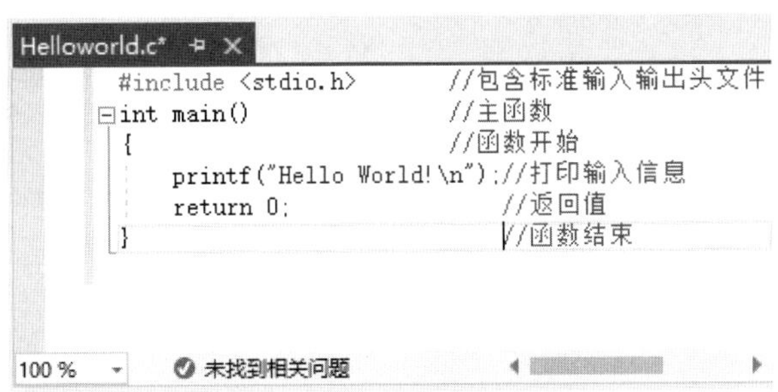

图 1-24　输入 C 语言代码

07 单击工具栏中的【保存】按钮，即可保存创建的项目，然后选择菜单栏中的【调试】→【开始调试】命令，或者单击工具栏中的【本地 Windows 调试器】按钮，即可弹出【Microsoft Visual Studio 调试控制台】窗口，在其中显示运行结果，如图 1-25 所示。

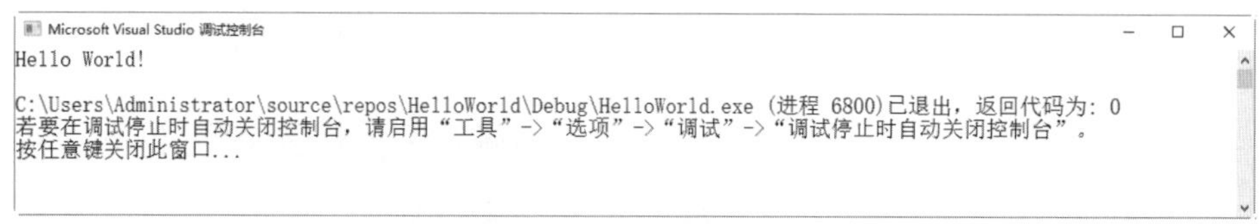

图 1-25 显示运行结果

1.3.2 在 Visual C++ 6.0 中编写

Microsoft Visual C++ 6.0 是 Microsoft 公司推出的以 C++语言为基础的 Windows 环境开发工具，具有面向对象及可视化特点，还是一个基于 Windows 操作系统的可视化集成 C 语言开发环境，下面介绍使用 Visual C++ 6.0 开发 C 程序的过程。

1. 创建空工程

01 双击桌面上的 Visual C++ 6.0 程序图标，即可打开该程序的工作界面，如图 1-26 所示。

02 在 Visual C++ 6.0 中，选择 File→New 菜单命令，在弹出的 New 对话框中切换到 Projects 选项卡，在左侧列表框中选择 Win32 Console Application 选项，在 Project name 文本框中输入工程名“ch01”，单击 Location 文本框右侧的...(浏览)按钮，选择工程要存放的文件夹(注：这里的“工程”也称“项目”)，如图 1-27 所示。

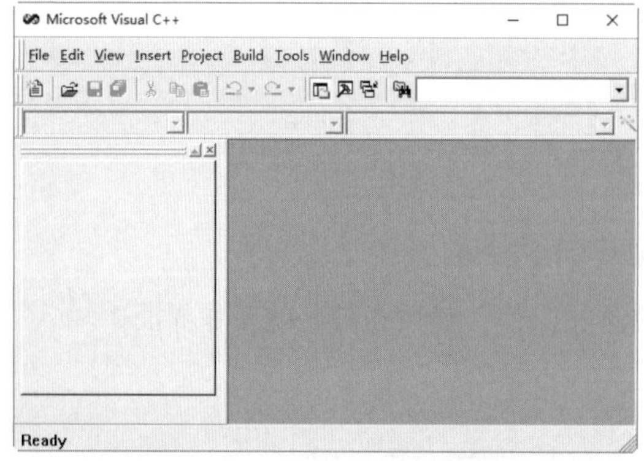

图 1-26 Visual C++ 6.0 主界面

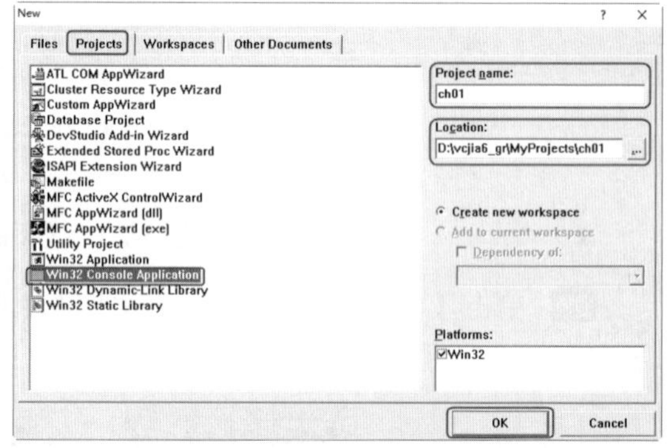

图 1-27 创建工程

03 单击 OK 按钮，在弹出的对话框中选中 An empty project 单选按钮，再单击 Finish 按钮，即可显示工程信息，如图 1-28 所示。

04 单击 OK 按钮，即可完成空工程的创建，如图 1-29 所示。

2. 输入 C 语言代码

01 选择 File→New 菜单命令，在弹出的 New 对话框中切换到 Files 选项卡，在左侧列表框中选择 C++ Source File 选项，新建一个程序文档，在 File 文本框中输入“hello.c”，单击 Location 文本框右侧的...按钮，可浏览到程序存放的文件夹(这个文件夹要和工程文件夹保持一致)，如图 1-30 所示。

02 单击 OK 按钮，进入 Visual C++ 6.0 工作界面，在编辑窗口中输入以下代码，如

图 1-31 所示。

```
#include <stdio.h>                 /*包含标准输入输出头文件*/
int main (void)                    /*主函数*/
{                                  /*函数体开始*/
  printf("Hello World!\n");        /*函数体*/
  return 0;                        /*返回值*/
}                                  /*函数体结束*/
```

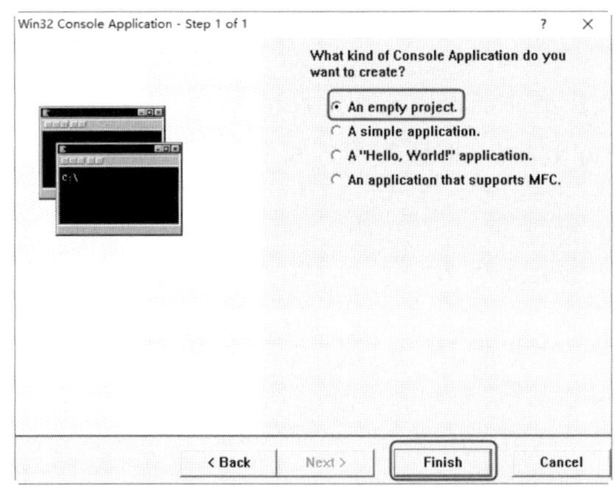

图 1-28　选中 An empty project 单选按钮

图 1-29　完成空工程的创建

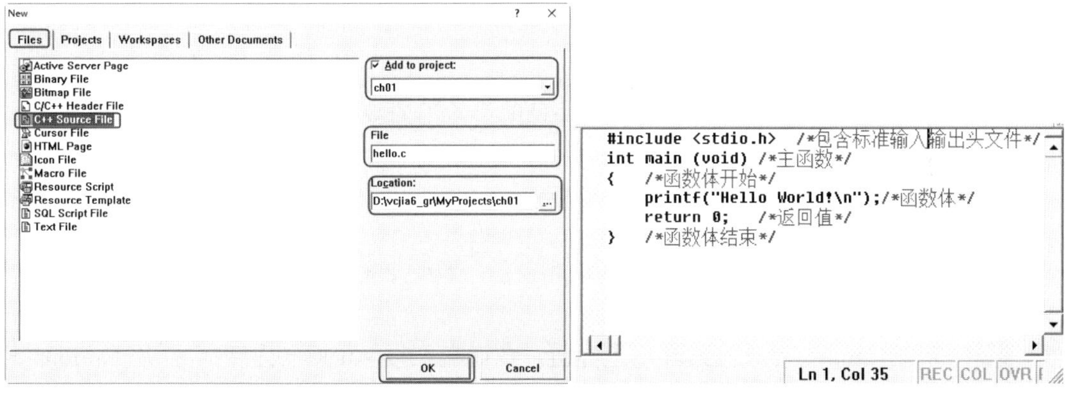

图 1-30　创建文件

图 1-31　输入 C 语言代码

注意　代码输入完成后，单击【保存】按钮，或者直接按快捷键 Ctrl+S，即可保存已经输入完成的代码，程序员应该养成随时保存代码的好习惯。

3. 运行 C 程序

01 单击工具栏中的 Compile 按钮，或选择 Build→Compile Hello.c 菜单命令，程序开始编译，并在输出窗口显示编译信息，如图 1-32 所示。

02 单击工具栏中的 Build 按钮，或选择 Build→Build ch01.exe 菜单命令，开始连接程序，并在输出窗口显示连接信息，如图 1-33 所示。

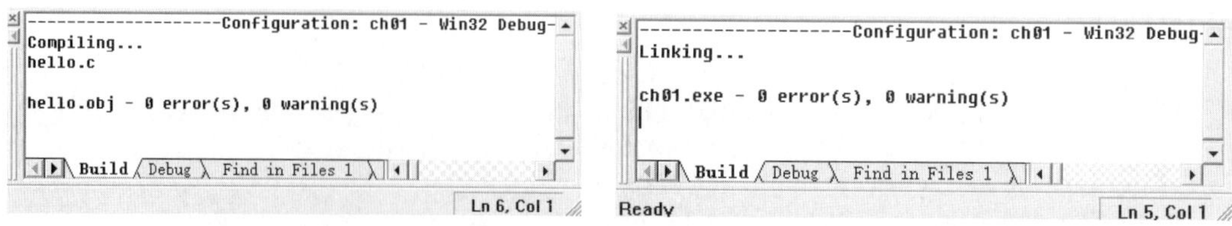

图 1-32　编译程序　　　　图 1-33　组建程序

03 单击工具栏中的 Execute Programe 按钮 ! ，或选择 Build→Execute ch01.exe 菜单命令，即可在命令行中输出程序的结果，如图 1-34 所示。

在编写 C 语言程序时，可以省略第 1 步创建空工程，而直接从第 2 步开始。但是在程序编译时，会要求确认是否为 C 程序创建默认的工作空间，单击【是】按钮即可，如图 1-35 所示。

图 1-34　运行程序

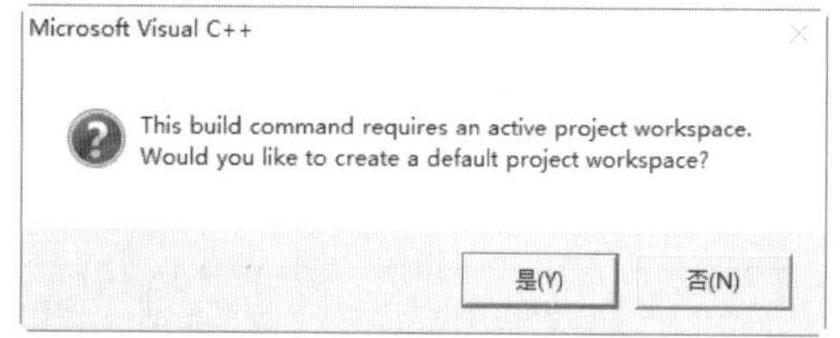

图 1-35　确认对话框

1.3.3　在 Turbo C 2.0 中编写

Turbo C 是美国 Borland 公司的产品，目前最常用的版本是 Turbo C 2.0。下面介绍使用 Turbo C 2.0 编写 C 程序的过程。

1. 环境设置

使用 Turbo C 2.0 开发环境编写 C 程序之前，首先要对开发环境进行相关设置，具体步骤如下。

01 打开 Turbo C 2.0 开发环境主界面，在键盘上按 Alt+O 快捷键，打开 Options 菜单，再使用键盘方向键选择 Directories 命令，按 Enter 键，选择 Output directory 选项，按 Enter 键，输入保存路径，如 C:\TC20，如图 1-36 所示，按 Enter 键确认。

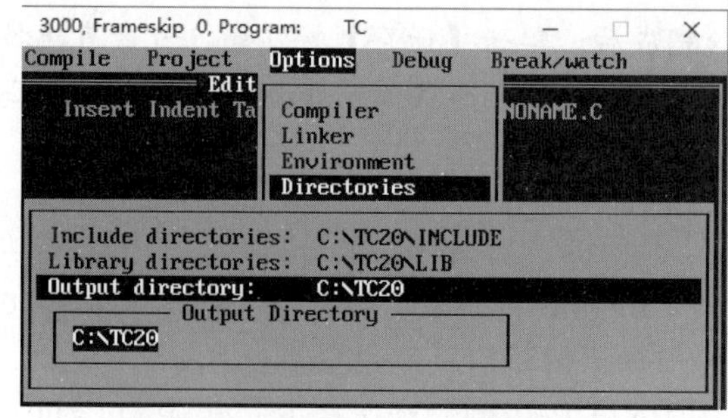

图 1-36　选择 Output directory 选项

02 按 Esc 键返回 Options 菜单，通过方向键选择 Save options 命令，按 Enter 键，打开 Config File 输入框，如图 1-37 所示。

03 按 Enter 键确认配置，打开 Verify 确认框，如图 1-38 所示。按 Y 键再次确认。

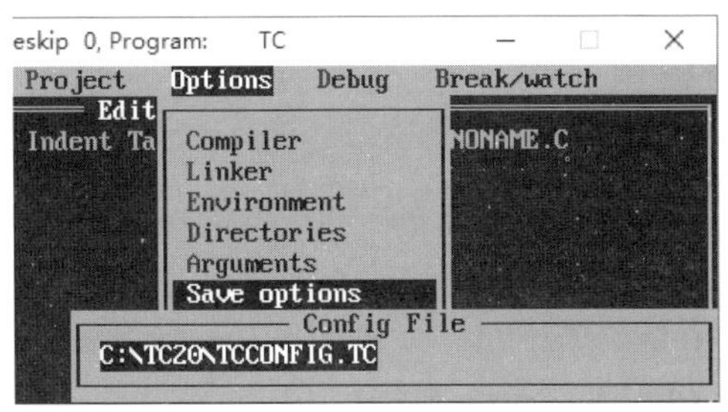

图 1-37　选择 Save options 命令

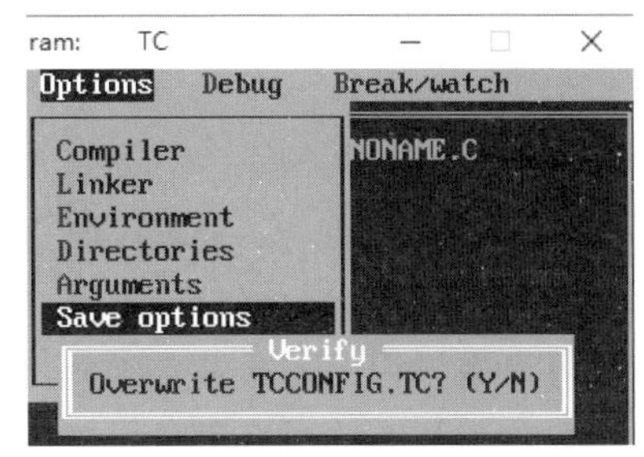

图 1-38　Verify 确认框

2. 编写 C 程序并编译运行

环境配置完成后即可编写 C 程序并编译运行了，操作步骤如下。

01 在 Turbo C 2.0 主界面中按 Alt+F 快捷键，打开 File 菜单，通过键盘方向键选择 Write to 命令，按 Enter 键，打开 New Name 输入框，输入程序保存路径和文件名，如 C:\TC20\HELLO WORLD.C，如图 1-39 所示，按 Enter 键确认。

02 在代码编辑区输入 C 语言代码，如图 1-40 所示。

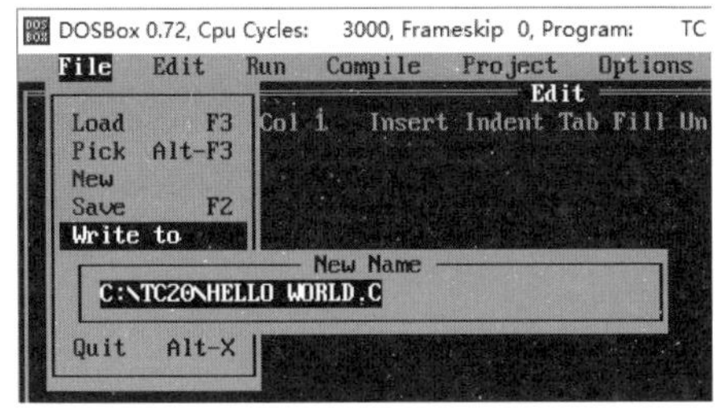

图 1-39　New Name 输入框

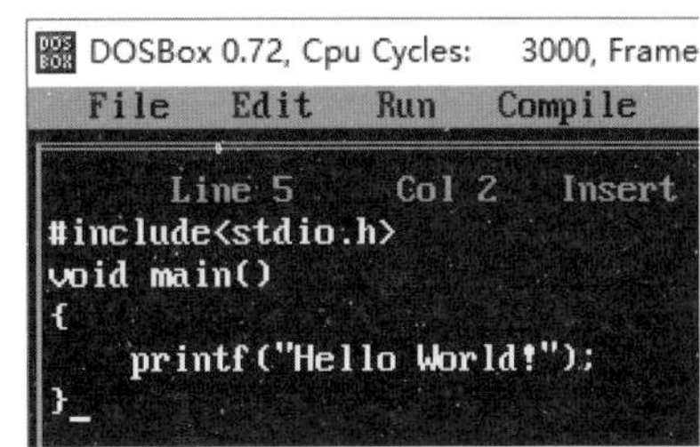

图 1-40　编写代码

03 按 F2 键保存代码文件，然后按 Alt+C 快捷键，打开 Compile 菜单，通过键盘方向键选择 Compile to OBJ 命令，如图 1-41 所示。

04 按 Enter 键，程序开始编译，并弹出编译相关信息对话框，如图 1-42 所示。

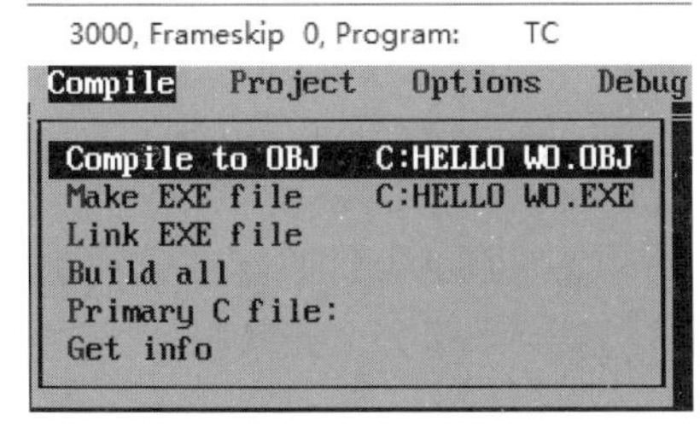

图 1-41　选择 Compile to OBJ 命令

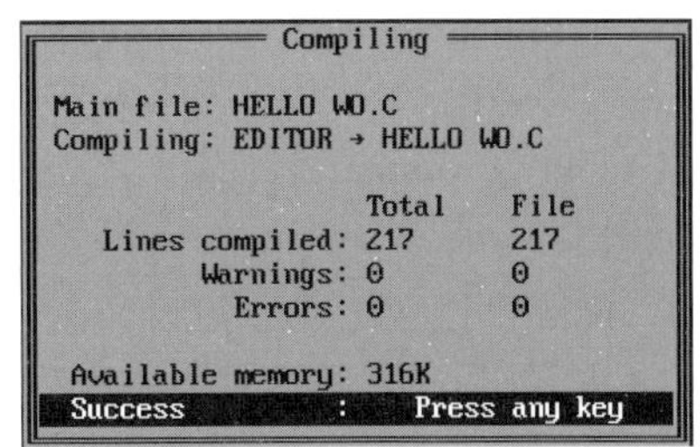

图 1-42　编译相关信息对话框

05 返回主界面，按 Ctrl+F9 快捷键，运行程序，运行情况会一闪而过，按 Alt+F5 快捷键，可打开运行结果窗口，如图 1-43 所示。

图 1-43　运行结果

1.4　C 语言程序的组成

在计算机中，程序是被逐句执行的，在 C 语言程序中，即使再简单的一段 C 语言程序，也会包含最基本的组成部分，如函数首部、函数体、输出函数等。

1.4.1　我的 C 语言程序

C 程序主要包括预处理器指令、函数、变量、语句&表达式、注释等内容，下面通过几个 C 语言实例，来了解一下 C 程序的主要组成部分。

实例 1-1：在屏幕中输出 Hello World(源代码\ch01\1.1.txt)

```
#include <stdio.h>
int main( )
{
  printf("Hello World!\n");       /*在屏幕中输出 Hello World! */
  return 0;
}
```

程序运行结果如图 1-44 所示。

Microsoft Visual Studio 调试控制台
Hello World!

图 1-44　实例 1-1 的程序运行结果

程序说明如下。

(1) #include：称为“文件包含命令”，其作用是把系统目录下的头文件<stdio.h>包含到本程序中，成为程序的一部分，并告诉 C 编译器在实际编译之前要包含 stdio.h 文件。

C 语言提供的头文件中包含各种标准库函数的函数原型，在程序中调用某个库函数时，就必须将该函数原型所在的头文件包含进来。本程序包含的头文件是 stdio.h(stdio 是 standard input & output(标准输入/输出)的缩写)，该文件里的函数主要用于处理数据流的标准输入/输出。

(2) main：主函数的名字，每一个 C 语言程序只允许有一个 main 函数；main 函数之前的 void 表示此 main 函数是“空类型”，即执行此函数后不会产生函数值。

(3) /*…*/：表示注释语句，即程序中的说明文字，是不被 C 语言系统执行的语句。位于“/*”和“*/”之间的所有内容都属于注释语句，可以写在一行之内，也可以写在多行之内。

(4) printf()：C 语言系统库函数，其函数原型在头文件 stdio.h 中，该函数的功能是将其圆括号中的内容输出到显示器上，其圆括号中的双引号所在的内容会按原样输出，其中的“\n”是换行符。

(5) main()函数中的内容必须放在函数体中，即 main()函数下方的一对花括号中。

(6) return 0：终止 main()函数，并返回值 0。

包含头文件的命令尽量不要忽略，虽然有的时候不影响程序的运行，但希望学习者在开始学习的时候就能养成良好的编程书写习惯。另外，main()函数之前的 void 可以忽略不写。

实例 1-2：求 10 以内的偶数的和(源代码\ch01\1.2.txt)

```
#include <stdio.h>
int main( )                    /*主函数*/
{
 int sum;                      /*定义变量*/
 sum=2+4+6+8+10;               /*求 sum 的值*/
 printf("sum=%d\n",sum);   /*输出 sum 的值*/
}
```

程序运行结果如图 1-45 所示。

```
Microsoft Visual Studio 调试控制台
sum=30
```

图 1-45　实例 1-2 的程序运行结果

程序说明如下。

(1) 在 main 函数里定义了一个整型变量 sum。

(2) 语句“sum=2+4+6+8+10;”是将表达式“2+4+6+8+10”的计算结果赋给变量 sum。

(3) 语句“printf("sum=%d\n",sum);”是将变量 sum 的结果输出到计算机屏幕上，其中双引号中的格式字符“%d”对应的是双引号之后的变量 sum 的值。

本程序中 printf()的双引号里出现了格式字符%d，其作用是输出一个整数类型的值，输出的对象是位于双引号之后的整型变量 sum。

实例 1-3：求两个整数中的最大值(源代码\ch01\1.3.txt)

```
#include <stdio.h>
int max(int x, int y);
void main()                         /*主函数*/
{
     int a,b,c;                     /*定义变量*/
     a =100;                        /*给变量 a 赋值*/
     b =180;                        /*给变量 b 赋值*/
     c = max(a,b);                  /*给变量 c 赋值*/
     printf("max=%d\n",c);          /*输出 max 的值*/
}
int max(int x, int y)               /*定义 max 函数*/
{
```

```
    int z;                          /*定义变量 z*/
    if (x>y) z=x;                   /*判断 x 和 y 中的较大值*/
    else z=y;                       /*将变量中的最大值赋值给 z*/
    return (z);                     /*将 z 的值返回给主函数*/
}
```

程序运行结果如图 1-46 所示。

```
Microsoft Visual Studio 调试控制台
max=180
```

图 1-46　实例 1-3 的程序运行结果

程序说明如下。

(1) 本程序中包含两个函数，主函数 main 和被调用的函数 max。max 函数的作用是判断 x 和 y 中的较大值。max 函数中的 return 语句将 z 的值返回给主调函数 main，返回值通过函数名 max 带回到 main 函数中调用 max 函数的位置。

(2) 程序的第 2 行是对函数 max 的声明。

(3) 程序的第 8 行调用 max 函数，在调用时将实际参数 a 和 b 的值分别传给 max 函数中的形式参数 x 和 y，经过执行 max 函数，其返回值返回给 main 函数中的变量 c。

(4) 程序的第 9 行输出变量 c 的值。

(5) 程序的第 11 行至第 17 行是 max 函数的具体定义。

1.4.2　C 语言程序的结构

在前面给出了一些 C 语言程序实例，虽然结构和功能简单，但是都包含了 C 语言程序的基本组成部分，从中我们可以得出以下结论。

(1) C 程序是由函数构成的。一个 C 语言程序必须包含一个 main 函数，或者一个 main 函数和若干个其他函数。因此，函数是 C 语言的基本单位，被调用的函数可以是系统函数，如 printf()函数，也可以是用户自定义编写的函数，如实例 1-3 中的 max 函数。

(2) C 程序的函数由两部分组成，即函数首部和函数体。

① 函数首部，即函数的第一行，包括函数类型、函数名称、函数参数名称和参数类型。函数名称后面必须跟一对圆括号，括号内写明函数的参数类型和参数名称，函数也可以没有参数，如 main()。实例 1-3 中 max 函数的首部为：

② 函数体，即函数首部下方花括号内的部分，若函数体有多个花括号，则以最外层的一对花括号包含的内容为函数体的范围。

函数体一般包括两个部分。

- 声明部分。这部分要定义所要用到的变量和对所要调用的函数进行声明，如实例 1-3 中的 main 函数对变量的定义语句“int a,b,c;”。

- 执行部分。这部分由若干条语句组成。

在某些情况下也可以既无声明部分也无执行部分，例如：

```
void  main( )
{    }
```

这是一个空函数，什么也不执行。

(3) C 程序总是从 main 函数开始执行，直至 main 函数中最后一条执行语句为止，与 main 函数的位置无关。

(4) C 程序书写格式自由，一行内可以写若干条语句，一条语句也可以分写在多行上。

(5) 每条语句和数据声明的最后都必须带一个分号，即使是程序中的最后一条语句也要带上分号。

通过对以上内容的学习，我们可以了解到 C 语言程序的语法规则、基本表达式、控制结构语句的作用，并通过了解模块化程序设计的思想和方法，逐步掌握 C 语言程序的设计方法。

1.4.3　C 语言程序的执行

用 C 语言编写的程序称为源程序，由于计算机只能识别和执行由 0 和 1 组成的二进制指令，为了使计算机能够执行编程语言的源程序，首先要将源程序翻译成二进制的“目标程序”，这个过程被称为“编译”。然后还要将目标程序和系统提供的函数与其他目标程序连接起来，得到计算机可以执行的程序，这个过程被称为“链接”。

1. 编译源程序

C 语言源程序的扩展名为.c，必须将其编译成目标程序，再将目标程序链接成可以执行的程序，才能在计算机中运行。C 语言源程序的编译过程如图 1-47 所示，由词法分析、语法分析和代码生成三部分组成。

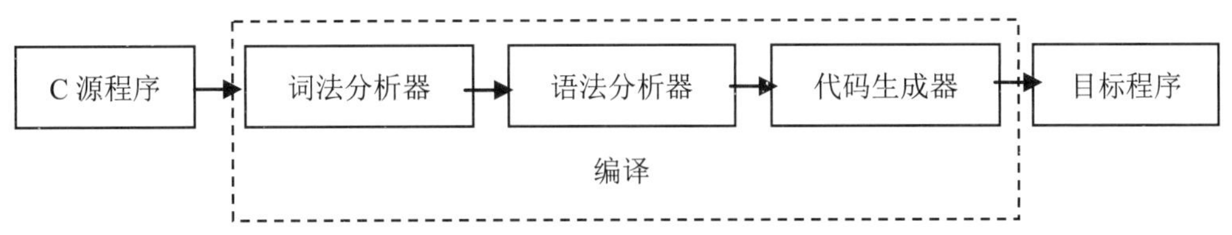

图 1-47　C 语言源程序的编译过程

2. 链接目标程序

C 源程序经过编译后所生成的目标程序尽管是机器语言的形式，但却不是计算机可以执行的方法，此时的目标程序还只是一些松散的机器语言，要想得到可执行的程序，就需要将它们链接起来。

编程语言的链接工作由链接器来完成，链接器的任务就是将目标程序链接成可执行的程序，这种可以执行的程序是一种可存储在磁盘存储器上的文件。

(1) 并不是每一个目标程序都可以链接成可执行程序。

(2) 在应用系统中，只允许一个源程序中包含一个main()函数。

C 语言源程序一旦生成了可执行程序，就可以反复被加载执行，而不再需要重新编译、链接；如果修改了源程序，也不会影响已生成的可执行程序，需要对修改后的源程序重新编译和链接，生成一个新的可执行程序。

1.5 C语言程序的编写规范

从书写代码清晰，便于阅读、理解、维护的角度出发，在书写程序时应遵循以下规则。

(1) 一个说明或一个语句占一行。我们把空格符、制表符、换行符等统称为空白符。除了字符串、函数名和关键字，C 语言程序忽略所有的空白符，在其他地方出现时，只起间隔作用，编译程序对它们忽略不计。因此在程序中使用空白符与否，对程序的编译不产生影响，但在程序中适当的地方使用空白符，可以增加程序的清晰性和可读性。例如下面的代码：

```
int
main()
{
  printf("Hello World!\n"
);
}     /*这样的写法也能运行，但是太乱，很不妥*/
```

(2) 用“{”和“}”括起来的部分，通常表示程序某一层次的结构。“{”和“}”一般与该结构语句的第 1 个字母对齐，并单独占一行。例如下面的代码：

```
int main()
{
printf("Hello World!\n");
return 0;}        /*这样的写法也能运行，但是阅读起来比较费事*/
```

(3) 低一层次的语句通常比高一层次的语句留有一个缩进后再书写。一般来说缩进指的是存在两个空格或者一个制表符的空白位置。例如下面的代码：

```
int main()
{
  printf("Hello World!\n");
  {
    printf("Hello World!\n");
  }
  return 0;
}
```

(4) 在程序中书写注释，用于说明程序做了什么，同样可以增加程序的清晰性和可读性。例如下面的代码：

```
#include <stdio.h>
int main (void)
{                                //函数体开始
  printf("Hello World!\n");      //显示输入信息
  return 0;                      //返回值
}                                //函数体结束
```

以上 4 点规则，大家在编程时应力求遵循，从而养成良好的编程习惯。

1.6　就业面试问题解答

问题 1：为什么在运行代码时，运行总是出错，光标定位在“Printf”？

答：C 语言在书写时一定要注意区分大小写，否则会造成不必要的麻烦，如“printf”中不得有大写。

问题 2：为什么我编写的程序在编译的过程中没有错误，但最后计算的结果是错误的呢？

答：程序的编译过程仅仅是检查源程序中是否存在语法错误，编译系统无法检查出源程序中的逻辑思维错误，因此，即使编译过程没有错误，也不能保证程序能够计算出正确的结果。当出现错误时，这里建议用户尽量修改源程序，在编译阶段最好做到“0 error(s)，0 warning(s)”，从而养成一个良好的编程习惯。

1.7　上机练练手

上机练习 1：输出信息“学习 C 语言并不难！”

编写程序，在窗口中输出语句“学习 C 语言并不难！”，程序运行结果如图 1-48 所示。

上机练习 2：输出星号字符图形

编写程序，在窗口中输出用星号组成的三角形，程序运行结果如图 1-49 所示。

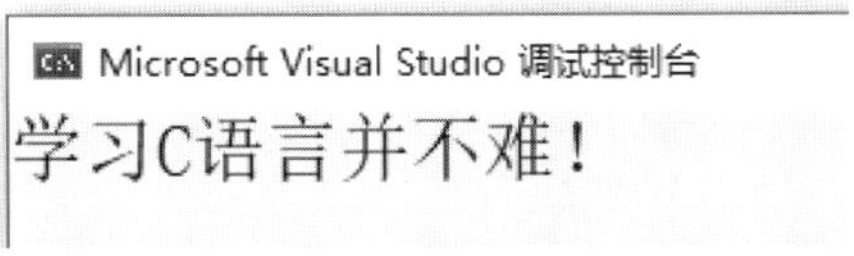

Microsoft Visual Studio 调试控制台
学习C语言并不难！

图 1-48　输出信息

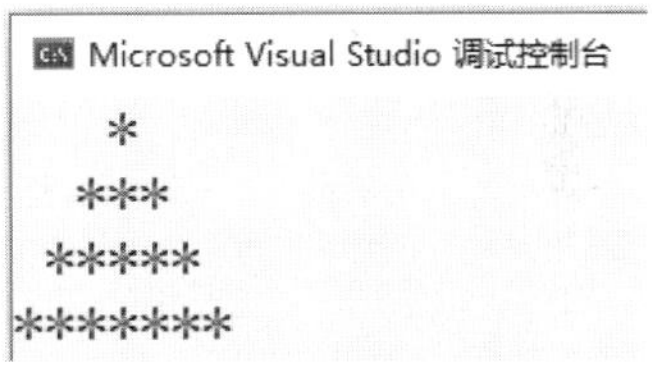

Microsoft Visual Studio 调试控制台
```
   *
  ***
 *****
*******
```

图 1-49　输出三角形

上机练习 3：输出倒立三角形

编写程序，在窗口中输出用星号组成的倒立三角形，程序运行结果如图 1-50 所示。

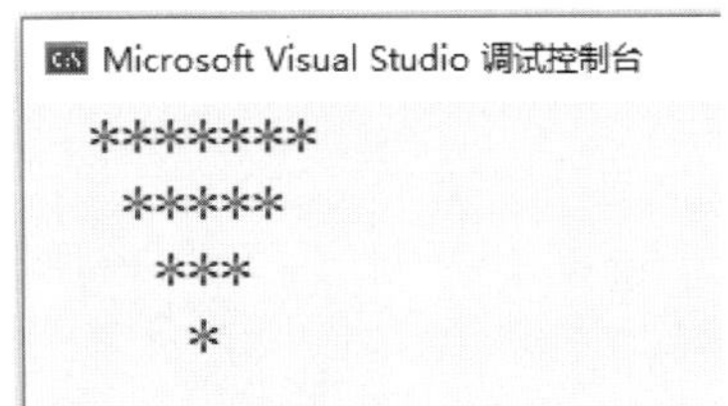

图 1-50　输出倒立三角形

第 2 章

C 语言基础

在深入学习一门编程语言之前，需要先学会基本的语法和规范。通过多输入代码，亲自体验 C 语言的特点。因此，在学习 C 语言之前，首先需要了解的就是 C 语言基础知识，包括 C 语言的基本语法、数据类型、常量、变量等。

2.1 C 语言的基本语法

学习 C 语言开发之前，首先需要了解 C 程序的基本语法。

2.1.1 分号

在 C 程序中，分号是语句结束符。也就是说，每个语句必须以分号结束。它表明一个逻辑实体的结束。例如，下面是两个不同的语句：

```
printf("Hello, World! \n");
return 0;
```

2.1.2 标识符

C 语言标识符是用来标识变量、函数，或任何其他用户自定义项目的名称。一个标识符以字母 A～Z 或 a～z 或下划线(_)开始，后跟零个或多个字母、下划线和数字(0～9)。

C 语言标识符内不允许出现标点及其他字符，比如@、$和%。C 语言是区分大小写的编程语言。因此，在 C 语言中，Manpower 和 manpower 是两个不同的标识符。下面列出几个有效的标识符：

```
mohd       zara    abc   move_name  a_123
myname50   _temp   j     a23b9      retVal
```

标识符的命名遵循以下语法规则。

(1) 标识符只能是由英文字母(A～Z，a～z)、数字(0～9)或下划线(_)组成的字符串，并且其第 1 个字符必须是字母或下划线。例如：

```
int MAX_LENGTH; /*由字母和下划线组成*/
```

(2) 标识符不能是 C 语言的关键字。

(3) 在标识符中，大小写是有区别的。例如：BOOK 和 book 是两个不同的标识符。

(4) 标识符虽然可由程序员随意定义，但标识符是用于标识某个量的符号，应当直观且可以拼读，让别人看了就能了解其用途。

(5) 标识符最好采用英文单词或其组合，不要太复杂，且用词要准确，以便记忆和阅读。因此，命名应尽量有相应的意义，以便阅读和理解。

(6) 标识符的长度应当符合 min-length && max-information(最短的长度表达最多的信息)原则。

标准 C 语言不限制标识符的长度，但它受各种版本的 C 语言编译系统限制，同时也受到具体机器的限制。例如，在某版本 C 语言中规定，标识符前 8 位有效，当两个标识符前 8 位相同时，则被认为是同一个标识符。

2.1.3　关键字

由 ANSI 标准定义的 C 语言关键字共 32 个，根据关键字的作用，可以将关键字分为数据类型关键字和流程控制关键字两大类。

1. 数据类型关键字

数据类型关键字又可分为基本数据类型关键字、类型修饰关键字和复杂类型关键字和存储级别关键字。

(1) 基本数据类型关键字有 5 个，如表 2-1 所示。

表 2-1　基本数据类型关键字

关 键 字	说　明
void	声明函数无返回值或无参数，声明无类型指针
char	声明字符型变量或函数返回值类型
int	声明整型变量或函数
float	声明浮点型变量或函数返回值类型
double	声明双精度浮点型变量或函数返回值类型

(2) 类型修饰关键字有 4 个，如表 2-2 所示。

表 2-2　类型修饰关键字

关 键 字	说　明
short	声明短整型变量或函数
long	声明长整型变量或函数返回值类型
signed	声明有符号类型变量或函数
unsigned	声明无符号类型变量或函数

(3) 复杂类型关键字有 5 个，如表 2-3 所示。

表 2-3　复杂类型关键字

关 键 字	说　明
struct	声明结构体类型
union	声明共用体类型
enum	声明枚举类型
typedef	用于给数据类型取别名
sizeof	计算数据类型或变量长度(即所占字节数)

(4) 存储级别关键字有 6 个，如表 2-4 所示。

表 2-4　存储级别关键字

关 键 字	说　明
auto	声明自动变量
static	声明静态变量
register	声明寄存器变量
extern	声明变量或函数是在其他文件或本文件的其他位置定义
const	声明只读变量
volatile	说明变量在程序执行中可被隐含地改变

2. 流程控制关键字

流程控制关键字包括跳转结构关键字、分支结构关键字和循环结构关键字三种。

(1) 跳转结构关键字有 4 个，如表 2-5 所示。

表 2-5　跳转结构关键字

关 键 字	说　明
return	子程序返回语句(可以带参数，也可以不带参数)
continue	结束当前循环，开始下一轮循环
break	跳出当前循环
goto	无条件跳转语句

(2) 分支结构关键字有 5 个，如表 2-6 所示。

表 2-6　分支结构关键字

关 键 字	说　明
if	条件语句
else	条件语句否定分支(与 if 连用)
switch	用于开关语句
case	开关语句分支
default	开关语句中的“其他”分支

(3) 循环结构关键字有 3 个，如表 2-7 所示。

表 2-7　循环结构关键字

关 键 字	说　明
for	一种循环语句
do	循环语句的循环体
while	循环语句的循环条件

以上循环语句，当循环条件表达式为真则继续循环，为假则跳出循环。另外，在C语言中，关键字都是小写的。

除了由 ANSI 标准定义的 32 个 C 语言关键字外，在 C99 标准中增加了 5 个关键字，如表 2-8 所示。

表 2-8　C99 标准中增加的 5 个关键字

关 键 字	说　明
_Bool	声明布尔变量
_Complex	声明复数类型
_Imaginary	声明虚数类型
inline	表示为内联函数
restrict	用于指针的声明

2.1.4　空格

在 C 语言中，空格用于描述空白符、制表符、换行符和注释。空格分隔语句的各个部分，让编译器能识别语句中的某个元素(比如 int)在哪里结束，下一个元素在哪里开始。因此，在下面的语句中：

```
int age;
```

int 和 age 之间必须至少有一个空格字符(通常是一个空白符)，这样编译器才能够区分它们。另一方面，在下面的语句中：

```
fruit = apples + oranges;   //获取水果的总数
```

fruit 和=，或者=和 apples 之间的空格字符不是必需的，但是为了增强可读性，用户可以根据需要适当增加一些空格。

2.1.5　注释方法

在编辑代码的过程中，希望加上一些说明性的文字来表示代码的含义，这就是注释，给代码加上注释是很有必要的。在 C 语言中，注释的要求如下。

(1) 使用“/*”和“*/”表示注释的起止，注释内容写在这两个符号之间，注释表示对某语句的说明，不属于程序代码的范畴。例如：

```
sum= 8 + 9;   /*获取数值 8 和 9 的和*/
```

(2) “/”和“*”之间没有空格。

(3) 注释可以是单行，也可以是多行，而且注释不允许嵌套，否则会产生错误，例如：

```
sum= 8 + 9;   /*获取数值/*8 和 9*/的和*/
```

这段注释放在程序中不但起不到说明的作用，反而会使程序产生错觉，原因是“获取数值”前面的“/*”与“和 9”后面的“*/”匹配，注释结束，而“的和*/”就被编译器认为是违反语法规则的代码。

2.2 C 语言的数据类型

数据类型是数据的基本属性，描述的是数据的存储格式和运算规则。不同类型的数据内存中所需存储空间的大小是不同的，能够支持的运算、相应的运算规则也是不同的，因而在学习 C 语言时必须准确地掌握和运用数据的数据类型。C 语言中的数据类型如表 2-9 所示。

表 2-9 C 语言中的数据类型

类 型	描 述
基本类型	C 语言中最常用的数据类型，属于算术类型，包括两种类型：整数类型和浮点类型
枚举类型	属于算术类型，被用来定义在程序中只能赋予其一定的离散整数值的变量
void 类型	类型说明符 void 表明没有可用的值
派生类型	主要包括指针类型、数组类型、结构类型、共用体类型和函数类型

注意　数组类型和结构类型统称为聚合类型，函数的类型指的是函数返回值的类型。当函数没有必要返回一个值时，就需要使用空类型设置返回值的类型。

void 数据类型用于指定没有可用的值，它通常用于以下三种情况，如表 2-10 所示。

表 2-10 void 数据类型可用的情况

可用情况	描 述
函数返回为空	C 语言中有各种函数都不返回值，或者您可以说它们返回空。不返回值的函数的返回类型为空。例如 void exit (int status);
函数参数为空	C 语言中有各种函数不接受任何参数。不带参数的函数可以接受一个 void。例如 int rand(void);
指针指向 void	类型为 void *的指针代表对象的地址，而不是类型。例如，内存分配函数 void *malloc(size_t size);返回指向 void 的指针，可以转换为任何数据类型

2.2.1 整型

整型数据类型为 int，例如，0、-12、255、1、32767 等都是整型数据，根据数据在程序中是否可以改变数值，可分为整型常量和整型变量；根据有无符号可以分为有符号型和无符号型。有符号的整数既可以是正数，也可以是负数；不带符号位(只包含 0 和正数)的整数为无符号整数。

整型数据类型可以用 4 种修改符的搭配来描述，signed(有符号)、unsigned(无符号)、short(短型)和 long(长型)。如表 2-11 所示列出了关于标准整数类型的存储大小和值范围。

表 2-11　标准整数类型的存储大小和值范围

类　型	存储大小	值 范 围
char	1 字节	-128～127 或 0～255
unsigned char	1 字节	0～255
signed char	1 字节	-128～127
int	2 或 4 字节	-32 768～32 767 或-2 147 483 648～2 147 483 647
unsigned int	2 或 4 字节	0～65 535 或 0～4 294 967 295
short	2 字节	-32 768～32 767
unsigned short	2 字节	0～65 535
long	4 字节	-2 147 483 648～2 147 483 647
unsigned long	4 字节	0～4 294 967 295

为了得到某个类型或某个变量的存储大小，用户可以使用 sizeof(type)表达式查看对象或类型的存储字节大小。

实例 2-1： 求两个数的乘积和 int 数据类型的存储大小(源代码\ch02\2.1.txt)

```
#include <stdio.h>
#include <limits.h>
void main()
{
    int x, y, m;                              /* 定义整型变量 x、y、m */
    printf("请输入整数 x 和 y 的值: \n");      /* 输出提示信息 */
    scanf_s("%d%d", &x, &y);                 /* 输入两个乘数，赋给 x、y 变量 */
    m = x * y;                                /* 计算两个乘数的积，赋给变量 m */
    printf("%d * %d = %d\n", x, y, m);  /* 输出结果 */
    printf("int 数据类型的存储大小:%lu \n", sizeof(int));/* 输出 int 数据类型的存储大小 */
    return 0;
}
```

程序运行结果如图 2-1 所示。

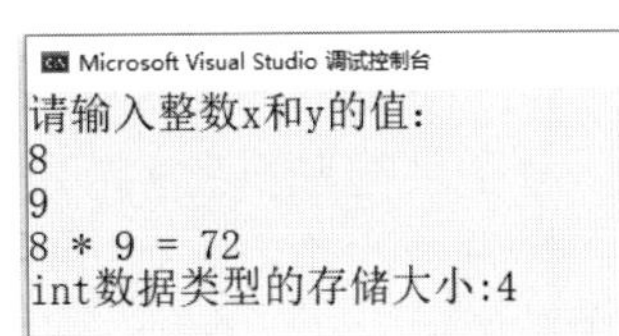

图 2-1　实例 2-1 的程序运行结果

在 printf()函数中，参数%lu 为 32 位无符号整数。

2.2.2　浮点型

浮点数的小数点位置是不固定的，可以浮动，C 语言中提供了 3 种不同的浮点格式，分别如下。

(1) float：单精度浮点数。

(2) double：双精度浮点数。

(3) long double：长双精度浮点数。

当精度要求不严格时，比如员工的工资，需要保留两位小数，就可以使用 float 类型；double 类型提供了更高的精度，对于绝大多数用户来说已经够用；long double 类型支持极高精度的要求，但很少使用。如表 2-12 所示为浮点类型的存储大小、值范围和精度的细节。

表 2-12　浮点型数据类型

类　型	存储大小	(绝对)值范围	精　度
float	4 字节	1.2E-38～3.4E+38	6 位小数
double	8 字节	2.3E-308～1.7E+308	15 位小数
long double	16 字节	3.4E-4932～1.1E+4932	19 位小数

实例 2-2： 计算圆的周长与面积(源代码\ch02\2.2.txt)

```
#include <stdio.h>
#include <float.h>
int main()
{
   float r, c, area;           /* 定义 float 型变量 r、c、area */
   printf("请输入圆的半径：");
   scanf_s("%f", &r);
   c = 2 * 3.14 * r;           /* 计算圆的周长*/
   area = 3.14 * r * r;        /* 计算圆的面积 */
   printf("该圆的周长是%.2f\n", c);
   printf("该圆的面积是%.2f\n", area);
   return 0;
}
```

程序运行结果如图 2-2 所示。

注意　%E 以指数形式输出单、双精度实数。

```
Microsoft Visual Studio 调试控制台
请输入圆的半径：5
该圆的周长是31.40
该圆的面积是78.50
```

图 2-2　实例 2-2 的程序运行结果

2.2.3　字符型

在 C 语言中，字符型是整型数据中的一种，它存储的是单个字符，存储方式是按照 ASCII(American Standard Code for Information Interchange，美国信息交换标准码)的编码方式，每个字符占一个字节，字符使用单引号“'”引起来，如'A'、'5'、'm'、'$'、';'等。

字符型的输出，既可以使用字符的形式输出字符，即采用%c 格式控制符，还可以使用整数输出方式。例如：

```
char c ='A';
printf("%c,%u",c);
```

这段代码输出结果是：A，65。此处的 65 是字符'A'的 ASCII 码。

实例 2-3： 字符和整数的相互转换输出(源代码\ch02\2.3.txt)

```
#include <stdio.h>
int main(void)
{
   char c = 'a';                             /*字符变量 c 初始化*/
   unsigned i = 98;                          /*无符号变量 i 初始化*/
   printf("字符%c 对应的整数为%u\n", c, c);   /*以字符和整型输出 c*/
   printf("字符%c 对应的整数为%u\n", i, i);   /*以字符和整型输出 i*/
```

```
    return 0;
}
```

程序运行结果如图 2-3 所示。从输出结果可以得出，字符型数据是以 ASCII 码形式存储的，字符 a 和整数 97 是可以相互转换的，整数 98 是可以与字符 b 相互转换的。

Microsoft Visual Studio 调试控制台
字符a对应的整数为97
字符b对应的整数为98

图 2-3　实例 2-3 的程序运行结果

2.2.4　自定义数据类型

使用 typedef 可以自定义数据类型，语句由 3 个部分组成，分别是关键字 typedef、原数据类型和新数据类型。具体的应用格式如下：

```
typedef   原数据类型   新数据类型
```

一旦定义，其之后的程序中可以使用新数据类型替换掉旧数据类型。

实例 2-4： 自定义数据类型的应用(源代码\ch02\2.4.txt)

```
#include <stdio.h>
void main()
{
    /* typedef 原数据类型 新数据类型*/
    typedef char myChar;          /* 给字符类型起一个别名 */
    myChar c1 = 'c';              /* 使用自定义的数据类型(新数据类型)*/
    printf("c1 = %c\n", c1);      /* 输出函数 */
    return 0;
}
```

程序运行结果如图 2-4 所示。从输出结果可以看出，以上语句的含义是给 char 取一个别名 myChar，之后使用 myChar 代替 char 定义字符变量 c1，c1 就是字符类型。

Microsoft Visual Studio 调试控制台
c1 = c

图 2-4　实例 2-4 的程序运行结果

2.2.5　数据类型的转换

在计算过程中，如果遇到不同的数据类型参与运算就会将数据类型进行转换，C 编译器转换数据类型的方法有两种，一种是自动转换，另一种是强制转换。

1. 自动转换

C 语言中设定了不同数据参与运算时的转换规则，编译器就会自动进行数据类型的转换，进而计算出最终结果，这就是自动转换。自动数据类型转换的方向如图 2-5 所示。

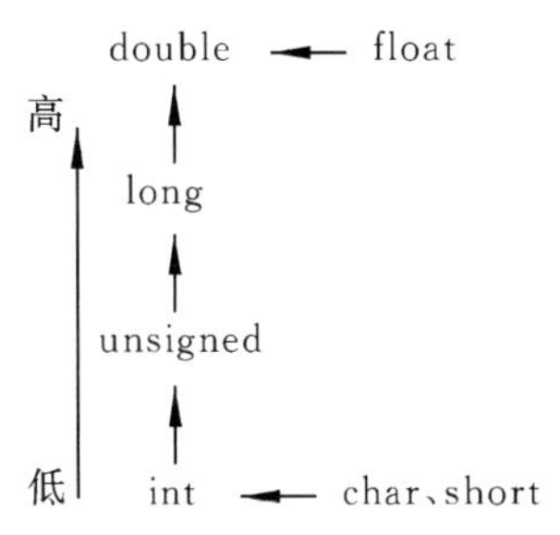

图 2-5　自动数据类型转换规则

C 编译器在自动转换数据类型时，应遵循以下规则。

(1) 如果参与运算的数据类型不同，则先转换成同一类型，然后进行运算。

(2) 自动转换数据类型按数据长度增加的方向进行，以保证精度不降低。例如 int 数据类型和 long 数据类型运算时，会先把 int 数据类型转换成 long 数据类型后再进行运算。

(3) 所有的浮点运算都是以双精度型数据进行的，即使仅含 float 单精度型数据运算的表达式，也要先转换成 double 型再进行运算。

(4) char 型和 short 型参与运算时，必须先转换成 int 数据类型。

(5) 在赋值运算中，赋值号两边量的数据类型不同时，赋值号右边量的类型将转换为左边量的类型。如果右边量的数据类型长度比左边长时，将丢失一部分数据，这样会降低精度，丢失的部分按四舍五入向前舍入。例如：

```
int  i;
i=2 + 'A';
```

计算的规则是先计算“=”号右边的表达式，字符型和整型混合运算按照数据类型转换先后顺序，把字符型转换为 int 类型 65，然后求和得 67，最后把 67 赋值给变量 i。

再例如以下语句：

```
double d;
d=2+'A'+1.5F;
```

计算的规则是先计算“=”号右边的表达式，字符型、整型和 float 类型混合运算，因为有浮点型参与运算，所以“=”号右边表达式的结果是 float 类型。按照数据类型转换顺序，把字符型转换为 double 类型 65.0，2 转换为 2.0，1.5F 转换为 1.5，最后把双精度浮点数 68.5 赋值给变量 d。

上述情况都是由低精度类型向高精度类型转换，如果逆向转换，可能会出现丢失数据的危险，编译器会以警告的形式给出提示。例如：

```
int i;
i=1.2;
```

浮点数 1.2 舍弃小数位后，把整数部分 1 赋值给变量 i。如果 i=1.9，运算后变量 i 的值依然是 1，而不是 2。

实例 2-5： 计算圆的面积(源代码\ch02\2.5.txt)

```
#include <stdio.h>
void main()
{
  float PI=3.14159;
  int s,r=5;
  s=r*r*PI;
  printf("圆的面积 s=%d\n",s);
  return 0;
}
```

程序运行结果如图 2-6 所示。从运算结果可以看出，虽然 PI 为浮点型，s、r 为整型，但在执行 s=r*r*PI 语句时，r 和 PI 都转换成 double 型计算，结果也为 double 型。但是由于 s 为整型，故赋值结果仍为整型，舍去了小数部分，最后输出结果为 78。

Microsoft Visual Studio 调试控制台

圆的面积s=78

图 2-6 实例 2-5 的程序运行结果

2. 强制转换

当数据类型需要转换时，有时编译器会给出警告，提示程序会存在潜在的隐患，如果非常明确地希望转换数据类型时，就需要用到显式类型转换，也就是常说的强制转换。其一般形式为：

```
(类型说明符)　(表达式)
```

其功能是把表达式的运算结果强制转换成类型说明符所表示的类型。例如：

```
(float) a      /* 把 a 转换为实型 */
(int)(x+y)     /* 把 x+y 的结果转换为整型 */
```

在数据类型需要强制转换时应注意以下问题。

(1)　类型说明符和表达式都必须加括号(单个变量可以不加括号)，如把(int)(x+y)写成(int)x+y 则成了把 x 转换成 int 型之后再与 y 相加了。

(2)　无论是强制转换还是自动转换，都只是为了本次运算的需要而对变量的数据长度进行的临时性转换，而不改变数据说明时对该变量定义的类型。

实例 2-6： 强制转换数据类型(源代码\ch02\2.6.txt)

```
#include<stdio.h>
int main()
{
    float f, x = 3.14, y = 9.15;
    int i = 4, a, b;
    a = x + y;
    b = (int)(x + y);
    f = 10 / i;
    printf("a=%d\n", a);
    printf("b=%d\n", b);
    printf("f=%f\n", f);
    printf("x=%f\n", x);
    return 0;
}
```

程序运行结果如图 2-7 所示。从输出结果可以看出，实例中先计算 x+y 值为 12.29，然后赋值给 a，因为 a 为整型，所以只取整数部分 12，a=12；接下来 b 把 x+y 强制转换为整型；最后 10/i 是两个整数相除，结果仍为整数 2，把 2 赋给浮点数 f；x 为浮点型直接输出。

```
Microsoft Visual Studio 调试控制台
a=12
b=12
f=2.000000
x=3.140000
```

图 2-7　实例 2-6 的程序运行结果

2.3　C 语言中的常量

常量是固定值，在程序执行期间不会改变。常量可以是任何基本数据类型，比如整数常量、浮点常量、字符常量或字符串常量，也有枚举常量等。在程序中，常量可以不经说明而直接引用。

2.3.1　认识常量

在程序中，有些数据是不需要改变的，也是不能改变的，因此，我们把这些不能改变的固定值称之为常量。到底常量是什么样的呢？下面给出几条语句。

```
int a=1;
char ss="a"
printf("Hello \n");
```

此段程序语句中的“1”“a”“Hello”在程序执行中始终是保持不变的，它们都是常量。注意，常量的值在定义后不能进行修改。

2.3.2 整数常量

在 C 语言中，整型常量有十进制、八进制、十六进制 3 种进制表示方法，并且各种数制均有正(+)、负(-)之分，正数的“+”可省略。例如，0、-12、255、1、32767 等都是整型数据。

(1) 十进制：包含 0～9 中的数字，但是一定不能以 0 开头，如 15、-255。

(2) 八进制：只包含 0～7 中的数字，必须以 0 开头，如 017(十进制的 15)、0377(十进制的 255)。

(3) 十六进制：包含 0～9 中的数字和 a～f 中的字母，以 0x 或 0X 开头，如 0xf(十进制的 15)、0xff(十进制的-1)、0x7f(十进制的 127)。

以下是各种类型的整数常量的实例：

```
85              /* 十进制 */
0213            /* 八进制 */
0x4b            /* 十六进制 */
30              /* 整数 */
30u             /* 无符号整数 */
30l             /* 长整数 */
30ul            /* 无符号长整数 */
```

注意

可以在十进制整型常量后面添加“l”或“u”来修饰整型常量，若添加“l”或“L”则表示该整型常量为“长整型”，如“17L”；若添加“u”或“U”则表示该整型常量为“无符号型”，如“17u”；若添加“lu”或“LU”则表示该整型常量为“无符号长整型”，如“17LU”；这里的“l”或“u”不区分大小写。

实例 2-7： 输出不同进制的整数常量(源代码\ch02\2.7.txt)

```
#include <stdio.h>
int main(void)
{
    printf("输出十进制数：123\n"); /*输出十进制数 123*/
    printf("输出八进制数：0213\n"); /*输出八进制数*/
    printf("输出十六进制数：0x4b\n"); /*输出十六进制数*/
    printf("输出负数：-78\n"); /*输出负数-78*/
    return 0;
}
```

程序运行结果如图 2-8 所示。

```
Microsoft Visual Studio 调试控制台
输出十进制数：123
输出八进制数：0213
输出十六进制数：0x4b
输出负数：-78
```

图 2-8 实例 2-7 的程序运行结果

注意

整型数据是不允许出现小数点和其他特殊符号的。另外，在计算机中，整型常量以二进制方式存储在计算机中；在日常生活中，数值的表示是十进制为主。

2.3.3　浮点常量

C 语言中的浮点型常量数据就是平常所说的实数。在 C 语言中，它有两种表示形式，一种是十进制小数形式；一种是指数形式。

(1)　十进制数形式：由数字 0～9 和小数点组成。

例如：0.1、25.2、5.789、0.13、5.8、300.5、-267.8230 等均为合法的实数。注意，必须有小数点。

(2)　指数形式：由十进制数加字母“e”或“E”以及阶码(只能为整数，可以带符号)组成。其一般形式为 a E n，其中 a 为十进制数，n 为十进制整数，它的值为 $a*10^n$。例如：2.8E5、3.9E-2、0.1E7、-2.5E-2 等。

科学记数法要求字母 e(或 E)的两端必须都有数字，而且右侧必须为整数，如下列科学记数法是错误的：e3、2.1e3.2、e。

实例 2-8： 定义符号常量 PI，计算圆的周长与面积(源代码\ch02\2.8.txt)

```
#include <stdio.h>
#define PI 3.14              /*定义符号常量 PI*/
int main()
{
   float r,c,area;           /*定义 float 型变量 r、c、area*/
   printf("请输入圆的半径：");
   scanf("%f",&r);
   c=2*PI*r;                 /*计算周长与面积*/
   area=PI*r*r;
   printf("该圆的周长是%.2f，面积是%.2f\n",c,area);
   return 0;
}
```

程序运行结果如图 2-9 所示。

```
Microsoft Visual Studio 调试控制台
请输入圆的半径：5
该圆的周长是31.40，面积是78.50
```

图 2-9　实例 2-8 的程序运行结果

代码中首先定义符号常量 PI，其值为 3.14，用于表示圆周率。然后在 main()函数中定义 float 浮点类型变量 r、c 以及 area，通过 scanf 函数获取输入端 r 的值，再计算圆的周长与面积，最后通过 printf 函数输出结果。注意：printf 函数中的“%.2f”，其中“f”表示输出类型为 float，“.2”表示保留小数点 2 位。

2.3.4　字符常量

字符常量是用单引号“'”括起来的一个字符，一个字符常量在计算机的存储中占据一个字节，例如：'a'、'b'、'='、'+'、'?'都是合法的字符常量。字符常量分为一般字符常量和转义字符两种。

1. 一般字符常量

一般字符常量的值为该字符的 ASCII 码值。如'a'、'A'、'0'、'?'等都是一般字符常量，但是'a'和'A'是两个不同的字符常量，'a'的 ASCII 码值为 97，而'A'的 ASCII 码值为 65。在 C 语言中，字符常量有以下特点。

(1) 字符常量只能用单引号括起来，不能用双引号或其他括号。

(2) 字符常量只能是单个字符，不能是字符串。

(3) 字符可以是字符集中任意字符。但数字被定义为字符型之后就不能参与数值运算。如'5'和 5 是不同的，'5'是字符常量，不能参与运算。

2. 转义字符

除了正常显示的字符外，还有一些控制符是无法通过正常的字符形式表示的，如常用的回车、换行、退格等。因此，C 语言还使用了一种特殊形式的字符常量，这种特殊字符称为转义字符。

转义字符是以反斜杠(\)开头，后跟一个或几个字符的特定字符序列。它表示 ASCII 码字符集中的控制字符、某些用于功能定义的字符和其他字符，不同于字符原有的意义，故称为“转义”字符。如'\n'表示回车换行符，'\\'表示字符“\”。常用的转义字符如表 2-13 所示。

表 2-13 C 语言中常用的转义字符

转义字符	含 义	转义字符	含 义
\\	\字符	\'	'字符
\"	"字符	\?	? 字符
\a	警报铃声	\b	退格键
\f	换页符	\n	换行符
\r	回车	\t	水平制表符
\v	垂直制表符	\ddd	一到三位的八进制数
\xhh . . .	一个或多个数字的十六进制数		

广义地讲，C 语言字符集中的任何一个字符都可用转义字符来表示。如表 2-13 中所示的\ddd 和\xhh 正是为此而提出的。ddd 和 hh 分别为八进制和十六进制的 ASCII 码。例如，\141 和\x61 都表示字母 a，\134 和\X5C 都表示反斜线，\XOA 表示换行等。

实例 2-9： 输出字符常量与转义字符(源代码\ch02\2.9.txt)

```
#include <stdio.h>
int main()
{
   printf("字符常量：Hello World! \n\n");            /*输出 Hello  World! 并换两次行*/
   printf("输出 a,A 并换行：a,A\n");                 /*输出 a、A 并换行*/
   printf("输出 123、单引号和双引号：123\'\"\n");    /*输出 123、单引号和双引号，最后换行*/
   return 0;
}
```

程序运行结果如图 2-10 所示。

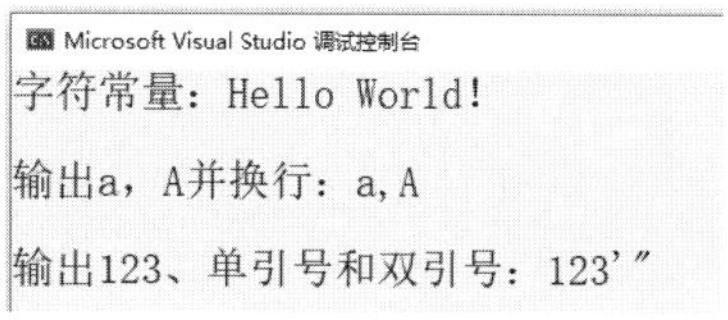

Microsoft Visual Studio 调试控制台
字符常量：Hello World!
输出a，A并换行：a,A
输出123、单引号和双引号：123'"

图 2-10　实例 2-9 的程序运行结果

2.3.5　字符串常量

字符串常量是由一对双引号括起的字符序列。例如："Hello World"、"C program"、"3.14"等都是合法的字符串常量，字符串常量和字符常量是不同的量。它们之间主要有以下区别。

(1)　字符常量由单引号括起来，字符串常量由双引号括起来。

(2)　字符常量只能是单个字符，字符串常量则可以含一个或多个字符。

(3)　可以把一个字符常量赋予一个字符变量，但不能把一个字符串常量赋予一个字符变量。

在 C 语言中没有相应的字符串变量，但可以用一个字符数组来存放一个字符串常量，这在后面的章节中会详细介绍。

(4)　字符常量占一个字节的内存空间。字符串常量占的内存字节数等于字符串中字节数加 1。增加的一个字节中存放字符"\0" (ASCII 码为 0)，这是字符串结束的标志。

例如：字符串"C program"在内存中所占的字节可以表示为如下所示的样式。

C		p	r	o	g	r	a	m	\0

字符常量'a'和字符串常量"a"虽然都只有一个字符，但在内存中的情况是不同的。字符常量'a'在内存中占一个字节，可表示为如下所示的样式。

r	a

字符串常量"a"在内存中占两个字节，可表示为如下所示的样式。

a	\0

实例 2-10： 输出字符串常量(源代码\ch02\2.10.txt)

```
#include <stdio.h>
int main()
{
   printf("字符串：Hello World\n");        /*输出 Hello World 并换行*/
   printf("字符串：千树万树梨花开\n");      /*输出“千树万树梨花开”并换行*/
   return 0;
}
```

程序运行结果如图 2-11 所示。

```
Microsoft Visual Studio 调试控制台
字符串：Hello World
字符串：千树万树梨花开
```

图 2-11　实例 2-10 的程序运行结果

2.3.6　自定义常量

在 C 语言中，可以用一个标识符来表示一个常量，称之为符号常量，不过，符号常量在使用之前必须先定义，在 C 语言中，有两种简单的定义方式，下面进行介绍。

1. 使用#define 预处理器

#define 是一条预处理命令(预处理命令都以“#”开头)，称为宏定义命令(在后面预处理程序中将进一步介绍)，其功能是把该标识符定义为其后的常量值。使用#define 预处理器定义常量的形式如下：

```
#define identifier(标识符) value(常量值)
```

一经定义，以后在程序中所有出现该标识符的地方均代之以该常量值。

如：#define PI 3.14159，表示是用符号 PI 代替 3.14159。在编译之前，系统会自动把所有的 PI 替换成 3.14159，也就是说编译运行时系统中只有 3.14159，而没有符号。

实例 2-11：使用#define 预处理器定义常量来计算长方形的周长和面积(源代码\ch02\2.11.txt)

```
#include <stdio.h>
#define LENGTH 4
#define WIDTH 5
#define NEWLINE '\n'
int main()
{
   int area; /*定义长方形的面积*/
   int cir; /*定义长方形的周长*/
   area = LENGTH * WIDTH; /*计算长方形的面积*/
   cir = 2 * (LENGTH + WIDTH); /*计算长方形的周长*/
   printf("长方形的长: %d\n", LENGTH); /*输出长方形的长*/
   printf("长方形的宽: %d\n", WIDTH); /*输出长方形的宽*/
   printf("长方形的面积: %d", area); /*输出长方形的面积*/
   printf("%c", NEWLINE);
   printf("长方形的周长: %d\n", cir); /*输出长方形的周长*/
   return 0;
}
```

程序运行结果如图 2-12 所示。从输出结果中可以看出该实例中使用了符号常量，符号常量与变量不同，它的值在其作用域内不能改变，也不能再被赋值。

```
Microsoft Visual Studio 调试控制台
长方形的长: 4
长方形的宽: 5
长方形的面积: 20
长方形的周长: 18
```

图 2-12　实例 2-11 的程序运行结果

使用符号常量的好处是，含义清楚且在程序中修改一处即可实现“一改全改”。习惯上符号常量的标识符用大写字母，变量标识符用小写字母，以示区别。

2. 使用 const 关键字

除了使用#define 定义符号常量外，用户还可以使用 const 前缀声明指定类型的常量，定义形式如下：

```
const type variable = value;
```

实例 2-12： 使用 const 关键字定义常量来计算长方形的周长和面积(源代码\ch02\2.12.txt)

```
#include <stdio.h>
int main()
{
   const int  LENGTH =4;
   const int  WIDTH =5;
   const char NEWLINE = '\n';
   int area; /*定义长方形的面积*/
   int cir; /*定义长方形的周长*/
   area = LENGTH * WIDTH; /*计算长方形的面积*/
   cir = 2 * (LENGTH + WIDTH); /*计算长方形的周长*/
   printf("长方形的长: %d\n", LENGTH); /*输出长方形的长*/
   printf("长方形的宽: %d\n", WIDTH); /*输出长方形的宽*/
   printf("长方形的面积: %d", area);  /*输出长方形的面积*/
   printf("%c", NEWLINE);
   printf("长方形的周长: %d", cir); /*输出长方形的周长*/
   return 0;
}
```

程序运行结果如图 2-13 所示。从输出结果可以看出使用 const 关键字定义常量与使用#define 预处理器定义常量的计算结果是一样的。

```
Microsoft Visual Studio 调试控制台
长方形的长: 4
长方形的宽: 5
长方形的面积: 20
长方形的周长: 18
```

图 2-13　实例 2-12 的程序运行结果

2.4　C 语言中的变量

变量是指在程序运行过程中其值可以改变的量。在程序中定义变量时，编译系统就会给它分配相应的存储单元用来存储数据，变量的名称就是该存储单元的符号地址。

2.4.1　认识变量

在 C 程序设计中，变量用于存储程序中可以改变的数据。形象地讲，变量就像一个存放东西的抽屉，知道了抽屉的名字(变量名)，也就能找到抽屉的位置(变量的存储单元)以及抽屉里的东西(变量的值)。当然，抽屉里存放的东西是可以改变的，也就是说，变量值是可以变化的。

从上面的叙述不难看出，变量具有 4 个基本属性。具体介绍如下。

(1) 变量名：一个符合规则的标识符。

(2) 变量类型：C 语言中的数据类型或者是自定义的数据类型。

(3) 变量位置：数据的存储空间位置。

(4) 变量值：数据存储空间内存放的值。

程序编译时，会给每个变量分配存储空间和位置，程序读取数据的过程，其实就是根据变量名查找内存中相应的存储空间，从其内取值的过程。

实例 2-13： 使用变量输出整数与字母(源代码\ch02\2.13.txt)

```
#include<stdio.h>
 void main(void)
 {
    int i=15;                              /*定义一个变量 i 并赋初值*/
    char y='A';                            /*定义一个 char 类型的变量 y 并赋初值*/
    printf("第 1 次输出整数 i=%d\n",i);      /*输出变量 i 的值*/
    i=14;                                  /*给变量 i 赋值*/
    printf("第 2 次输出整数 i=%d\n",i);      /*输出变量 i 的值*/
    printf("第 1 次输出大写字母 y=%c\n",y);  /*输出变量 y 的值*/
    y='B';                                 /*给变量 y 赋值*/
    printf("第 2 次输出大写字母 y=%c\n",y);  /*输出变量 y 的值*/
    return 0;
 }
```

程序运行结果如图 2-14 所示。从输出结果可以看出，变量 i 和 y 的值两次输出不一样。

```
Microsoft Visual Studio 调试控制台
第1次输出整数i=15
第2次输出整数i=14
第1次输出大写字母y=A
第2次输出大写字母y=B
```

图 2-14　实例 2-13 的程序运行结果

在本实例代码中变量 i 和 y 是先进行定义的，而且变量 i 和 y 都进行了两次赋值，可见，变量在程序运行中是可以改变其值的。第 4 行和第 5 行是给变量赋初值的两种方式，是变量的初始化。

变量的名称可以由字母、数字和下划线字符组成，它必须以字母或下划线开头，大写字母和小写字母是不同的，因为在 C 语言中，字母是区分大小写的。

2.4.2 变量的声明

变量声明的作用是向编译器保证变量以指定的类型和名称存在，这样编译器在不需要知道变量完整细节的情况下也能继续进一步编译。变量的声明有以下两种情况。

(1) 需要建立存储空间的。例如：int a 在声明的时候就已经建立了存储空间。

(2) 不需要建立存储空间的，通过使用 extern 关键字声明变量名而不定义它。例如：extern int a，其中变量 a 可以在别的文件中定义。

变量的声明包括变量类型和变量名两个部分，其语法格式如下：

```
变量类型 变量名
```

如：“int num;”“double area;”“char c;”等语句都是变量的声明，在这些语句中，int、double 和 char 是变量类型，num、area 和 c 是变量名。这里的变量类型也是数据类型的一种，即变量 num 是 int 类型，area 是 double 类型，c 是 char 类型。

变量类型是 C 语言自带的数据类型和用户自定义的数据类型。C 语言自带的数据类型包括整型、字符型、浮点型、枚举型和指针类型等。

实例 2-14：声明变量，计算两数之和(源代码\ch02\2.14.txt)

```
#include<stdio.h>
extern int sum;   /* 声明变量 */
int main(void)
{
    int a, b;      /*定义变量 */
    int sum;
    a = 1;
    b = 2;
    sum = a + b;
    printf("a=%d\n", a);
    printf("b=%d\n", b);
    printf("a+b=%d\n", sum);
    return 0;
}
```

程序运行结果如图 2-15 所示。从输出结果可以看出，变量 a 和 b 相加之后的值为 3。

```
Microsoft Visual Studio 调试控制台
a=1
b=2
a+b=3
```

图 2-15　实例 2-14 的程序运行结果

变量名其实就是一个标识符，当然，标识符的命名规则在此处同样适用。因此，变量命名时需要注意以下几点。

- 命名时应注意区分大小写，并尽量避免使用大小写上有区别的变量名。
- 不建议使用以下划线开头的变量名，因为此类名称通常是保留给内部和系统的名字。
- 不能使用 C 语言保留字或预定义标识符作为变量名。如 int、define 等。
- 避免使用类似的变量名。如 total、totals、total1 等。
- 变量的命名最好具有一定的实际意义。如 sum 一般表示求和，area 表示面积。
- 变量的命名需放在变量使用之前。

如果变量没有经过声明而直接使用，则会出现编译器报错的现象。

2.4.3　变量的赋值

既然变量的值可以在程序中随时改变，那么，变量必然可以多次赋值。变量除了通过赋值的方式获得值外，还可以通过初始化的方式获得值。把第一次的赋值行为称为变量的初始化。也可以这么说，变量的初始化是赋值的特殊形式。

下面给出几个变量赋值的语句：

```
int i;
double f;
```

```
char a;
i=10;
f=3.4;
a='b';
```

在这段程序中，前 3 行是变量的定义，后 3 行是对变量赋值。将 10 赋给了 int 类型的变量 i，3.4 赋给了 double 类型的变量 f，字符 b 赋给了 char 类型的变量 a。后 3 行都是使用的赋值表达式。

从上述程序段不难得出，对变量赋值的语法格式如下：

```
变量名=变量值;
```

对变量的初始化格式如下：

```
变量类型 变量名=初始值;
```

其中，变量必须在赋值之前进行定义。符号“=”称为赋值运算符，而不是等号。它表示将其后边的值放入以变量名命名的变量中。变量值可以是一个常量或一个表达式。例如：

```
int i=5;
int j=i;
double f=2.5+1.8;
char a='b';
int x=y+2;
```

更进一步，赋值语句不仅可以给一个变量赋值，还可以给多个变量赋值，格式如下：

```
类型变量名 变量名 1=初始值,变量名 2=初始值...;
```

例如：

```
int i=8,j=10,m=12;
```

上面的代码分别给变量 i 赋了 8，给变量 j 赋了 10，给变量 m 赋了 12，相当于语句：

```
int i,j,m;
i=8;
j=10;
m=12;
```

变量的定义是让内存给变量分配内存空间，在分配好内存空间，程序没有运行前，变量会分配一个不可知的混乱值，如果程序中没有对其进行赋值就使用的话，容易引起不可预期的结果。所以，使用变量前务必要对其初始化，而且只有变量的数据类型相同时，才可以在一个语句中进行初始化。

实例 2-15：通过给变量赋值，计算两数之和(源代码\ch02\2.15.txt)

```
#include <stdio.h>
int main(void)
{
   int a=3,b=5,c;
   c=a+b;
   printf("a=%d\n", a);
   printf("b=%d\n", b);
   printf("c=%d\n", c);
   return 0;
}
```

程序运行结果如图 2-16 所示。

a=3
b=5
c=8

图 2-16　实例 2-15 的程序运行结果

2.4.4　变量的分类

变量按其作用域可分为局部变量和全局变量，全局变量在整个工程文件内都有效，其中静态全局变量只在定义它的文件内有效；局部变量在定义它的函数内有效，当函数返回后便失效，其中静态局部变量只在定义它的函数内有效，而且程序仅分配一次内存，函数返回后，该变量不会消失，只有程序结束后才释放内存。

1. 局部变量

局部变量也称为内部变量。局部变量是在函数内作定义声明的。其作用域仅限于函数内，离开该函数后再使用这种变量是非法的。如下面的代码段：

```
int fun(int a)          /*函数 fun，a、b、c 的作用域*/
{
int b,c;
}
main()                  /*主函数 main，x、y 的作用域*/
{
int x,y;
}
```

函数 fun 内定义了三个变量 a、b、c。在 fun 的范围内 a、b、c 才有效，或者说 a、b、c 变量的作用域仅限于 fun 内。同理，x、y 的作用域仅限于 main 函数内。

特别提醒：局部变量只有局部作用域，它在程序运行期间不是一直存在，而是只在函数执行期间存在，函数的一次调用执行结束后，变量会被撤销，其所占用的内存也会被收回。

2. 全局变量

全局变量也称为外部变量，它是在函数外部定义的变量。它不属于哪一个函数，而属于一个源程序文件，其作用域是整个源程序。在函数中使用全局变量，一般应作全局变量声明，只有在函数内经过声明的全局变量才能使用。全局变量具有全局作用域，只需在一个源文件中定义，就可以作用于所有的源文件。当然，其他不包含全局变量定义的源文件需要用 extern 关键字再次声明这个全局变量。

例如下面的代码段：

```
int a,b;            /*外部变量*/
void fun1()         /*函数 fun1*/
{…}
float c,d;          /*外部变量*/
int fun2()          /*函数 fun2*/
{…}
main()              /*主函数*/
{…}                 /*全局变量 a、b 作用域 全局变量 c、d 作用域*/
```

从上例可以看出，a、b、c、d 都是在函数外部定义的外部变量，都是全局变量。但

c、d 定义在函数 fun1 之后，而 fun1 内又没有对 c、d 加以说明，所以它们在 fun1 内无效。a、b 定义在源程序最前面，因此在 fun1、fun2 及 main 函数内不加说明也可使用。

实例 2-16：通过定义全局变量，计算长方体的体积以及 3 个不同面的面积(源代码\ch02\2.16.txt)

```
#include <stdio.h>
int ar1, ar2, ar3;                    /*定义全局变量*/
int vol(int a, int b, int c)          /*定义全局变量*/
{
    int v;
    v = a * b * c;                    /*计算长方体的体积*/
    ar1 = a * b;                      /*计算长方体一个面的面积*/
    ar2 = b * c;                      /*计算长方体另一个面的面积*/
    ar3 = a * c;                      /*计算长方体第 3 个面的面积*/
    return v;
}                                     /*返回长方体的体积*/
void main()                           /*定义主函数*/
{
    int v, l, w, h;                   /*定义变量*/
    printf("输入长方体的长、宽和高\n"); /*输出长方体的长、宽和高*/
    scanf_s("%d%d%d", &l, &w, &h);   /*输入长方体的长、宽与高*/
    v = vol(l, w, h);                 /*计算长方体的体积*/
    printf("体积 v=%d\n", v);         /*输出长方体的体积*/
    printf("面 s1=%d\n",ar1);
    printf("面 s2=%d\n",ar2);
    printf("面 s3=%d\n",ar3);
    return 0;
}
```

程序运行结果如图 2-17 所示，根据提示输入长、宽、高，按 Enter 键，即可计算出长方体的体积与面积，如图 2-18 所示。

图 2-17　输入数值

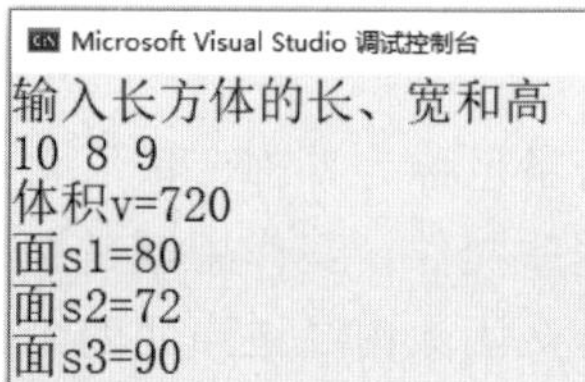

图 2-18　实例 2-16 的程序运行结果

该实例中定义了三个全局变量 ar1、ar2 和 ar3，用来存放三个面积，其作用域为整个程序。函数 vol()用来求长方体的体积和三个面积，函数的返回值为体积 v。由主函数完成长、宽、高的输入及结果输出。

C 语言规定函数返回值只有一个，当需要增加函数的返回数据时，用全局变量是一种很好的方式。本例中，如不使用全局变量，在主函数中就不可能取得 v、ar1、ar2、ar3 四个值。而采用了全局变量，在函数 vol()中求得的 ar1、ar2、ar3 在 main 中仍然有效。因此全局变量是实现函数之间数据通信的有效手段。

2.5　就业面试问题解答

问题 1：从精度上来讲，浮点型的精度比整型精确，从表示范围上来讲，浮点型表示的范围比整型表示的范围大，那么，为什么还需要整型呢？

答：每种数据类型都有优缺点，虽然有时候可以将浮点型与整型相互替换，但有的时候就不能替换，因为有些整数是浮点型表示不出来的！这就必须使用整型数据类型了。

问题 2：变量的声明和变量的定义有什么不同？

答：变量的定义比变量的声明多了一个分号，所以变量的定义是一个完整的语句。另外，变量的声明是在程序的编译期起作用，而变量的定义在程序的编译期起声明作用，在程序的运行期起为变量分配内存的作用。

2.6　上机练练手

上机练习 1：处理学生的期末成绩

编写程序，通过输入端输入学生的期末成绩，然后计算学生的平均成绩，对成绩排序，计算出成绩合格人数，最后输出结果。程序运行结果如图 2-19 所示。

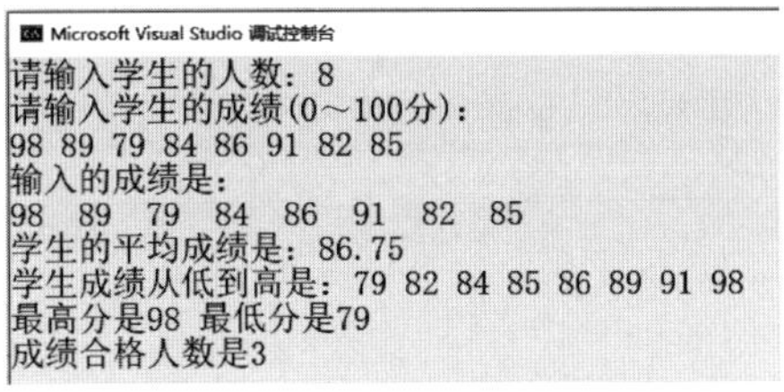

```
Microsoft Visual Studio 调试控制台
请输入学生的人数：8
请输入学生的成绩(0~100分)：
98 89 79 84 86 91 82 85
输入的成绩是：
98   89   79   84   86   91   82   85
学生的平均成绩是：86.75
学生成绩从低到高是：79 82 84 85 86 89 91 98
最高分是98 最低分是79
成绩合格人数是3
```

图 2-19　处理学生的期末成绩

上机练习 2：分类统计学生成绩信息

编写程序，输入学生的成绩，当输入负数时程序结束。根据输入的数据计算全班的平均成绩，并统计 90 分以上的学生个数，80～90 分的学生个数，70～80 分的学生个数，60～70 分的学生个数，以及不及格的学生个数。程序运行结果如图 2-20 所示。

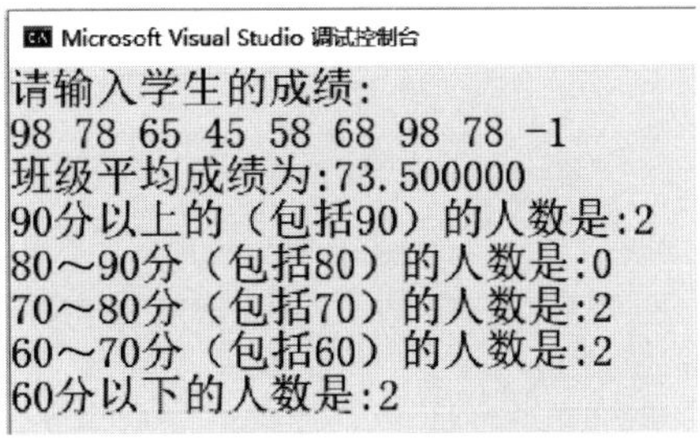

```
Microsoft Visual Studio 调试控制台
请输入学生的成绩:
98 78 65 45 58 68 98 78 -1
班级平均成绩为:73.500000
90分以上的（包括90）的人数是:2
80～90分（包括80）的人数是:0
70～80分（包括70）的人数是:2
60～70分（包括60）的人数是:2
60分以下的人数是:2
```

图 2-20　分类统计学生成绩信息

上机练习 3：制作进制转换小工具

编写程序，制作一个进制转换小工具，要求实现二进制、八进制、十进制、十六进制之间的相互转换。程序运行结果如图 2-21 所示。

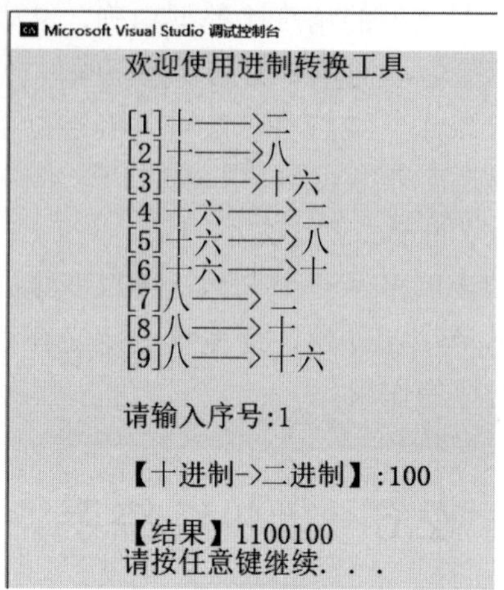

图 2-21　不同进制数值的转换

第 3 章

运算符和表达式

C 语言中提供了运算符与表达式来实现对数据进行相应的操作，通过使用运算符可以将常量、变量以及函数等进行连接，并且可以通过改变运算符号，来对表达式进行不同的运算。本章就来介绍运算符和表达式的应用。

3.1　认识运算符与表达式

C 语言中的运算符是用来对变量、常量或数据进行计算的符号，指挥计算机进行某种操作。运算符又叫作操作符，可以将运算符理解为交通警察的命令，用来指挥行人或车辆等不同的运动实体(操作数)，最后达到一定的目的。例如，“-”是运算符，而“8-5”完成两数求差的功能。

3.1.1　运算符的分类

按照运算符使用的操作数的个数来划分，C 语言中有 3 种类型的运算符。

(1)　一元运算符：又称为单目运算符。一元运算符所需的操作数为一个，一元运算符又包括前缀运算符和后缀运算符。例如：

```
x++;                /* 后缀一元运算符 */
--x;                /* 前缀一元运算符 */
```

(2)　二元运算符：又称为双目运算符。二元运算符所需的操作数为两个，即运算符的左右各一个操作数。例如：

```
z=x+y;              /* 二元运算符 */
```

(3)　三元运算符：又称为三目运算符。C 语言中仅有一个三元运算符“？：”，三元运算符所需的操作数为三个，使用时在操作数中间插入运算符。例如：

```
y=(x>10? 0:1);      /* 三元运算符 */
```

按照运算符的功能来划分，C 语言中常用的运算符包括赋值运算符、算术运算符、关系运算符、位运算符、条件运算符、其他运算符等。

3.1.2　运算符优先级

运算符的种类非常多，通常不同的运算符又构成了不同的表达式，甚至一个表达式中又包含有多种运算符，因此它们的运算方法有一定的规律性。C 语言规定了各类运算符的运算优先级及结合性等，如表 3-1 所示。

表 3-1　运算符的运算优先级及结合性

优先级(1 最高)	说　明	运 算 符	结 合 性
1	括号	()	从左到右
2	自加/自减运算符	++、--	从右到左
3	乘法运算符、除法运算符、取模运算符	*、/、%	从左到右
4	加法运算符、减法运算符	+、-	从左到右

续表

优先级(1 最高)	说　明	运 算 符	结 合 性
5	小于、小于等于、大于、大于等于	<、<=、>、>=	从左到右
6	等于、不等于	==、!=	从左到右
7	逻辑与	&&	从左到右
8	逻辑或	||	从左到右
9	赋值运算符	=、+=、*=、/=、%=、-=	从右到左

注意　在使用表达式的时候，如果无法确定运算符的有效顺序，则尽量采用括号来保证运算的顺序，这样也使得程序一目了然，而且在编程时能够使程序员思路清晰。

实例 3-1：运算符优先级的应用(源代码\ch03\3.1.txt)

```
#include <stdio.h>
main()
{
    int a = 10;
    int b = 20;
    int c = 35;
    int d = 5;
    int e;
    e = (a + b) * c / d;
    printf("(a + b) * c / d 的值是 %d\n", e);
    e = ((a + b) * c) / d;
    printf("((a + b) * c) / d 的值是 %d\n", e);
    e = (a + b) * (c / d);
    printf("(a + b) * (c / d) 的值是 %d\n", e);
    e = a + (b * c) / d;
    printf("a + (b * c) / d 的值是 %d\n", e);
    return 0;
}
```

程序运行结果如图 3-1 所示。

```
Microsoft Visual Studio 调试控制台
(a + b) * c / d 的值是 210
((a + b) * c) / d 的值是 210
(a + b) * (c / d) 的值是 210
a + (b * c) / d 的值是 150
```

图 3-1　运算符优先级的应用

3.1.3　认识表达式

在 C 语言中，表达式是由运算符所连接起来的式子，连接的对象可以是常量、变量或者函数的调用，并且表达式是用来构成语句的基本单位。

例如，以下为一些常见的表达式：

```
1+2
```

```
a+1
b-(c/d)
```

表达式通过组成它的成员，如变量、常量等的类型来决定返回值的类型，例如“1+2”，两个常量为 int 型，那么返回值的类型也应为 int 型。

实例 3-2：计算表达式 a+b 的值(源代码\ch03\3.2.txt)

编写程序，定义 int 型变量 a、b、c，通过 scanf_s()函数从输入端输入变量 a、b 的值，然后计算表达式 a+b 的值，再将计算结果赋予变量 c，最后输出 c 的值。

```
#include <stdio.h>
int main()
{
    int a,b,c;
    printf("请输入 a，b 的值：\n");
    scanf_s("%d%d",&a,&b);
    /* 计算表达式 a+b 的值，将结果赋予 c */
    c=a+b;
    printf("a 的值为：%d，b 的值为：%d\n",a,b);
    printf("a+b=%d\n",c);
    return 0;
}
```

程序运行结果如图 3-2 所示。在本实例中，设置了一个简单的表达式“a+b”，它由两个 int 型变量 a 和 b 组成。

```
Microsoft Visual Studio 调试控制台
请输入a，b的值：
10
20
a的值为：10，b的值为：20
a+b=30
```

图 3-2　计算表达式的值

3.2　使用运算符与表达式

C 语言中的运算符是一种告诉编译器执行特定的数学或逻辑操作的符号，C 语言内置了丰富的运算符，主要包括算术运算符、关系运算符、逻辑运算符、位运算符、赋值运算符等。表达式是由运算符和操作数构成的，表达式的运算符指出了对操作数的操作，操作数可以是常量、变量或者函数的调用。

3.2.1　算术运算符与表达式

C 语言中的算术运算符(arithmetic operators)是用来处理四则运算的符号，是最简单、最常用的符号，尤其对数字的处理几乎都会使用到运算符。

1. 算术运算符

如表 3-2 所示显示了 C 语言支持的所有算术运算符。这里假设变量 A 的值为 10，变量 B 的值为 20。

表 3-2　算术运算符

运 算 符	描　述	示　例
+	把两个操作数相加	A+B 将得到 30
-	从第一个操作数中减去第二个操作数	A-B 将得到-10
*	把两个操作数相乘	A*B 将得到 200
/	分子除以分母	B/A 将得到 2
%	取模运算符，整除后的余数	B%A 将得到 0
++	自增运算符，整数值增加 1	A++将得到 11
--	自减运算符，整数值减少 1	A--将得到 9

在算术运算符中，自增、自减运算符又分为前缀和后缀。当++或--运算符置于变量的左边时，称为前置运算或称为前缀，表示先进行自增或自减运算，再使用变量的值。而当++或--运算符置于变量的右边时，称为后置运算或后缀，表示先使用变量的值，再自增或自减运算。前置与后置运算方法如表 3-3 所示，这里假设计算的数值为 a 和 b，并且 a 的值为 5。

表 3-3　自增、自减运算符的前置与后置

表达式	类　型	计算方法	结果(假定 a 的值为 5)
b = ++a;	前置自加	a = a+ 1; b = a;	b= 6; a = 6;
b = a++;	后置自加	b= a; a = a + 1;	b= 5; a= 6;
b = --a;	前置自减	a = a - 1; b =a;	b = 4; a = 4;
b = a--;	后置自减	b = a; a = a - 1;	b= 5; a= 4;

实例 3-3： 前置运算符和后置运算符的应用(源代码\ch03\3.3.txt)

编写程序，定义 int 型变量 x、y，分别对 x 做前置运算和后置运算，将运算结果赋予 y，分别输出 x、y 的值。

```
#include <stdio.h>
int main()
{
    int x,y;
    /* 后置运算 */
    printf("x++、x--均先赋值后运算：\n");
    x = 5;
    y = x++;
    printf("y = %d\n", y );
    printf("x = %d\n", x );
    x = 5;
    y = x--;
    printf("y = %d\n", y );
```

```
    printf("x = %d\n", x );
    /* 前置运算 */
    printf("++x、--x 均先运算后赋值：\n");
    x = 5;
    y = ++x;
    printf("y = %d\n", y );
    printf("x = %d\n", x );
    x = 5;
    y = --x;
    printf("y = %d\n", y );
    printf("x = %d\n", x );
    return 0;
}
```

程序运行结果如图 3-3 所示。在本实例中，y=x++先将 x 赋值给 y，再对 x 进行自增运算。y=++x 先将 x 进行自增运算，再将 x 赋值给 y。y=x--先将 x 赋值给 y，再对 x 进行自减运算。y=--x 先将 x 进行自减运算，再将 x 赋值给 y。

```
Microsoft Visual Studio 调试控制台
x++、x--均先赋值后运算：
y = 5
x = 6
y = 5
x = 4
++x、--x均先运算后赋值：
y = 6
x = 6
y = 4
x = 4
```

图 3-3　前置运算以及后置运算

2. 算术表达式

由算术运算符和操作数组成的表达式称为算术表达式，算术表达式的结合性为自左向右。常用的算术表达式使用说明如表 3-4 所示。

表 3-4　算术表达式的描述

表达式的样式	所用运算符	表达式的描述	示例(假设 i=1)
操作数 1 + 操作数 2	+	执行加法运算(如果两个操作数是字符串，则该运算符用作字符串连接运算符，将一个字符串添加到另一个字符串的末尾)	3+2(结果：5) 'a'+14(结果：111) 'a'+ 'b'(结果：195) 'a'+"bcd"(结果：abcd) 12+"bcd"(结果：12bcd)
操作数 1 - 操作数 2	-	执行减法运算	3-2(结果：1)
操作数 1 * 操作数 2	*	执行乘法运算	3*2(结果：6)
操作数 1 / 操作数 2	/	执行除法运算	3/2(结果：1)
操作数 1 % 操作数 2	%	获得进行除法运算后的余数	3%2(结果：1)
操作数++ 或 ++操作数	++	将操作数加 1	i++/++i(结果：1/2)
操作数-- 或 --操作数	--	将操作数减 1	i--/--i(结果：1/0)

实例 3-4：使用算术表达式对数值进行运算(源代码\ch03\3.4.txt)

编写程序，定义 int 型变量 a、b、c，初始化 a 的值为 10，初始化 b 的值为 20，使用算术表达式对 a 和 b 进行运算，将计算结果分别赋予 c 再输出。

```
#include <stdio.h>
int main()
{
```

```
    int a = 10;
    int b = 20;
    int c ;
    /* +运算 */
    c= a + b;
    printf("a+b=%d\n", c );
    /* -运算 */
    c= a - b;
    printf("a-b=%d\n", c);
    /* *运算 */
    c = a * b;
    printf("a*b=%d\n", c );
    /* /运算 */
    c = a / b;
    printf("a/b=%d\n", c );
    /* %运算 */
    c= a % b;
    printf("a%%b=%d\n", c );
    /* 前置++运算 */
    c = ++a;
    printf("++a=%d\n", c);
    /* 前置--运算 */
    c= --a;
    printf("--a=%d\n", c );
    return 0;
}
```

程序运行结果如图 3-4 所示。

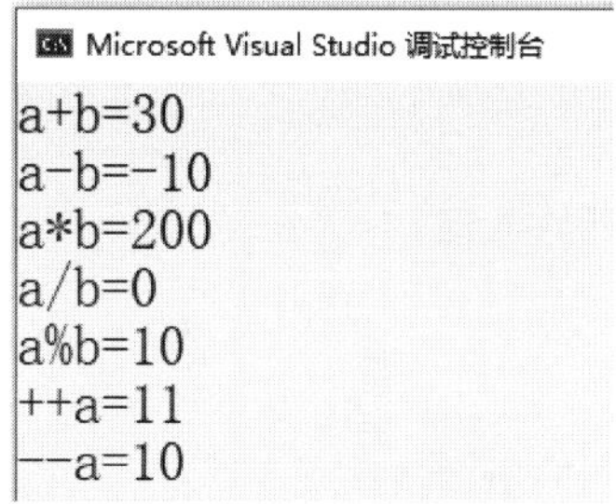

图 3-4　算术表达式的应用

在使用算术表达式的过程中，应该注意以下几点。

(1)　在算术表达式中，如果操作数的类型不一致，系统会自动进行隐式转换，如果转换成功，表达式的结果类型以操作数中表示范围大的类型为最终类型，如 3.2+3 结果为 double 类型的 6.2。

(2)　减法运算符的使用同数学中的使用方法类似，但需要注意的是，减法运算符不但可以应用于整型、浮点型数据间的运算，还可以应用于字符型数据的运算。在字符型运算时，首先将字符转换为其 ASCII 码，然后进行减法运算。

(3)　在使用除法运算符时，如果除数与被除数均为整数，则结果也为整数，它会把小数舍去(并非四舍五入)，如 3/2=1。

3.2.2　关系运算符与表达式

关系运算可以把它理解为一种“判断”，判断的结果要么是“真”，要么是“假”，C 语言定义关系运算符的优先级低于算术运算符，高于赋值运算符。

1. 关系运算符

C 语言中定义的关系运算符如表 3-5 所示。这里假设变量 A 的值为 10，变量 B 的值为 20。

表 3-5　关系运算符

运 算 符	描　述	示　例
==	检查两个操作数的值是否相等，如果相等则条件为真	(A==B)为假
!=	检查两个操作数的值是否相等，如果不相等则条件为真	(A!=B)为真
>	检查左操作数的值是否大于右操作数的值，如果是则条件为真	(A>B)为假
<	检查左操作数的值是否小于右操作数的值，如果是则条件为真	(A<B)为真
>=	检查左操作数的值是否大于或等于右操作数的值，如果是则条件为真	(A>=B)为假
<=	检查左操作数的值是否小于或等于右操作数的值，如果是则条件为真	(A<=B)为真

关系运算符中的等于号“==”很容易与赋值号“=”混淆，一定要记住，“=”是赋值运算符，而“==”是关系运算符。

2. 关系表达式

由关系运算符和操作数构成的表达式称为关系表达式。关系表达式中的操作数可以是整型数、实型数、字符型等。对于整数类型、实数类型和字符类型，上述六种比较运算符都可以适用；对于字符串的比较运算符实际上只能使用“==”和“!=”运算符。关系表达式的格式如下：

```
表达式 关系运算符 表达式
```

例如：

```
3>2
z>x-y
'a'+2<d
a>(b>c)
a!=(c==d)
"abc"!="asf"
```

当两个字符串的值都为 null 或两个字符串长度相同、对应的字符序列也是相同的非空字符串时，比较的结果才能为“真”。

关系表达式的返回值只有“真”与“假”两种，分别用“1”和“0”来表示，例如：

```
2>1 的返回值为“真”，也就是“1”
(a+b)==(c=5)的返回值为“假”，也就是“0”
```

实例 3-5： 使用关系表达式进行判断(源代码\ch03\3.5.txt)

编写程序，通过输入端输入一个字符，使用关系表达式判断该字符是字母还是数字。

```
#include <stdio.h>
int main()
{
    /* 定义变量 */
```

```
    char ch;
    printf("请输入一个字符：\n");
    ch=getchar();
    /* 根据不同情况进行判断 */
    if((ch>='A' && ch<='Z') || (ch>='a' && ch<='z'))
    {
        printf("%c 是一个字母。\n",ch);
    }
    else if(ch>='0' && ch<='9')
    {
        printf("%c 是一个数字。\n",ch);
    }
    else
    {
        printf("%c 属于其他字符。\n",ch);
    }
    return 0;
}
```

保存并运行程序，如果输入数值，则返回如图 3-5 所示的结果；如果输入一个字符，则返回如图 3-6 所示的结果。

图 3-5　输入数字

图 3-6　输入字母

3.2.3　逻辑运算符与表达式

逻辑运算符两侧的操作数需要转换成布尔值进行运算。逻辑与和逻辑或都是二元运算符，要求有两个操作数，而逻辑非为一元运算符，只有一个操作数。

1. 逻辑运算符

C 语言为用户提供了逻辑运算符，包括逻辑与、逻辑或、逻辑非 3 种逻辑运算符。如表 3-6 所示显示了 C 语言支持的所有关系逻辑运算符，假设变量 A 的值为 1，变量 B 的值为 0。

表 3-6　逻辑运算符

运 算 符	描　述	示　例
&&	逻辑与运算符，表示对两个类型的操作数进行与运算，并且仅当两个操作数均为“真”时，结果才为“真”	(A && B)为假
||	逻辑或运算符，表示对两个类型的操作数进行或运算，当两个操作数中只要有一个操作数为“真”时，结果就是“真”	(A || B)为真
!	逻辑非运算符，表示对某个操作数进行非运算，当某个操作数为“真”时，结果就是“假”	!(A && B)为真

为了方便掌握逻辑运算符的使用，逻辑运算符的运算结果可以用逻辑运算的“真值表”来表示，如表 3-7 所示。

表 3-7　真值表

a	b	a&&b	a||b	!a
1	1	1	1	0
1	0	0	1	0
0	1	0	1	1
0	0	0	0	1

逻辑运算符与关系运算符的返回结果一样，分为“真”与“假”两种，“真”为“1”，“假”为“0”。

2. 逻辑表达式

由逻辑运算符组成的表达式称为逻辑表达式。逻辑表达式的结果只能是真与假，要么是“1”要么是“0”。逻辑表达式的书写形式一般为：

```
表达式 逻辑运算符 表达式
```

例如，表达式 a&&b，其中 a 和 b 均为布尔值，系统在计算该逻辑表达式时，首先判断 a 的值，如果 a 为 true，再判断 b 的值；如果 a 为 false，系统不需要继续判断 b 的值，直接确定表达式的结果为 false。

虽然在 C 语言中，以“1”表示“真”，以“0”表示“假”，但是反过来在判断一个量是为“真”或是为“假”时，是以“0”代表“假”，以非“0”的数值代表“真”。例如：

```
2&&3
```

由于“2”和“3”均非“0”，所以表达式的返回值为“真”，即为“1”。

实例 3-6：使用逻辑表达式进行逻辑运算(源代码\ch03\3.6.txt)

编写程序，分别定义 char 型变量 s 并初始化为'z'，int 型变量 a、b、c 并初始化为 1、2、3，float 型变量 x、y 并初始化为 2e+5、3.14。输出由它们所组合的相应逻辑表达式的返回值。

```
#include <stdio.h>
int main()
{
    /* 定义变量 */
    char s='z';
    int a=1,b=2,c=3;
    float x=2e+5,y=3.14;
    /* 输出逻辑表达式的返回值 */
    printf("结果一：");
    printf( "%d,%d\n", !x*y, !x );
    printf("结果二：");
    printf( "%d,%d\n", x||a&&b-5, a>b&&x<y );
```

```
    printf("结果三: ");
    printf( "%d,%d\n", a==2&&s&&(b=3), x+y||a+b+c );
    return 0;
}
```

程序运行结果如图 3-7 所示。

Microsoft Visual Studio 调试控制台
结果一：0,0
结果二：1,0
结果三：0,1

图 3-7　逻辑表达式的应用

3.2.4　赋值运算符与表达式

赋值运算符为二元运算符，要求运算符两侧的操作数类型必须一致(或者右边的操作数必须可以隐式转换为左边操作数的类型)。

1. 赋值运算符

C 语言中提供的简单赋值运算符如表 3-8 所示。

表 3-8　赋值运算符

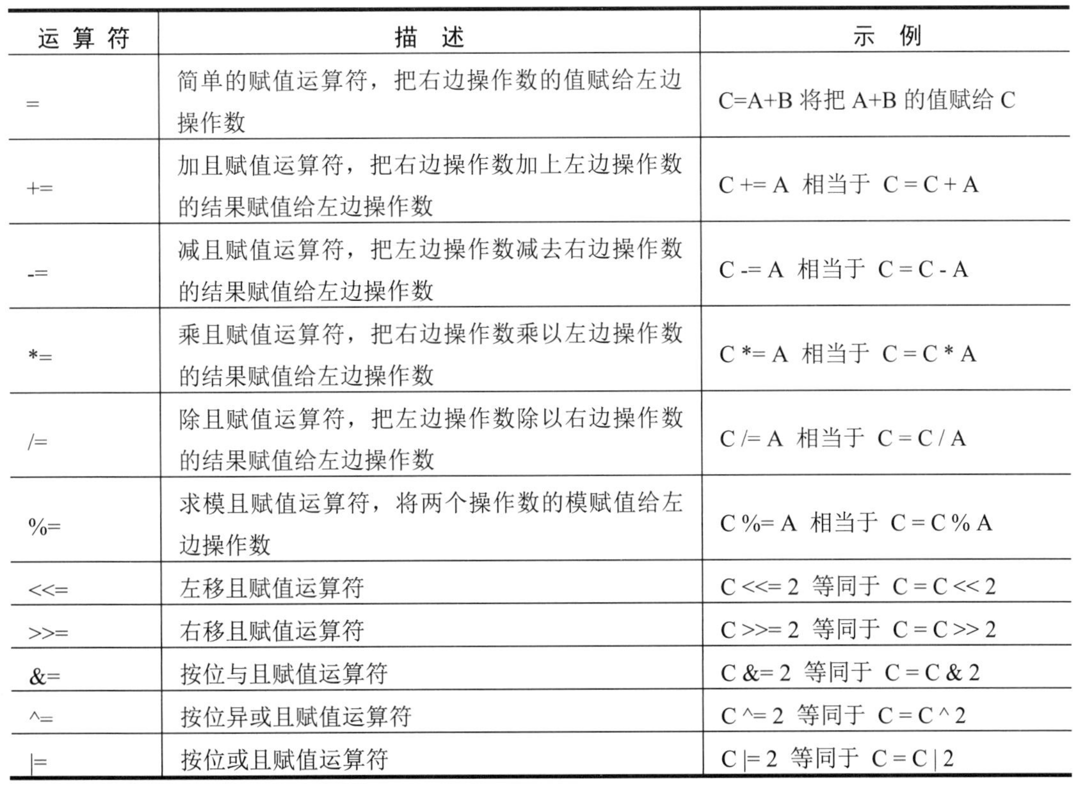

运 算 符	描　述	示　例
=	简单的赋值运算符，把右边操作数的值赋给左边操作数	C=A+B 将把 A+B 的值赋给 C
+=	加且赋值运算符，把右边操作数加上左边操作数的结果赋值给左边操作数	C += A 相当于 C = C + A
-=	减且赋值运算符，把左边操作数减去右边操作数的结果赋值给左边操作数	C -= A 相当于 C = C - A
*=	乘且赋值运算符，把右边操作数乘以左边操作数的结果赋值给左边操作数	C *= A 相当于 C = C * A
/=	除且赋值运算符，把左边操作数除以右边操作数的结果赋值给左边操作数	C /= A 相当于 C = C / A
%=	求模且赋值运算符，将两个操作数的模赋值给左边操作数	C %= A 相当于 C = C % A
<<=	左移且赋值运算符	C <<= 2 等同于 C = C << 2
>>=	右移且赋值运算符	C >>= 2 等同于 C = C >> 2
&=	按位与且赋值运算符	C &= 2 等同于 C = C & 2
^=	按位异或且赋值运算符	C ^= 2 等同于 C = C ^ 2
|=	按位或且赋值运算符	C |= 2 等同于 C = C | 2

注意　在书写复合赋值运算符时，两个符号之间一定不能有空格，否则将会出错。

2. 赋值表达式

由赋值运算符和操作数组成的表达式称为赋值表达式，赋值表达式的功能是计算表达式的值再赋予左侧的变量。赋值表达式的一般形式如下：

```
变量 赋值运算符 表达式
```

赋值表达式的计算过程是：首先计算表达式的值，然后将该值赋给左侧的变量。C 语言中常见赋值表达式以及使用说明如表 3-9 所示。

表 3-9 常见赋值表达式以及使用说明

表达式的样式	所用运算符	表达式的描述	示 例
运算结果=操作数	=	直接赋值	x=10
运算结果=操作数 1 +操作数 2	+=	加上数值后赋值	x = x + 10
运算结果=操作数 1-操作数 2	-=	减去数值后赋值	x= x - 10
运算结果=操作数 1*操作数 2	*=	乘以数值后赋值	x = x *10
运算结果=操作数 1/操作数 2	/=	除以数值后赋值	x = x / 10
运算结果=操作数 1%操作数 2	%=	求余数后赋值	x= x% 10

实例 3-7： 使用赋值表达式对数值进行运算(源代码\ch03\3.7.txt)

编写程序，定义 int 型变量 x、y，使用赋值表达式对 x 进行相应的运算操作，然后将结果赋予 y 输出。

```
#include <stdio.h>
main()
{
    int x,y;
    x=10;
    printf("x =%d\n",x);
    /* 基本赋值 */
    y = x;
    printf("计算 y = x\n");
    printf("y = %d\n", y );
    /* +=运算符 */
    y += x;
    printf("计算 y += x\n");
    printf("y = %d\n", y );
    /* -=运算符 */
    y -= x;
    printf("计算 y -= x\n");
    printf("y = %d\n", y );
    /* *=运算符 */
    y *= x;
    printf("计算 y *= x\n");
    printf("y = %d\n", y );
    /* /=运算符 */
    y /= x;
    printf("计算 y /= x\n");
    printf("y = %d\n", y );
    /* %=运算符 */
    y  = 3;
    y %= x;
    printf("计算 y %%= x(y=3)\n");
    printf("y = %d\n", y );
    return 0;
}
```

程序运行结果如图 3-8 所示。

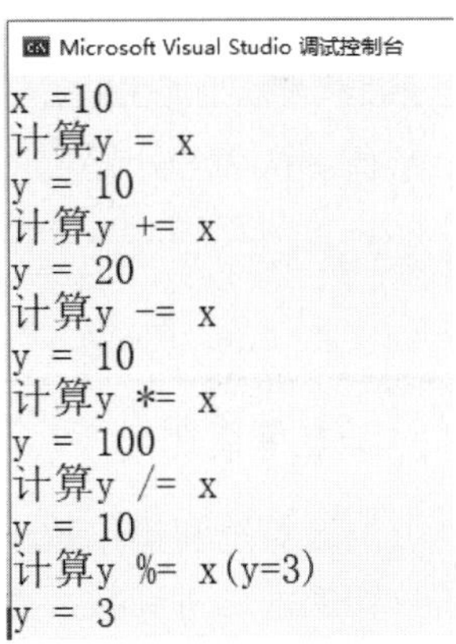

图 3-8　常见赋值表达式的使用

在使用赋值表达式的过程中，应注意以下几点。

(1) 赋值的左操作数必须是一个变量，C 语言中可以对变量进行连续赋值，这时赋值运算符是右关联的，这意味着从右向左运算符被分组。例如，形如 a=b=c 的表达式等价于 a=(b=c)。

(2) 赋值运算符两边的操作数类型不一致时，如果存在隐式转换，系统会自动将赋值号右边的类型转换为左边的类型再赋值；如果不存在隐式转换，那就先要进行显式类型转换，否则程序会报错。

3.2.5　位运算符与表达式

任何信息在计算机中都是以二进制的形式保存的，位运算符是对数据按二进制位进行运算的运算符。

1. 位运算符

C 语言中提供的位运算符如表 3-10 所示。

表 3-10　位运算符

运 算 符	描　述
&	按位与操作，按二进制位进行“与”运算。运算规则： 0&0=0; 0&1=0; 1&0=0; 1&1=1;
|	位或运算符，按二进制位进行“或”运算。运算规则： 0|0=0; 0|1=1; 1|0=1; 1|1=1;
^	异或运算符，按二进制位进行“异或”运算。运算规则： 0^0=0; 0^1=1; 1^0=1; 1^1=0;
~	取反运算符，按二进制位进行“取反”运算。运算规则： ~1=0; ~0=1;

续表

运 算 符	描 述
<<	二进制左移运算符。将一个运算对象的各二进制位全部左移若干位(左边的二进制位丢弃，右边补 0)
>>	二进制右移运算符。将一个数的各二进制位全部右移若干位，正数左补 0，负数左补 1，右边丢弃

2. 位运算表达式

由位运算符和操作数构成的表达式为位运算表达式。在位运算表达式中，系统首先将操作数转换为二进制数，然后再进行位运算，计算完毕后，再将其转换为十进制整数。各种位运算方法如表 3-11 所示。

表 3-11 位运算符表达式

表达式的样式	所用运算符	表达式的描述
操作数 1 & 操作数 2	&	与运算。操作数中的两个位都为 1，结果为 1，两个位中有一个为 0，结果为 0
操作数 1 | 操作数 2	|	或运算。操作数中的两个位都为 0，结果为 0，否则，结果为 1
操作数 1 ^ 操作数 2	^	异或运算。两个操作位相同时，结果为 0，不相同时，结果为 1
~ 操作数 1	~	取补运算，操作数的各个位取反，即 1 变为 0，0 变为 1
操作数 1 << 操作数 2	<<	左移位。操作数按位左移，高位被丢弃，低位顺序补 0
操作数 1 >> 操作数 2	>>	右移位。操作数按位右移，低位被丢弃，其他各位顺序一次右移

实例 3-8：使用位运算表达式进行相关位运算(源代码\ch03\3.8.txt)

编写程序，定义 int 型变量 a、b，并初始化为 20、15；定义 int 型变量 c 并初始化为 0。对 a、b 进行相关位运算操作，将结果赋予变量 c 并输出。

```
#include <stdio.h>
int main()
{
    /* 定义变量 */
    unsigned int a = 20;   /* 20 = 0001 0100 */
    unsigned int b = 15;   /* 15 = 0000 1111 */
    int c = 0;
    printf("a 的值为：%d,b 的值为：%d\n",a,b);
    /* 位运算 */
    c = a & b;   /* 4 = 0000 0100 */
    printf("a & b 的值是 %d\n", c );
    c = a | b;   /* 31 = 0001 1111 */
    printf("a | b 的值是 %d\n", c );
    c = a ^ b;   /* 27 = 0001 1011 */
    printf("a ^ b 的值是 %d\n", c );
```

```
    c = ~a;   /*-21 = 1110 1011 */
    printf("~ a 的值是 %d\n", c );
    c = a << 2;   /* 80 = 0101 0000 */
    printf("a << 2 的值是 %d\n", c );
    c = a >> 2;   /* 5 = 0000 0101 */
    printf("a >> 2 的值是 %d\n", c );
    return 0;
}
```

程序运行结果如图 3-9 所示。

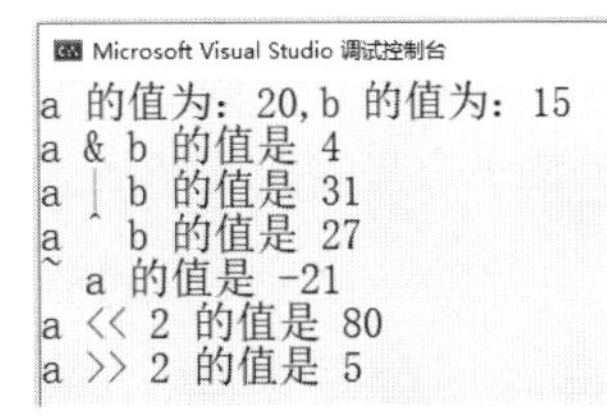

图 3-9　位运算表达式的应用

3.2.6　条件运算符与表达式

由条件运算符组成的表达式称为条件表达式。一般表示形式如下：

```
条件表达式?表达式 1:表达式 2
```

条件表达式的计算过程是先计算条件，然后进行判断。如果条件表达式的结果为“真”，计算表达式 1 的值，表达式 1 为整个条件表达式的值；否则，计算表达式 2 的值，表达式 2 为整个条件表达式的值。例如，求出 a 和 b 中最大数的表达式。

```
a>b?a:b    //取 a 和 b 的最大值
```

条件运算符的优先级高于赋值运算符，低于关系运算符和算术运算符。所以有：

```
(a>b)?a:b 等价于 a>b?a:b
```

条件运算符的结合性规则是自右向左，例如：

```
a>b?a:c<d?c:d 等价于 a>b?a:(c<d?c:d)
```

注意　在条件运算符中“？”与“：”是一对运算符，不可拆开使用。

实例 3-9：使用条件表达式进行相关比较运算(源代码\ch03\3.9.txt)

编写程序，定义两个 int 型变量，通过输入端输入两数的值，再使用条件表达式比较它们的大小，将较大数输出。

```
#include <stdio.h>
int main()
{
    /*定义两个 int 型变量 */
    int x, y;
    printf("请输入两个整数，以比较大小:\n");
    scanf_s("%d %d", &x, &y);
    /* 使用条件表达式比较两数大小 */
    printf("两数中较大的为: %d\n", x>y?x:y);
    return 0;
}
```

程序运行结果如图 3-10 所示。

Microsoft Visual Studio 调试控制台

```
请输入两个整数，以比较大小:
10
20
两数中较大的为：20
```

图 3-10　条件表达式的应用

3.2.7　逗号运算符与表达式

逗号运算符的功能是将两个表达式连接起来成为一个表达式，这就是逗号表达式。逗号表达式的一般形式为：

```
表达式 1,表达式 2
```

逗号表达式的运算方式为分别对两个表达式进行求解，然后以表达式 2 的计算结果作为整个逗号表达式的值。在逗号表达式中可以使用嵌套的形式，例如：

```
表达式 1,(表达式 2,表达式 3…表达式 n)
```

将上述逗号表达式展开后可以得到：

```
表达式 1,表达式 2,表达式 3…表达式 n
```

那么表达式 n 便为整个逗号表达式的值。

实例 3-10： 使用逗号表达式进行相关运算(源代码\ch03\3.10.txt)

编写程序，定义 int 型变量 a、b、c、x、y。对 a、b、c 进行初始化，它们的值分别为 1、2、3，然后计算逗号表达式 y=(x=a+b,a+c)，最后输出 x、y 的值。

```
#include <stdio.h>
int main()
{
    /* 定义变量 */
    int a=1,b=2,c=3,x,y;
    /* 逗号表达式 */
    y=(x=a+b,a+c);
    printf("整个逗号表达式的值为 y=%d\n",y);
    printf("表达式 a+b 的值为 x=%d\n",x);
    return 0;
}
```

程序运行结果如图 3-11 所示。

Microsoft Visual Studio 调试控制台

```
整个逗号表达式的值为y=4
表达式a+b的值为x=3
```

图 3-11　逗号表达式的应用

3.2.8　杂项运算符与表达式

在 C 语言中，除了算术运算符、关系运算符外，还有其他一些重要的运算符，如表 3-12 所示为常用的杂项运算符。

表 3-12　杂项运算符

运 算 符	描　述	示　例
sizeof()	返回变量的大小	sizeof(a)将返回 4，其中 a 是整数
&	返回变量的地址	&a;将给出变量的实际地址
*	指向一个变量	*a;将指向一个变量
?:	条件表达式	如果条件为真，则值为 X，否则值为 Y

实例 3-11：杂项运算符的应用(源代码\ch03\3.11.txt)

```
#include <stdio.h>
int main()
{
   int a = 4;
   short b;
   double c;
   int* ptr;
   /* sizeof 运算符实例 */
   printf("Line 1 - 变量 a 的大小 = %lu\n", sizeof(a) );
   printf("Line 2 - 变量 b 的大小 = %lu\n", sizeof(b) );
   printf("Line 3 - 变量 c 的大小 = %lu\n", sizeof(c) );
   /* & 和 * 运算符实例 */
   ptr = &a;    /* 'ptr' 现在包含 'a' 的地址 */
   printf("a 的值是 %d\n", a);
   printf("*ptr 是 %d\n", *ptr);
   /* 三元运算符实例 */
   a = 10;
   b = (a == 1) ? 20: 30;
   printf( "b 的值是 %d\n", b );
   b = (a == 10) ? 20: 30;
   printf( "b 的值是 %d\n", b );
}
```

程序运行结果如图 3-12 所示。

```
Microsoft Visual Studio 调试控制台
Line 1 - 变量 a 的大小 = 4
Line 2 - 变量 b 的大小 = 2
Line 3 - 变量 c 的大小 = 8
a 的值是 4
*ptr 是 4
b 的值是 30
b 的值是 20
```

图 3-12　杂项运算符的应用

3.3　认 识 语 句

在 C 语言中，构成程序的基本是语句，语句是程序中不可或缺的执行部分，每个程序的功能都是通过执行语句来实现的。当程序运行的时候通过执行语句来实现改变变量的值、输出以及输入数据的。

C 语言中的语句基本可以分为五大类：表达式语句、函数调用语句、控制语句、复合语句以及空语句。

3.3.1　表达式语句

表达式语句是 C 语言中最常见也是最简单的语句，它是由表达式加上分号“;”组成的。表达式语句的一般形式为：

```
表达式;
```

例如：

```
a=b+c;    /* 赋值语句 */
++a;      /* 前置自增运算 */
```

对表达式语句进行操作实际上就是计算表达式的值。

3.3.2 函数调用语句

函数调用语句是由函数名、实际参数再加上分号“;”组成的，它的一般表现形式为：

```
函数名(实际参数表);
```

对函数语句进行操作，实际上就是调用函数体的同时把实际参数赋予函数定义中的形式参数，接着执行被调用的函数体中的语句，来求解函数值的过程。

例如，输出函数 printf()就相当于一个函数语句：

```
printf("Hello C!");
```

输出函数 printf()通过调用库函数，来实现输出字符串的功能。有关函数的相关内容将在后续章节进行讲解。

3.3.3 控制语句

控制语句是由特定的语句定义符组成，使用控制语句可实现程序的各种结构方式，从而实现对程序流程的控制。

C 语言中的控制语句分为 3 个大类，一共 9 种。

(1) 条件判断语句：if 语句、switch 语句。

(2) 循环执行语句：do…while 语句、while 语句、for 语句。

(3) 转向语句：break 语句、goto 语句、continue 语句、return 语句。

3.3.4 复合语句

所谓复合语句实际上就是将多条语句使用大括号“{}”括起来而组成语句。例如，以下为一条复合语句：

```
{
   z=x-y;
   c=z/(a+b);
   printf("%d",c);
}
```

复合语句中的每条语句都必须使用“;”进行结尾，并且在“}”外不能再加分号。

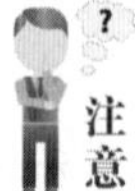

注意

复合语句在程序中属于一条语句，不能将它看为多条语句。

3.3.5　空语句

空语句是只有分号“;”构成的语句。空语句属于什么都不执行的语句，它的功能就是在程序中用来做一个空的循环体。例如：

```
int a=1;
;
++a;
printf("%d",a);
```

其中第二条语句为一个空语句，当程序执行到此时什么都不会做，继续向下执行，空语句不会影响到程序的功能以及执行的顺序。

3.4　就业面试问题解答

问题 1：C 语言中的“=”运算符与“==”运算符有什么区别？

答：“=”运算符是赋值运算符，它的功能是将等号右边的结果赋值给左边的变量；而“==”运算符是判断是否相等运算符，用于判断等号左右两边的变量或者常量是否相等。

问题 2：“b=a++”和“b=++a”有什么区别？

答：“b=a++”先将 a 赋值给 b，再对 a 进行自增运算。“b=++a”先将 a 进行自增运算，再将 a 赋值给 b。

3.5　上机练练手

上机练习 1：根据成绩，输出成绩的等级

编写程序，根据提示输入成绩，然后判断该成绩的等级，包括 A、B、C 三个等级，结果如图 3-13 所示。

上机练习 2：统计字符当中每个元素的个数

编写程序，输入一行字符，使用运算符及表达式统计出其中英文字母个数、空格个数、数字个数和其他字符的个数。程序运行结果如图 3-14 所示。

图 3-13　输出成绩的等级

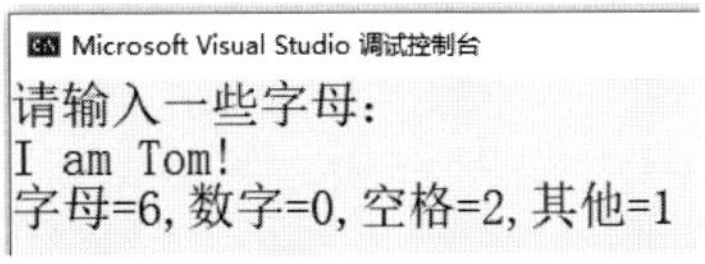

```
Microsoft Visual Studio 调试控制台
请输入一些字母：
I am Tom!
字母=6,数字=0,空格=2,其他=1
```

图 3-14　统计字符中的元素个数

上机练习 3：求分数序列的和

编写程序，求分数序列：2/1、3/2、5/3、8/5、13/8、21/13...前 20 项之和，程序运行结果如图 3-15 所示。

Microsoft Visual Studio 调试控制台

32.660263

图 3-15　求分数序列的和

第 4 章

常用的数据输入输出函数

在 C 语言中，用户通过与计算机进行交互来实现数据的输入与输出。首先用户将数据输入计算机，让计算机按照程序对用户输入的数据进行相关的运算操作，然后再将得到的结果通过输出的方法展示给用户。本章将对这种交互的方式输入与输出操作进行详细的讲解。

4.1 数据输入输出概述

C 语言中的输入/输出操作是通过输入/输出库函数来实现的，如函数调用语句程序段中用到的 printf()、scanf_s()函数。

C 语言的标准函数库由系统提供，在程序中使用标准库函数无须关注具体实现操作的细节，只需要合法调用函数即可。例如，调用标准函数库中的 I/O 函数需要用编译预处理命令#include 将标准输入/输出头文件 stdio.h 包含到用户源文件中。

一般格式如下：

```
#include <stdio.h>
```

或者

```
#include "stdio.h"
```

说明如下：

(1) #include 预处理命令一般写在程序开头的位置。

(2) stdio 是 Standard Input&Output 的缩写，h 为 head 的缩写。stdio 头文件包含了与标准输入/输出库函数有关的标量定义和宏定义。

(3) 使用“< >”时，编译器从标准库目录开始搜索头文件；使用双引号时，编辑器将从用户的工作目录开始搜索，如果没有找到，再去标准库搜索程序中要应用的头文件。

4.2 格式输入输出函数

格式化输入输出函数就是之前常用的 scanf_s()函数与 printf()函数，scanf_s()函数用于标准输入，也就是通过键盘读取并格式化，printf()函数用于标准输出，即输出数据到屏幕上。

4.2.1 格式输出函数

格式输出函数 printf()主要是将标准输入流读入的数据向输出设备进行输出，一般形式如下：

```
printf("格式字符串");
printf("格式字符串",输出项列表);
```

说明如下。

(1) “格式字符串”用来指定输出的格式，由普通字符和格式控制字符组成。普通字符是除了格式说明符之外的需要原样输出的字符，一般是输出时的提示性信息，也可以输出空格及转义字符；格式控制字符由“%”和格式说明符组成，如%c、%d、%f 等，用于将输出项依次转换为指定的格式输出。

例如，若已经定义了基本整型变量 a 并且将 a 赋值为 10，则可以这样输出 a 的值：

```
int a=10;
```

```
printf(“变量 a 的值为：%d\n”, a);
```

输出的结果如下：

```
变量 a 的值为：10
```

C 语言中的格式字符如表 4-1 所示。

表 4-1　C 语言的格式字符及说明

格式字符	说　明
d 或 i	输入/输出十进制有符号整数
o	输入/输出八进制无符号整数
x 或 X	输入/输出十六进制无符号整数
u	输入/输出十进制无符号整数
c	输入/输出单个字符
s	输入/输出字符串
f	输入/输出浮点数
e 或 E	输入/输出指数形式的浮点数
p	输入/输出指针(地址)的值
G 或 g	自动选择合适的表示法输出浮点数

(2)　“输出项列表”是需要输出的若干数据的列表，各项间由逗号隔开，每一项既可以是常量、变量，也可以是表达式，按照“格式字符串”规定的格式输出具体的值。

例如，若已经定义了基本整型变量 a、b，并且将 a 赋值为 10，b 的值为 a+5，则可以这样输出 a 和 b 的值：

```
int a=10,b;
printf(“a=%d  b=%d\n”, a, a+5);
```

输出的结果如下：

```
a=10  b=15
```

实例 4-1：使用格式输出函数输出数值(源代码\ch04\4.1.txt)

编写程序，分别定义 int 型、float 型以及 char 型变量，使用相应的输出格式字符将它们输出。

```
#include <stdio.h>
int main()
{
    /* 分别定义 int、float 以及 char 型变量 */
    int a=10;
    float b=3.14;
    char c='a';
    /* 使用相应的格式字符输出 */
    printf("a=%d\n",a);
    printf("b=%f\n",b);
    printf("c=%c\n",c);
    return 0;
}
```

程序运行结果如图 4-1 所示。

```
Microsoft Visual Studio 调试控制台
a=10
b=3.140000
c=a
```

图 4-1　printf()输出函数的应用

4.2.2　格式输入函数

格式输入函数 scanf_s()与 printf()相对应，按照用户所指定的格式通过键盘将数据输入到指定的变量之中。scanf_s()函数的书写格式如下：

```
scanf_s("格式字符串",地址列表);
```

说明如下。

(1) “格式字符串”的含义与 printf()函数基本相同，由普通字符和格式控制字符组成，用来指定输入的格式。

(2) “地址列表”是由若干个地址组成的列表，变量的地址可以利用运算符&(取地址符号)求出。

(3) 程序运行时，按照“格式字符串”的格式依次输入数据，其中普通字符要在输入的时候原样录入，以“回车”作为输入结束的标志。

实例 4-2：使用格式输入函数输入数值(源代码\ch04\4.2.txt)

编写程序，定义整型变量 a、b，定义 float 变量 c、d，通过输入函数 scanf_s()在键盘中输入数值，最后输出变量 a、b、c、d 的值。

```
#include <stdio.h>
void main()
{
    int a, b; /*定义整型变量 a 和 b*/
    float c, d; /*定义 float 变量 c 和 d*/
    printf("请输入变量 a 和 b 的值:");
    scanf_s("%d %d", &a, &b);    /*输入 a 和 b 的值*/
    printf("请输入变量 c 和 d 的值:");
    scanf_s("%f %f", &c, &d);     /*输入 c 和 d 的值*/
    printf("a=%d b=%d\n", a, b);    /*输出 a 和 b 的值*/
    printf("c=%f d=%f\n", c, d);    /*输出 c 和 d 的值*/
    return 0;
}
```

程序运行结果如图 4-2 所示。

scanf_s()函数“格式字符串”中的普通字符都需要在运行程序时原样输入，为了避免不必要的操作造成程序运行时的失误，建议除了格式控制字符之外只保留最基本的分隔符即可，不要出现多余符号。如果是为了显示输入过程中的提示性信息，则可以用 printf()函数输出字符串。

```
Microsoft Visual Studio 调试控制台
请输入变量a和b的值:10 11
请输入变量c和d的值:1.21 3.24
a=10 b=11
c=1.210000 d=3.240000
```

图 4-2　scanf_s()输入函数的应用

4.3　字符输入输出函数

字符输入/输出是针对单个字符型数据的输入/输出操作，除了可以使用前面介绍的格式输入/输出函数以外，C 语言还提供了专门的字符输入/输出函数，分别是 putchar()函数和 getchar()函数。

4.3.1　字符输出函数

字符输出函数 putchar()用于向标准输出设备输出一个字符，而且同一时间内只能输出一个单一的字符，其语法格式如下：

```
putchar(ch);
```

其中，ch 为一个字符变量或常量，该函数的作用等同于：

```
printf("%c",ch);
```

举例说明如下：

```
putchar('a');       /*输出小写字母 a*/
putchar(a);         /*输出字符变量 a 的值*/
putchar('101');     /*转义字符，输出字符 A*/
putchar('\n');      /*转义字符，换行*/
```

注意　在使用 putchar()函数时需要添加头文件“#include <stdio.h>”。

实例 4-3： 使用字符输出函数输出字符(源代码\ch04\4.3.txt)

编写程序，定义多个 char 变量，然后使用 putchar()函数输出字符串“Hello C！”。

```
#include <stdio.h>
void main()
{
  char c1, c2, c3, c4, c5, c6;
    c1 = 'H';
    c2 = 'e';
    c3 = 'l';
    c4 = 'o';
    c5 = 'C';
    c6 = '!';
      /* 使用 putchar()函数输出字符串 */
    putchar(c1);
    putchar(c2);
    putchar(c3);
    putchar(c3);
    putchar(c4);
    putchar(' ');
    putchar(c5);
    putchar(c6);
    putchar('\n');
    return 0;
}
```

程序运行结果如图 4-3 所示。

使用 putchar()函数输出字符时，如果没有特意输出换行转义符的话，每个字符是连续输出的。

```
Microsoft Visual Studio 调试控制台
Hello C!

C:\Users\Administrator\source
要在调试停止时自动关闭控制台，
按任意键关闭此窗口. . .
```

图 4-3　putchar()函数的应用

4.3.2　字符输入函数

getchar()函数用于从键盘上读入一个字符，以回车作为输入结束的标志。在输入回车前输入的所有字符都会逐个显示在屏幕上，但只有第一个字符作为函数的返回值，其语法格式如下：

```
getchar();
```

使用 getchar()函数输入时，都是转换为 ASCII 码值来存储，所以 getchar()函数读取一个字符，返回的是一个整数。

在编写 C 程序时，通常把输入的字符赋予一个字符变量，使其构成一个赋值语句，语法如下：

```
char c;
c=getchar();
```

同 putchar()函数一样，使用 getchar()函数时，首先要添加头文件“#include <stdio.h>”。

实例 4-4： 使用字符输入函数输入字符(源代码\ch04\4.4.txt)

编写程序，定义 char 变量 c1、c2，然后使用 getchar()函数输入这两个字符的值，再将它们输出到屏幕上。

```
#include<stdio.h>
void main()
{
    char c1,c2;
    printf("请输入第一个字符：\n");      /* 使用 getchar()函数输入第一个字符 */
    c1=getchar();                        /* 通过 getchar()函数获取回车字符 */
    getchar();
    printf("请输入第二个字符：\n");      /* 使用 getchar()函数输入第二个字符 */
    c2=getchar();                        /* 使用 putchar()函数输出字符 */
    putchar(c1);
    putchar(c2);
    putchar('\n');
    return 0;
}
```

程序运行结果如图 4-4 所示。

在使用 getchar()函数时，如果需要连续地输入两个字符，那么在输入第二个字符前需要清除缓冲区，或者使用 getchar()函数获取回车字符。

```
Microsoft Visual Studio 调试控制台
请输入第一个字符：
a
请输入第二个字符：
b
ab
```

图 4-4　字符输入函数的应用

4.4　字符串输入输出函数

如果想要输入输出字符串，只是使用 getchar()和 putchar()就会很烦琐，因为这两个函数每次只能输入输出一个字符。为了方便，C 语言为用户提供了字符串输入输出函数，分别是 gets()函数与 puts()函数。

4.4.1　字符串输出函数

puts()函数是字符串输出函数，用于向输出缓冲区中写入一个字符串，在字符串输出完毕后，紧跟着输出一个换行符“\n”。puts()函数语法格式如下：

```
int puts(char *string);
```

其中 string 为将要输出的字符串。输出成功后返回非 0 值，否则返回 0。

实例 4-5： 使用字符串输出函数输出字符(源代码\ch04\4.5.txt)

定义一个 char 型数组 str[]，并初始化为“Hello C!”，使用 puts()函数将字符串输出，然后再输出一个带有结束标识“\0”的字符串。

```
#include<stdio.h>
void main()
{
    /* 定义 char 型数组 str[] */
    char str[10] = "Hello C!";
    /* 使用 puts()函数输出字符串 */
    puts(str);
    puts("Hello C\0!");
    return 0;
}
```

程序运行结果如图 4-5 所示。

```
Microsoft Visual Studio 调试控制台
Hello C!
Hello C
```

图 4-5　puts()函数的应用

4.4.2　字符串输入函数

gets()函数是字符串输入函数，其作用是从输入流的缓冲区中读取字符到指定的数组，直到遇见换行符或者读到文件尾时停止，并且最后自动添加 NULL 作为字符串的结束标志。gets()函数的语法格式如下：

```
char *gets(char *string);
```

其中，string 为字符指针变量，是一个形式参数。gets()函数的返回值为 char 型，若读取成功则返回 string 的指针，若失败则返回 NULL。

gets()函数在读取字符串时会忽略掉所有前导空白符，而从字符串第一个非空白符读起，并且所读取的字符串将暂时存放于给定的 string 中。

实例 4-6： 使用字符串输入函数输入字符(源代码\ch04\4.6.txt)

编写程序，定义一个 char 型数组 string[]用于存放输入的字符串，使用 gets()函数读入一个字符串，然后使用 puts()函数将该字符串输出。

```
#include <stdio.h>
void main()
{
    /* 定义一个 char 型数组 str[]用于存放字符串 */
    char string[10];
    printf("请输入一个字符串：\n");
    /* 使用 gets()函数读取字符串 */
    gets(string);
    printf("您输入的字符串为：\n");
    puts(string);
}
```

程序运行结果如图 4-6 所示。

```
Microsoft Visual Studio 调试控制台
请输入一个字符串:
Hello C!
您输入的字符串为:
Hello C!
```

图 4-6　gets()函数的应用

4.5　整数的输入输出

使用 C 语言中的格式字符 d、i、o、x/X 和 u，可以输入/输出整数。另外，在格式字符串中，在%和格式字符之间可以插入附加格式符，也被称为修饰符，如表 4-2 所示。

表 4-2　附加格式符及说明

格式字符	说　明
l	用于长整型数，可以加在格式符 d、o、x、u 之前
m(正整数)	数据最少宽度
n(正整数)	对于实数，表示输出 n 位小数；对于字符串，表示截取的字符个数
-	输出的数字或字符在域内左对齐

下面介绍用于输出整数格式字符的具体用法。

(1)　d 或 i 格式符，输入/输出十进制整数，具体用法如下。

①　d 格式：指定按照实际占用的宽度输入/输出十进制整型数据。

②　md(-md)格式：m 为一正整数，指定输入/输出十进制整数的宽度。若数据位数大于 m，输入时系统自动截取所需宽度，输出时则按照实际位数输出；若数据位数小于 m，输入时按照实际位数输入，输出时在数据左端补空格直到补足 m 位，相当于在指定的宽度内右对齐输出；-md 与 md 相似，只是表示在指定宽度内实际位数不够时在数据右端补空格，相当于左对齐输出。

③　ld(li、lo、lx、lu)格式：l 为修饰符，用来指定 long 型数据的输出格式。

(2)　o 格式符。输入/输出八进制无符号整数，不输出前导符 0。
(3)　x/X 格式符。输入/输出十六进制无符号整数，不输出前导符 0x。
(4)　u 格式符。输入/输出十进制无符号整数。

实例 4-7： 计算表达式的数值(源代码\ch04\4.7.txt)

编写程序，定义 int 变量 x、y、z，并给变量赋值，然后计算 w=4x+3y+2z 的值，最后输出运算的结果。

```
#include <stdio.h>
void main()
{
    int w,x,y,z;            /*定义变量*/
    printf("请输入 x, y, z 的值: ");       /*提示输入信息*/
    scanf_s("%d%d%d",&x,&y,&z);      /*输入数据*/
    w=4*x+3*y+2*z;      /*带入表达式计算*/
    printf("w=%d",w);       /*输出计算结果*/
    return 0;
}
```

程序运行结果如图 4-7 所示。

```
Microsoft Visual Studio 调试控制台
请输入x, y, z的值: 1 2 3
w=16
```

图 4-7　整数的输入与输出

scanf_s()函数中格式符号之间没有使用普通字符，在通过键盘输入数据的时候，数据之间要以空格隔开或者输入一个数据按一下 Enter 键。

4.6　字符数据的输入输出

使用格式字符中的 c 和 s 格式符可以输入/输出字符数据。c 格式符用于指定以字符型格式进行输入/输出，s 格式符用于指定以字符串格式进行输入/输出。

实例 4-8： 使用格式符转换字母大小写(源代码\ch04\4.8.txt)

编写程序，从键盘输入一个小写字母，然后转换成大写字母输出。

```
#include <stdio.h>
void main()
{
     char ch;          /*数据声明*/
     printf("请输入一个英文小写字母: ");       /*提示输入信息*/
     scanf_s("%c", &ch);                  /*输入数据*/
     ch-=32;                          /*利用 ASCII 码运算进行数据处理*/
     printf("转换成大写字母: %c\n", ch);       /*输出转换结果*/
     return 0;
}
```

程序运行结果如图 4-8 所示。

```
Microsoft Visual Studio 调试控制台
请输入一个英文小写字母：c
转换成大写字母：C
```

图 4-8　字符数据的输入与输出

4.7　实型数据的输入输出

使用格式字符中的 e/E、g/G、f 格式符可以输入/输出实型数据。具体介绍如下。

(1)　e/E 格式符。以指数形式输入/输出实数。

(2)　g/G 格式符。输入实数时采用小数或指数形式都可以，输出时系统根据数值大小自动选择 f 格式或 e 格式，且不输出无意义的 0。

(3)　f 格式符。以十进制小数形式输入/输出实数，包括单精度和双精度。具体用法如下。

①　f 格式：输出全部整数部分和 6 位小数。输出的不一定都是有效数字。

②　mf 格式：m 为一正整数，可以指定正整数作为输入/输出数据所占列表。

③　m.nf 格式：m 和 n 都是正整数，输出时可以指定共 m 位，其中有 n 位小数的形式。不足位左端补空格。%-m.nf 格式，输出要求同上，只是不足位右端补空格。需要注意的是，不能指定输入数据的精度。

④　lf(le,lg)格式：l 为修饰符，表示输入 double 型数据。

实例 4-9： 求不同数值的平均值(源代码\ch04\4.9.txt)

编写程序，用键盘输入正整数 a、b、c 的值，求其算术平均值并保留两个小数位输出。

```
#include <stdio.h>
void main()
{
    int a, b, c;                                /*定义整型变量*/
    double average;                             /*定义浮点型变量*/
    printf("请输入三个正整数：");               /*提示输入信息*/
    scanf_s("%d,%d,%d", &a, &b, &c);            /*输入 a,b,c 的值*/
    average=(a+b+c)/3.0;                        /*计算 a,b,c 和的平均值*/
    printf("平均值 average=%.2f\n", average);   /*输出计算结果*/
    return 0;
}
```

程序运行结果如图 4-9 所示。

```
Microsoft Visual Studio 调试控制台
请输入三个正整数：10,20,30
平均值average=20.00
```

图 4-9　实型数据的输入与输出

使用 scanf_s()函数输入数据时，由于函数多个输入格式说明符之间的分隔符是“,”，应该在运行程序时原样输入。另外，利用%f 说明符输出实数时，可以选择保留小数位进行数值精度控制，而输入实数时只可以指定宽度，不能指定精度。

4.8　就业面试问题解答

问题 1：gets()函数与 scanf_s()函数都可以用于输入字符串，它们在输入的时候有什么区别？

答：gets()函数与 scanf_s()函数都位于头文件 stdio.h 中，并且接收的字符串都为字符数组或者指针的形式，但是使用 scanf_s()函数时不能够接收空格、制表符 Tab 以及回车等，在输入的时候遇见空格、回车等会认为输入结束，而 gets()函数却能够接收空格、制表符 Tab 以及回车。

问题 2：使用 scanf_s()函数输入数值或其他字符时，为什么会在变量前添加&符号呢？例如“scanf_s()("%f %f", &c, &d);”。

答：这里的&是地址操作符。我们知道变量是存储在内存中的，变量名就是一个代号，内存为每个变量分配一块存储空间，当然，存储空间也有地址，也可以说成是变量的地址。但是，计算机怎么找到这个地址呢？这就要用到地址操作符&，在&的后面跟上地址就能获取计算机中变量的地址。其实，scanf_s()函数的作用就是把输入的数据根据找到的地址存入内存中，也就是给变量赋值。

4.9　上机练练手

上机练习 1：输出数字金字塔

编写程序，根据输入的金字塔行数，输出数字金字塔。程序运行结果如图 4-10 所示。

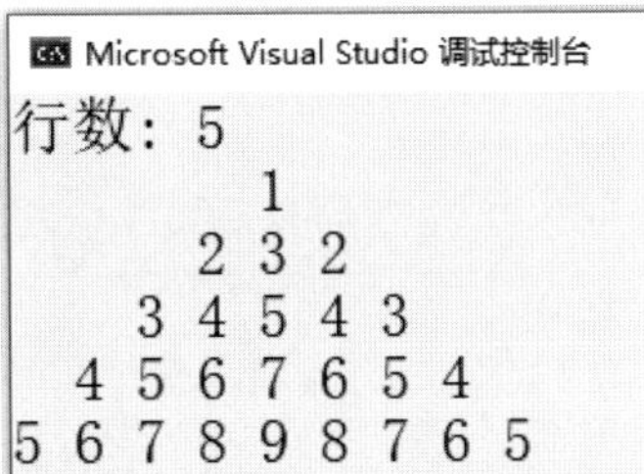

图 4-10　输出数字金字塔

上机练习 2：输出杨辉三角形

编写程序，定义杨辉三角形的行数，根据行数输出杨辉三角形。程序运行结果如图 4-11 所示。

Microsoft Visual Studio 调试控制台
行数: 6
1
1 1
1 2 1
1 3 3 1
1 4 6 4 1
1 5 10 10 5 1

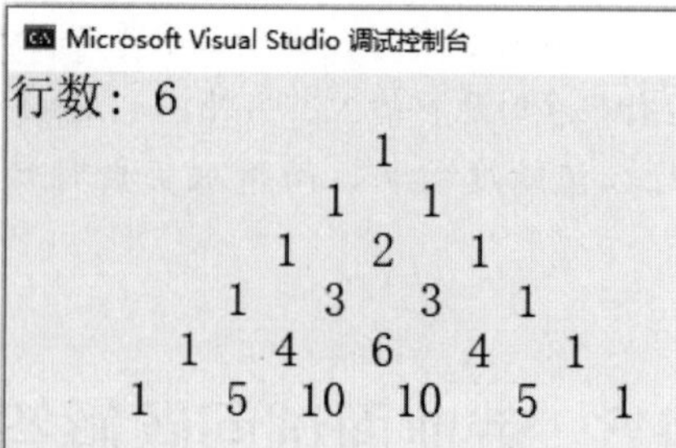

图 4-11　输出杨辉三角形

上机练习 3：求一元二次方程 $ax^2+bx+c=0$ 的根

编写程序，求一元二次方程 $ax^2+bx+c=0$ 的根，这里要求输入三个实数 a、b、c 的值，且 a 不等于 0。程序运行结果如图 4-12 所示。

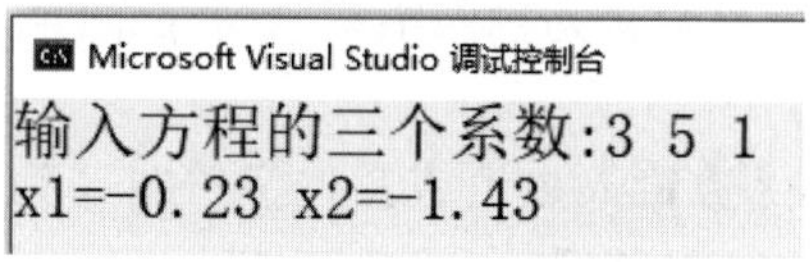

Microsoft Visual Studio 调试控制台
输入方程的三个系数:3 5 1
x1=-0.23 x2=-1.43

图 4-12　输出一元二次方程的根

第 5 章

流程控制语句

流程控制语句是由特定的语句定义符组成，用来描述语句的执行条件和执行顺序，使用流程控制语句可实现程序的各种结构方式，从而实现对程序的流程控制。本章就来介绍 C 语言的流程控制语句。

5.1 顺序结构

无论什么程序设计语言，构成程序的基本结构无外乎有顺序结构、选择结构和循环结构 3 种，其中，顺序结构是最基本也是最简单的程序结构。但大量实际问题需要根据条件判断，以改变程序执行顺序或重复执行某段程序，前者称为选择结构，后者称为循环结构。C 语言中的流程控制语句如图 5-1 所示。

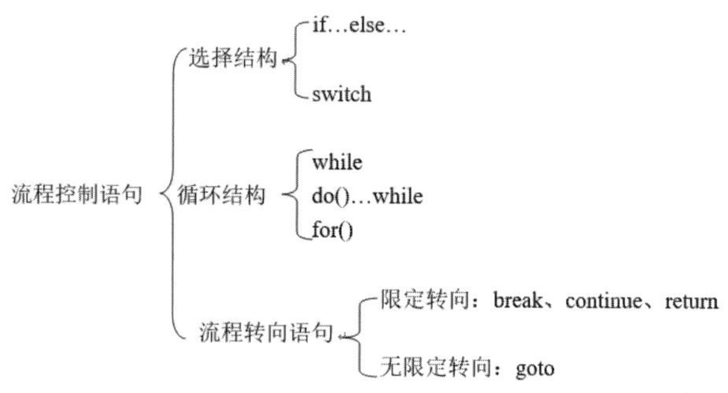

图 5-1　流程控制语句

顺序结构一般由定义常量和变量的语句、赋值语句、输入/输出语句、注释语句等构成。顺序结构在程序执行过程中，按照语句的书写顺序从上至下依次执行，具体代码从 main()函数开始运行。例如：

```
double c;
int a = 3;
int b = 4;
c = a + b;
```

程序中包含 4 条语句，构成一个顺序结构的程序。可以看出，顺序结构程序中，每一条语句都需要执行并且执行一次。

实例 5-1： 求三角形的面积(源代码\ch05\5.1.txt)

编写程序，定义 float 型变量 a、b、c、s 以及 area，通过输入端输入 a、b、c 的值，它们分别代表三角形的三条边，其中 s=1.0/2*(a+b+c)，三角形面积计算公式为 area=(s*(s-a)*(s-b)*(s-c))^(1/2)，通过编写顺序结构的程序实现求解三角形面积并输出。

```
#include <stdio.h>
/* 添加头文件“math.h” */
#include <math.h>
int main(void)
{
    /* 定义变量 */
    float a,b,c,s,area;
    /* 获取 a、b、c 的值 */
    printf("请输入三角形边长 a、b、c 的值：\n");
    scanf("%f%f%f",&a,&b,&c);
    s=1.0/2*(a+b+c);
    /* 使用 sqrt()函数计算三角形面积 */
    area=sqrt(s*(s-a)*(s-b)*(s-c));
    /* 输出结果，保留两位小数 */
```

```
    printf("a=%.2f,b=%.2f,c=%.2f,s=%.2f\n",a,b,c,s);
    printf("三角形面积为：%.2f\n",area);
    return 0;
}
```

程序运行结果如图 5-2 所示。

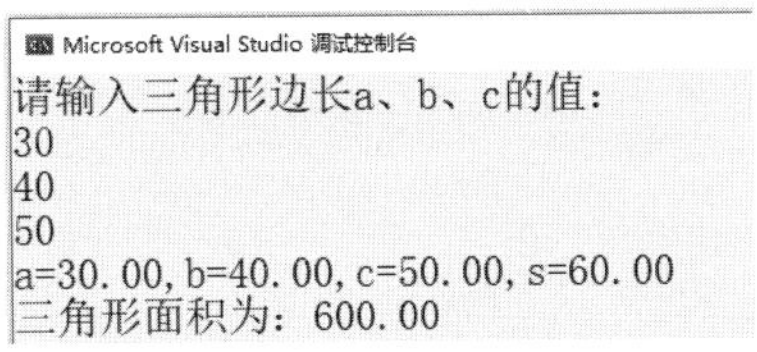

```
Microsoft Visual Studio 调试控制台
请输入三角形边长a、b、c的值：
30
40
50
a=30.00,b=40.00,c=50.00,s=60.00
三角形面积为：600.00
```

图 5-2　顺序结构的应用(求三角形的面积)

5.2　选择结构

在现实生活中，经常需要根据不同的情况做出不同的选择，在程序设计中，要实现这样的功能就需要使用选择结构语句。C 语言提供的选择结构语句有 if 语句、if...else 语句和 switch 语句等。

5.2.1　if 语句

if 语句用来判断所给定的条件是否满足，根据判定结果(真或假)决定所要执行的操作。if 语句的一般表示形式为：

```
if(条件表达式)
{
    语句块;
}
```

关于 if 语句的语法格式有以下注意事项。

(1) if 关键字后的一对圆括号不能省略。圆括号内的表达式要求结果为布尔型或可以隐式转换为布尔型的表达式、变量或常量，即表达式返回的一定是布尔值 true 或 false。

(2) if 表达式后的一对大括号是语句块。程序中的多个语句使用一对大括号括起来构成语句块。如果语句块只有一句，大括号可以省略，如果是一句以上，大括号一定不能省略。

(3) if 语句表达式后一定不要加分号。如果加上分号代表条件成立后执行空语句，在调试程序时不会报错，只会警告。

(4) 当 if 的条件表达式返回 true 值时，程序执行大括号里的语句块，当条件表达式返回 false 值时，将跳过语句块，执行大括号后面的语句。如图 5-3 所示为 if 语句的执行流程。

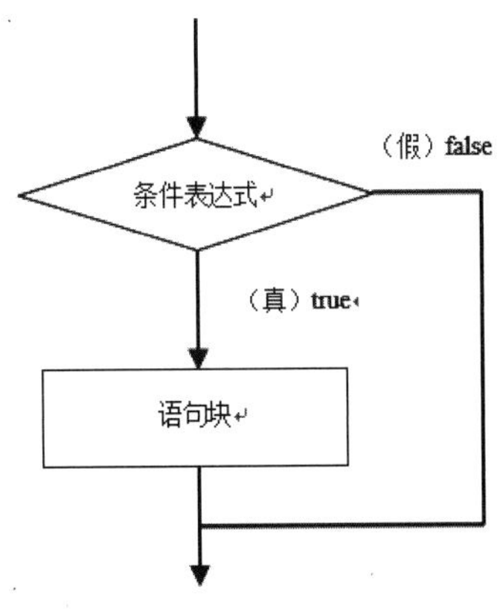

图 5-3　if 语句的执行流程

实例 5-2： 使用 if 语句判断输入值的大小(源代码\ch05\5.2.txt)

编写程序，定义一个 int 型变量 x，并从输入端获取它的值，然后通过使用 if 语句对 x 的大小进行判断，如果 x 的值小于 10，则输出判断结果。

```
#include <stdio.h>
int main()
{
    /* 定义变量 */
    int x;
    printf("请输入 x 的值：\n");
    scanf_s("%d", &x);
        printf("x 的值是 %d\n", x);
        /* 使用 if 语句判断条件表达式的返回值 */
        if (x < 10)
        {
        /* 如果条件为真，则输出下面的语句 */
        printf("x 小于 10\n");
    }
    return 0;
}
```

程序运行结果如图 5-4 所示。

```
Microsoft Visual Studio 调试控制台
请输入 x 的值：
8
x 的值是 8
x 小于 10
```

图 5-4　if 语句的应用

5.2.2　if...else 语句

if 语句只能对满足条件的情况进行处理，但是在实际应用中，需要对两种可能都做处理，即满足条件时，执行一种操作，不满足条件时，执行另外一种操作。可以利用 C 语言所提供的 if...else 语句来完成上述要求。if...else 语句的一般表示形式为：

```
if(条件表达式)
{
    语句块 1;
}
else
{
    语句块 2;
}
```

if...else 语句可以把它理解为中文的"如果...就..，否则..."。上述语句可以表示为假设 if 后的条件表达式为 true，就执行语句块 1，否则执行 else 后面的语句块 2，执行流程如图 5-5 所示。

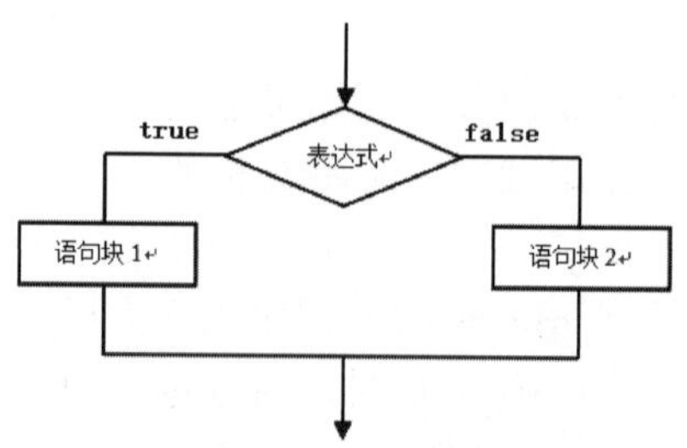

图 5-5　if...else 语句的执行流程

实例 5-3： 判断输入值的奇偶性(源代码\ch05\5.3.txt)

编写程序，从键盘输入一个整数，判断该整数的奇偶性，并输出判断结果。

```
#include <stdio.h>
void main()
{
    int n;
    printf("请输入一个正整数 n:\n");
    scanf_s("%d", &n);      /* 输入整数 n*/
    if(n%2==0)             /* 如果 n 能被 2 整除，n 为偶数*/
      printf("%d 是偶数\n",n);
    else                   /*否则，n 为奇数*/
      printf("%d 是奇数\n",n);
    return 0;
}
```

保存并运行程序，如果输入偶数，运行结果如图 5-6 所示；如果输入奇数，运行结果如图 5-7 所示。

Microsoft Visual Studio 调试控制台
请输入一个正整数n:
10
10是偶数

图 5-6　输入偶数的运行结果

图 5-7　输入奇数的运行结果

5.2.3　选择嵌套语句

在实际应用中，一个判断语句存在多种可能的结果时，可以在 if...else 语句中再包含一个或多个 if 语句。这种表示形式称为 if 语句嵌套。常用的嵌套语句为 if...else 语句，一般表示形式为：

```
if(表达式 1)
{
    if(表达式 2)
    {
        语句块 1;   /* 表达式 2 为真时执行 */
    }
    else
    {
        语句块 2;   /* 表达式 2 为假时执行 */
    }
}
else
{
    if(表达式 3)
    {
        语句块 3;   /* 表达式 3 为真时执行 */
    }
    else
    {
        语句块 4;   /* 表达式 3 为假时执行 */
```

```
    }
}
```

它的判断流程如图 5-8 所示。

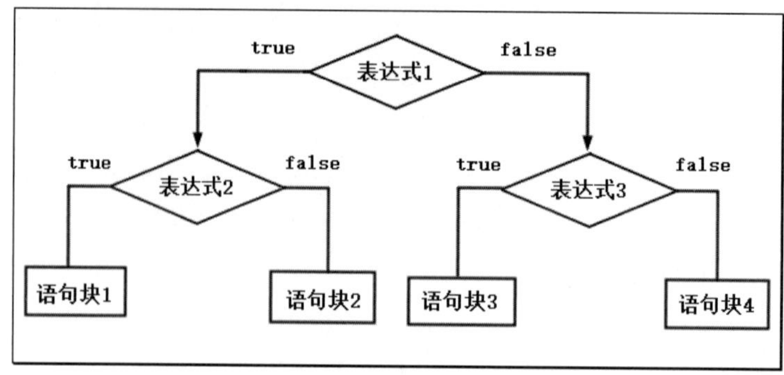

图 5-8　嵌套 if...else 语句的判断流程

首先执行表达式 1，如果返回值为 true，再判断表达式 2，如果表达式 2 返回 true，则执行语句块 1，否则执行语句块 2；表达式 1 返回值为 false，再判断表达式 3，如果表达式 3 返回值为 true，则执行语句块 3，否则执行语句块 4。

实例 5-4：根据输入的学生分数，输出相应等级划分(源代码\ch05\5.4.txt)

编写程序，根据输入的学生分数，输出相应等级划分。90 分以上为优秀，80～89 分为良好，70～79 分为中等，60～69 分为及格，60 分以下为不及格。

```
#include <stdio.h>
    int main()
    {
        /* 定义变量 */
        float score;
        /* 输入分数 */
        printf("请输入分数：\n");
        scanf_s("%f",&score);
        /* 判断流程 */
        if(score<60)
        {
            printf("不及格\n");
        }
        else
        {
            if(score<=69)
            {
                printf("及格\n");
            }
            else
            {
                if(score<=79)
                {
                    printf("中等\n");
                }
                else
                {
                        if(score<=89)
                        {
                            printf("良好\n");
```

```
                        }
                        else
                        {
                            printf("优秀\n");
                        }
                }
        }
    }
    return 0;
}
```

运行上述程序，结果如图 5-9 所示。

图 5-9 嵌套 if...else 语句的应用

上述代码，首先定义一个 float 型变量 score，通过输入端输入它的值用于存放学生分数，然后进入判断流程。第一步先判断 score 值是否小于 60，为真则判定不及格。为假则先判断是否小于等于 69，为真则及格，为假再进行判断，如果小于等于 79 则为中等；小于等于 89 为良好，否则为优秀。

在 if…else 语句中嵌套 if…else 语句的形式十分灵活，可在 else 的判断下继续使用嵌套 if…else 语句的方式。

C 语言中，还可以在 if..else 语句中的 else 后跟 if 语句的嵌套，从而形成 if…else if…else 的结构，这种结构的一般表示形式为：

```
if(表达式 1)
    语句块 1;
else if(表达式 2)
    语句块 2;
else if(表达式 3)
    语句块 3;
…
else
    语句块 n;
```

它的判断流程如图 5-10 所示。

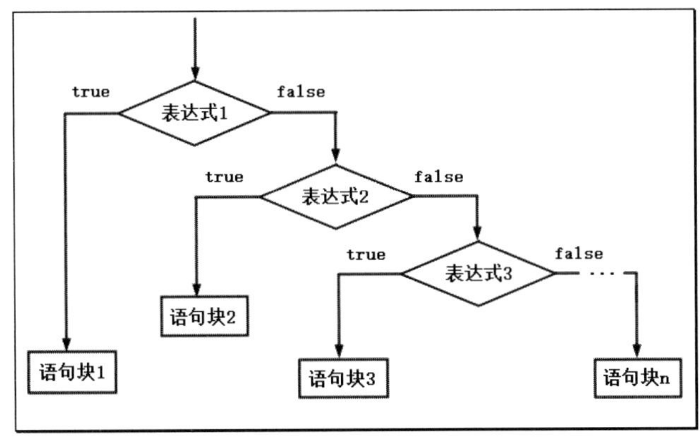

图 5-10 嵌套 else if 语句的判断流程

首先执行表达式 1，如果返回值为 true，则执行语句块 1，再判断表达式 2，如果返回值为 true，则执行语句块 2，再判断表达式 3，如果返回值为 true，则执行语句块 3…否则执行语句块 n。

实例 5-5： 嵌套 else if 语句的应用(源代码\ch05\5.5.txt)

编写程序，对实例 5-4 进行修改，使用嵌套 else if 语句的形式对学生分数进行判断，并输出相应的等级划分。

```
#include <stdio.h>
int main()
{
    /* 定义变量 */
    float score;
    /* 输入分数 */
    printf("请输入分数：\n");
    scanf_s("%f",&score);
    /* 判断流程 */
    if(score<60)
    {
        printf("不及格\n");
    }
    else if(score<=69)
    {
        printf("及格\n");
    }
    else if(score<=79)
    {
        printf("中等\n");
    }
    else if(score<=89)
    {
        printf("良好\n");
    }
    else
    {
        printf("优秀\n");
    }
    return 0;
}
```

程序运行结果如图 5-11 所示。

```
Microsoft Visual Studio 调试控制台
请输入分数：
98
优秀
```

图 5-11　嵌套 else if 语句的应用

上述代码首先定义变量 score，通过输入端输入 score 的值，然后进行判断。如果 score 的值小于 60，则判定为不及格；若小于 69，则判定为及格；若小于 79，则判定为中等；若小于 89，则判定为良好；否则为优秀。

在编写程序时要注意书写规范，一个 if 语句块对应一个 else 语句块，这样在书写完成后既便于阅读又便于理解。

5.2.4　switch 语句

switch 语句与 if 语句类似，也是选择结构的一种形式，一个 switch 语句可以处理多个判断条件。一个 switch 语句相当于一个 if...else 嵌套语句，因此它们相似度很高，几乎所有的 switch 语句都能用 if...else 嵌套语句表示。

switch 语句与 if...else 嵌套语句最大的区别在于：if...else 嵌套语句中的条件表达式是一个逻辑表达式的值，即结果为 true 或 false，而 switch 语句后的表达式值为整型、字符型或字符串型并与 case 标签里的值进行比较。switch 语句的表示形式如下：

```
switch(表达式)
{
    case 常量表达式 1:语句块 1;break;
    case 常量表达式 2:语句块 2;break;
    ...
    case 常量表达式 n:语句块 n;break;
     [default:语句块 n+1;break;]
}
```

switch 语句的分支结构判断流程如图 5-12 所示。

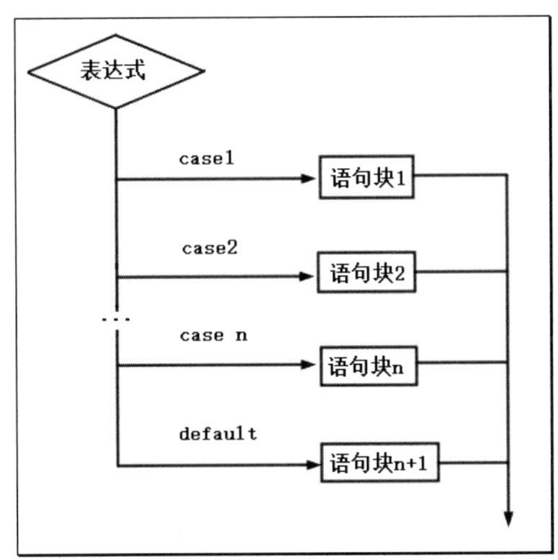

图 5-12　switch 语句的分支结构判断流程

首先计算表达式的值，当表达式的值等于常量表达式 1 的值时，执行语句块 1；当表达式的值等于常量表达式 2 的值时，执行语句块 2；...；当表达式的值等于常量表达式 n 的值时，执行语句块 n，否则执行 default 后面的语句块 n+1，当执行到 break 语句时跳出 switch 结构。

switch 语句必须遵循下面的规则。

(1) switch 语句中的表达式是一个常量表达式，必须是一个整型或枚举类型。

(2) 在一个 switch 中可以有任意数量的 case 语句。每个 case 后跟一个要比较的值和一个冒号。

(3) case 标签后的表达式必须与 switch 中的变量具有相同的数据类型，且必须是一个常量或字面量。

(4) 当被测试的变量等于 case 中的常量时，case 后跟的语句将被执行，直至遇到 break 语句为止。

(5) 当遇到 break 语句时，switch 语句终止执行，控制流将跳转到 switch 语句后的下一行。

(6) 不是每一个 case 语句都需要包含 break。如果 case 语句不包含 break，控制流将会继续执行后续的 case，直至遇到 break 为止。

(7) 一个 switch 语句可以有一个可选的默认值，出现在 switch 的结尾。默认值可用于在上面所有 case 都不为真时执行一个任务。默认值中的 break 语句不是必需的。

实例 5-6：模拟餐厅点餐收费(源代码\ch05\5.6.txt)

编写程序，使用 switch 语句模拟餐厅点餐收费，通过读入用户选择来提示付费信息。

```
#include<stdio.h>
int main()
{
    /* 定义变量 */
    int a;
    /* 提示信息 */
    printf("三种选择型号:\n   1=(小份, 3.0 元)\n   2=(中份, 4.0 元)\n   3=(大份, 5.0
元)\n");
    printf("您的选择是: \n");
    /* 输入选择 */
    scanf_s("%d",&a);
    /* 根据用户输入提示付费信息 */
    switch(a)
    {
    case 1:
        printf("小份，请付费 3.0 元。\n");
        break;
    case 2:
        printf("中份，请付费 4.0 元。\n");
        break;
    case 3:
        printf("大份，请付费 5.0 元。\n");
        break;
    /* 缺省为中份 */
    default:
        printf("中份，请付费 4.0 元。\n");
        break;
    }
    printf("谢谢使用，欢迎下次光临！\n");
    return 0;
}
```

程序运行结果如图 5-13 所示。

```
Microsoft Visual Studio 调试控制台
三种选择型号:
   1=(小份, 3.0元)
   2=(中份, 4.0元)
   3=(大份, 5.0元)
您的选择是:
3
大份，请付费5.0元。
谢谢使用，欢迎下次光临！
```

图 5-13　switch 语句的应用

首先在代码中定义变量 a，通过输入端输入用户选择，然后使用输出函数提示用户可选份量信息。根据用户的选择进行判断，若为 1，则为小份，需付费 3 元；若为 2，则为中份，需付费 4 元；若为 3，则为大份，需付费 5 元；若缺省，或输入 1～3 以外的字符，则为中份，需付费 4 元。

5.2.5　嵌套 switch 语句

除正常使用 switch 语句外，还可以把一个 switch 作为一个外部 switch 的语句序列的一部分，即可以在一个 switch 语句内使用另一个 switch 语句。即使内部和外部 switch 的 case 常量包含共同的值，也没有矛盾。

嵌套 switch 语句的语句结构如下：

```
switch(ch1) {
   case 'A':
      printf("这个 A 是外部 switch 的一部分" );
      switch(ch2) {
         case 'A':
               printf("这个 A 是内部 switch 的一部分" );
               break;
            case 'B': /*内部 B case 代码*/
          }
      break;
   case 'B': /*外部 B case 代码*/
}
```

实例 5-7：使用嵌套 switch 语句输出 a 和 b 的值(源代码\ch05\5.7.txt)

编写程序，定义变量 a 和 b，使用嵌套 switch 语句输出 a 和 b 的值。

```
#include <stdio.h>
int main ()
{
   /* 局部变量定义 */
   int a = 10;
   int b = 20;
   switch(a) {
      case 10:
         printf("这是外部 switch 的一部分\n");
          printf("a 值是 %d\n", a );
            switch(b) {
               case 20:
                  printf("这是内部 switch 的一部分\n");
             printf("b 值是 %d\n", b );
         }
   }
   return 0;
}
```

程序运行结果如图 5-14 所示。

```
Microsoft Visual Studio 调试控制台
这是外部switch的一部分
a值是 10
这是内部switch的一部分
b值是 20
```

图 5-14　嵌套 switch 语句的应用

5.3　循 环 结 构

在实际应用中，往往会遇到一行或几行代码需要执行多次的情况，这就是代码的循环。几乎所有的程序都包含循环，循环是重复执行的指令，重复次数由条件决定，这个条件称为循环条件，反复执行的程序段称为循环体。

一个正常的循环程序，具有四个基本要素，分别是循环变量初始化、循环条件、循环体和改变循环变量的值。大多数编程语言中循环语句的流程结构图如图 5-15 所示。

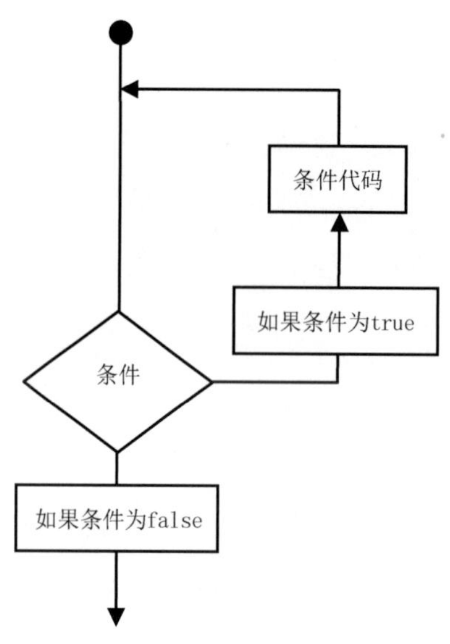

图 5-15　循环结构流程

在 C 语言中，为用户提供了 4 种循环结构类型，分别为 while 循环、do…while 循环、for 循环、嵌套循环。具体介绍如表 5-1 所示。

表 5-1　循环结构类型

循环类型	描　述
while 循环	当给定条件为真时，重复语句或语句组。它会在执行循环主体之前测试条件
do...while 循环	除了它是在循环主体结尾测试条件外，其他与 while 语句类似
for 循环	多次执行一个语句序列，简化管理循环变量的代码
嵌套循环	用户可以在 while、for 或 do...while 循环内使用一个或多个循环

5.3.1　while 语句

while 循环语句根据循环条件的返回值来判断执行零次或多次循环体。当逻辑条件成立时，重复执行循环体，直到条件不成立时终止。因此在循环次数不固定时，while 语句相当有用。while 循环语句表示形式如下：

```
while(表达式)
{
    语句块;
}
```

while 循环语句的执行流程如图 5-16 所示。

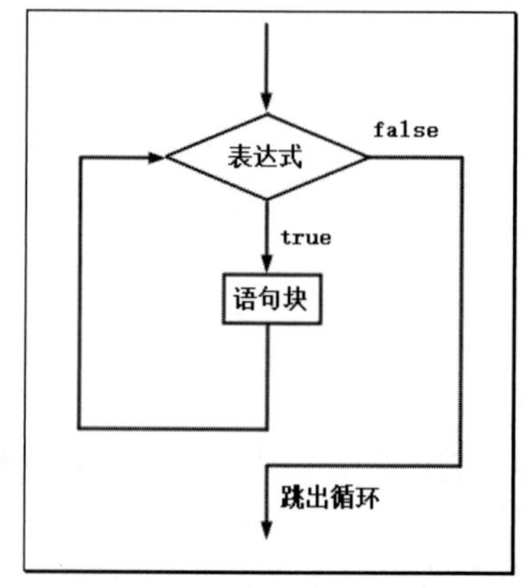

图 5-16　while 循环语句的执行流程

当遇到 while 语句时，首先计算表达式的返回值，当表达式的返回值为 true 时，执行一次循环体中的语句块，循环体中的语句块执行完毕时，将重新查看是否符合条件，若表达式的值还返回 true 将再次执行相同的代码，否则跳出循环。while 循环语句的特点：先判断条件，后执行语句。

对于 while 语句循环变量初始化应放在 while 语句之上，循环条件即 while 关键字后的表达式，循环体是大括号内的语句块，其中改变循环变量的值也是循环体中的一部分。

实例 5-8： 使用 while 语句求 100 以内自然数的和(源代码\ch05\5.8.txt)

编写程序，实现 100 以内自然数的求和，即 1+2+3+…+100，最后输出计算结果。

```
#include <stdio.h>
int main()
{
    /* 定义变量并初始化 */
    int i=1,sum=0;
    printf("100 以内自然数求和：\n");
    /* while 循环语句 */
    while(i<=100)
    {
        sum+=i;
        /* 自增运算 */
        i++;
    }
    printf("1+2+3+...+100=%d\n",sum);
    return 0;
}
```

程序运行结果如图 5-17 所示。

```
Microsoft Visual Studio 调试控制台
100以内自然数求和:
1+2+3+...+100=5050
```

图 5-17　while 循环语句的应用

使用 while 语句时要注意以下几点。

(1) while 语句中的表达式一般是关系表达式或逻辑表达式，只要表达式的值为真(非 0)即可继续循环。

(2) 循环体包含一条以上语句时，应用“{}”括起来，以复合语句的形式出现；否则，它只认为 while 后面的第 1 条语句是循环体。

(3) 循环前，必须给循环控制变量赋初值，如例 5-8 中的“i=1;”。

(4) while 后面不能直接加“;”，如果直接在 while 语句后面加了分号“;”，系统会认为循环体是空体，什么也不做。后面用“{}”括起来的部分将认为是 while 语句后面的下一条语句。

(5) 循环体中，必须有改变循环控制变量值的语句(使循环趋向结束的语句)，如例 5-8 中的“i++;”，否则循环永远不结束，形成所谓的死循环。例如如下代码：

```
int i=1;
while(i<10)
  printf(" while 语句注意事项");
```

因为 i 的值始终是 1，也就是说，永远满足循环条件 i<10，所以，程序将不断地输出“while 语句注意事项”，陷入死循环，因此必须要给出循环终止条件。

while 循环之所以被称为有条件循环，是因为语句部分的执行要依赖于判断表达式中的条件。之所以说其是使用入口条件的，是因为在进入循环体之前必须满足这个条件。如果在第一次进入循环体时条件就没有被满足，程序将永远不会进入循环体。例如以下代码：

```
int i=11;
while(i<10)
```

```
printf(" while 语句注意事项");
```

因为 i 一开始就被赋值为 11，不符合循环条件 i<10，所以不会执行后面的输出语句。要使程序能够进入循环，必须给 i 赋比 10 小的初值。

5.3.2 do…while 语句

在 C 语言中，do...while 循环是在循环的尾部检查它的条件。do...while 循环与 while 循环类似，但是也有区别。do…while 循环和 while 循环的最主要区别如下。

(1) do…while 循环是先执行循环体后判断循环条件，while 循环是先判断循环条件后执行循环体。

(2) do...while 循环的最小执行次数为 1 次，while 语句的最小执行次数为 0 次。

do…while 循环的语法格式如下：

```
do
{
    语句块;
}
while(表达式);
```

这里的条件表达式出现在循环的尾部，所以循环中的语句块会在条件被测试之前至少执行一次。如果条件为真，控制流会跳转回上面的 do，然后重新执行循环中的语句块，这个过程会不断重复，直到给定条件变为假为止。do…while 循环语句的执行流程如图 5-18 所示。

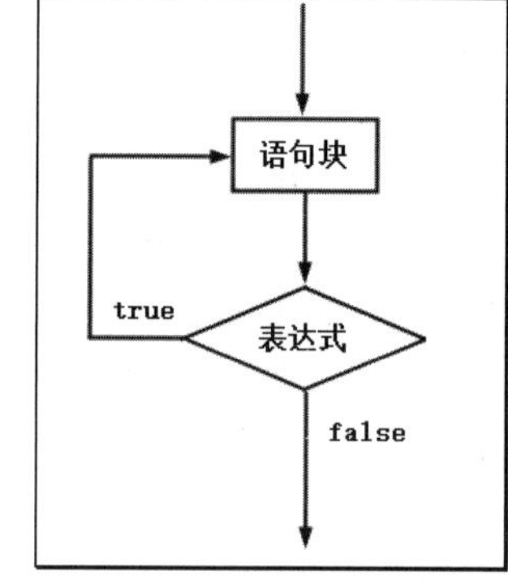

图 5-18 do…while 循环语句的执行流程

程序遇到关键字 do，执行大括号内的语句块，语句块执行完毕，执行 while 关键字后的布尔表达式，如果表达式的返回值为 true，则向上执行语句块，否则结束循环，执行 while 关键字后的程序代码。

使用 do...while 语句应注意以下几点。

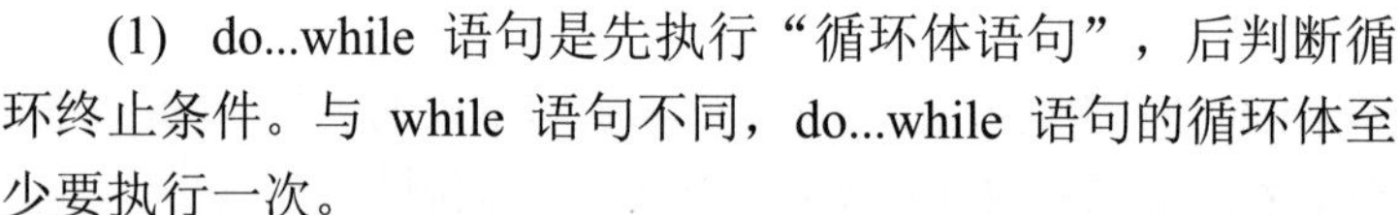

(1) do...while 语句是先执行“循环体语句”，后判断循环终止条件。与 while 语句不同，do...while 语句的循环体至少要执行一次。

(2) 在书写格式上，循环体部分要用“{}”括起来，即使只有一条语句也如此；do...while 语句最后以分号结束。

(3) 通常情况下，do...while 语句是从后面控制表达式退出循环。但它也可以构成无限循环，此时要利用 break 语句或 return 语句直接从循环体内跳出循环。

实例 5-9： 使用 do…while 语句求 100 以内自然数的和(源代码\ch05\5.9.txt)

编写程序，使用 do…while 循环语句，实现 100 以内自然数求和，并输出结果。

```
#include <stdio.h>
int main()
{
    /* 定义变量 */
    int i=1,sum=0;
```

```
    printf("100 以内自然数求和: \n");
    /* do...while 循环语句 */
    do
    {
        sum+=i;
        i++;
    }
    while(i<=100);
    printf("1+2+3+...+100=%d\n",sum);
    return 0;
}
```

程序运行结果如图 5-19 所示。

Microsoft Visual Studio 调试控制台

100以内自然数求和:
1+2+3+...+100=5050

图 5-19　do...while 循环语句的应用

在代码中首先定义两个变量 i 和 sum，然后使用 do...while 循环语句。首先循环体执行一次语句块，先执行“sum+=i”，然后变量 i 进行自增运算“i++”，最后进行判断，当“i<=100”时返回循环体进行循环，直到 i>100 时跳出循环。

5.3.3　for 语句

for 语句和 while 语句、do...while 语句一样，可以循环重复执行一个语句块，直到指定的循环条件返回值为假。for 语句的语法格式为：

```
for(表达式 1;表达式 2;表达式 3)
{
    语句块;
}
```

主要参数介绍如下。

(1) 表达式 1 为赋值语句，如果有多个赋值语句可以用逗号隔开，形成逗号表达式，属于循环四要素中的循环变量初始化。

(2) 表达式 2 返回一个布尔值，用于检测循环条件是否成立，属于循环四要素中的循环条件。

(3) 表达式 3 为赋值表达式，用来更新循环控制变量，以保证循环能正常终止，属于循环四要素中的改变循环变量的值。

for 语句的执行过程如下。

(1) 计算表达式 1，为循环变量赋初值。

(2) 计算表达式 2，检查循环控制条件，若表达式 2 的值为 true，则执行一次循环体语句；若为 false，则终止循环。

(3) 执行完一次循环体语句后，计算表达式 3，对循环变量进行增量或减量操作，再重复第 2 步操作，进行判断是否要继续循环，执行流程如图 5-20 所示。

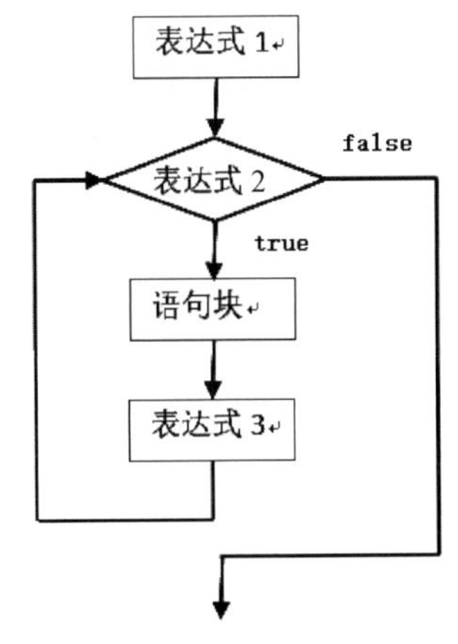

图 5-20　for 循环语句的执行流程

注意　C 语言中不允许省略 for 语句中的 3 个表达式，否则 for 语句将出现死循环现象。

实例 5-10： 使用 for 语句求 100 以内自然数的和(源代码\ch05\5.10.txt)

编写程序，使用 for 循环语句，实现 100 以内自然数求和，并输出结果。

```
#include <stdio.h>
int main()
{
    /* 定义变量 */
    int i,sum=0;
    printf("100 以内自然数求和：\n");
    /* for 循环语句 */
    for(i=1;i<=100;i++)
    {
        sum+=i;
    }
    printf("1+2+3+...+100=%d\n",sum);
    return 0;
}
```

程序运行结果如图 5-21 所示。

```
Microsoft Visual Studio 调试控制台
100以内自然数求和：
1+2+3+...+100=5050
```

图 5-21　for 循环语句的应用

上述代码中首先定义变量 i 和 sum，并将 sum 初始化为 0，然后使用 for 循环计算 100 以内自然数的和。在 for 循环中，首先执行“i=1”，为循环变量赋初值；然后执行“i<=100”，若为真，则执行一次“sum+=i”语句，若为假则跳出循环执行后续语句；在执行完一次循环语句后，执行“i++”，对循环变量进行自增运算，之后再重复计算表达式 2 的值，判断是否继续循环。

通过上述实例可以发现，while、do...while 语句和 for 语句有很多相似之处，几乎所有的循环语句，这三种语句都可以互换。

5.4　循环语句的嵌套

在一个循环体内又包含另一个循环结构，称为循环嵌套。如果内嵌的循环中还包含有循环语句，这种称为多层循环。while 循环、do...while 循环和 for 循环语句之间可以相互嵌套。

5.4.1　嵌套 for 循环

C 语言中，嵌套 for 循环的语法结构如下：

```
for (表达式 1;表达式 2;表达式 3)
{
```

```
    语句块;
    for(表达式 1;表达式 2;表达式 3)
    {
        语句块;
        ... ... ...
    }
    ... ... ...
}
```

嵌套 for 循环的流程图如图 5-22 所示。

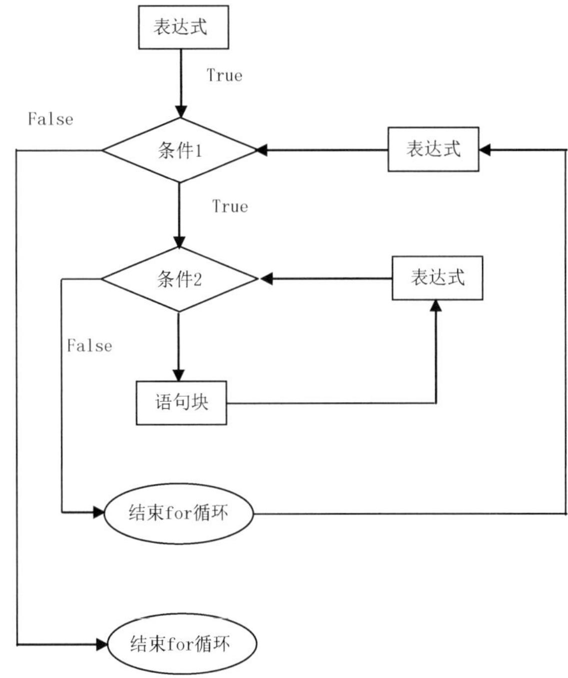

图 5-22　嵌套 for 循环的流程图

实例 5-11： 使用嵌套 for 循环语句输出九九乘法表(源代码\ch05\5.11.txt)

编写程序，使用嵌套 for 循环语句，在屏幕上输出九九乘法表。

```
#include <stdio.h>
int main()
{
    int i,j;
    /* 外层循环 每循环 1 次 输出一行 */
    for(i = 1; i <= 9; i++)
    {
        /* 内层循环 循环次数取决于 i */
        for(j = 1; j <= i;j++)
        {
            printf("%d*%d=%d\t",j,i,i*j);
        }
        printf("\n");
    }
    return 0;
}
```

程序运行结果如图 5-23 所示。

```
Microsoft Visual Studio 调试控制台
1*1=1
1*2=2	2*2=4
1*3=3	2*3=6	3*3=9
1*4=4	2*4=8	3*4=12	4*4=16
1*5=5	2*5=10	3*5=15	4*5=20	5*5=25
1*6=6	2*6=12	3*6=18	4*6=24	5*6=30	6*6=36
1*7=7	2*7=14	3*7=21	4*7=28	5*7=35	6*7=42	7*7=49
1*8=8	2*8=16	3*8=24	4*8=32	5*8=40	6*8=48	7*8=56	8*8=64
1*9=9	2*9=18	3*9=27	4*9=36	5*9=45	6*9=54	7*9=63	8*9=72	9*9=81
```

图 5-23　嵌套 for 循环语句的应用

上述代码中首先定义循环变量 i 和 j，接着书写嵌套 for 循环语句，九九乘法表一共有 9 行，所以外循环应循环 9 次，循环条件为“i<=9”；每循环一次，输出一行口诀表，每行所输出的口诀刚好等于每行的行号，所以内循环的循环条件为“j<=i”。

5.4.2　嵌套 while 循环

C 语言中，嵌套 while 循环的语法结构如下：

```
while (条件1)
{
    语句块
    while (条件2)
    {
        语句块;
        ... ... ...
    }
    ... ... ...
}
```

嵌套 while 循环的流程图如图 5-24 所示。

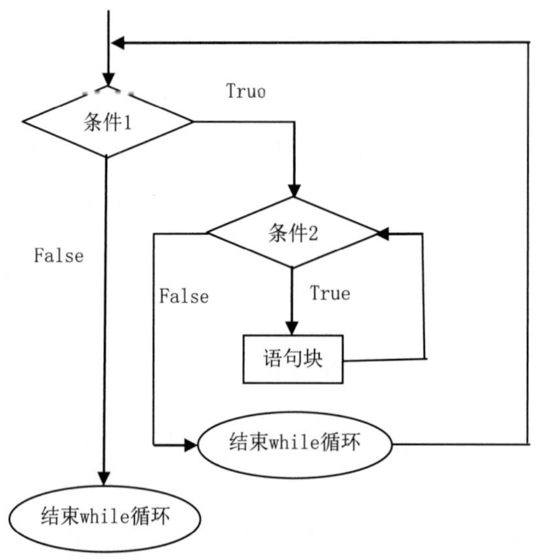

图 5-24　嵌套 while 循环的流程图

实例 5-12： 使用嵌套 while 循环语句输出九九乘法表(源代码\ch05\5.12.txt)

编写程序，使用嵌套 while 循环语句，在屏幕上输出九九乘法表。

```
#include<stdio.h>
int  main()
{
    int i = 1, j = 1;
    int k;
    while (i <= 9)
    {
        j = 1;
        while (j <= i)
        {
            k = i * j;
            printf("%d*%d=%d  ", i, j, k);
            j++;
        }
        printf("\n");
        i++;
    }
    return 0;
}
```

程序运行结果如图 5-25 所示。

```
Microsoft Visual Studio 调试控制台
1*1=1
2*1=2   2*2=4
3*1=3   3*2=6   3*3=9
4*1=4   4*2=8   4*3=12  4*4=16
5*1=5   5*2=10  5*3=15  5*4=20  5*5=25
6*1=6   6*2=12  6*3=18  6*4=24  6*5=30  6*6=36
7*1=7   7*2=14  7*3=21  7*4=28  7*5=35  7*6=42  7*7=49
8*1=8   8*2=16  8*3=24  8*4=32  8*5=40  8*6=48  8*7=56  8*8=64
9*1=9   9*2=18  9*3=27  9*4=36  9*5=45  9*6=54  9*7=63  9*8=72  9*9=81
```

图 5-25　嵌套 while 循环语句的应用

5.4.3　嵌套 do...while 循环

C 语言中，嵌套 do...while 循环的语法结构如下：

```
do
{
    语句块;
    do
    {
        语句块;
        ... ... ...
    }while (条件 2);
    ... ... ...
}while (条件 1);
```

嵌套 do…while 循环的流程图如图 5-26 所示。

语句块
条件1
True
False
结束do…while循环
条件2
True
False
结束do…while循环

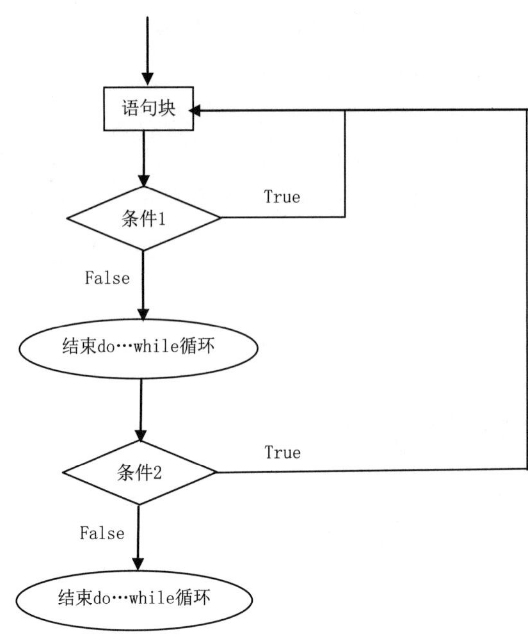

图 5-26　嵌套 do...while 循环的流程图

实例 5-13：使用嵌套 do...while 循环语句输出九九乘法表(源代码\ch05\5.13.txt)

编写程序，使用嵌套 do...while 循环语句，在屏幕上输出九九乘法表。

```
#include <stdio.h>
int main()
{
    int c = 1;
    do
    {
        int d = 1;
        do
        {
            printf("%d*%d=%d\t", d, c, d * c);
            d++;
        }while (d <= c);
    c++;
    printf("\n");
    } while (c <= 9);
    return 0;
}
```

程序运行结果如图 5-27 所示。

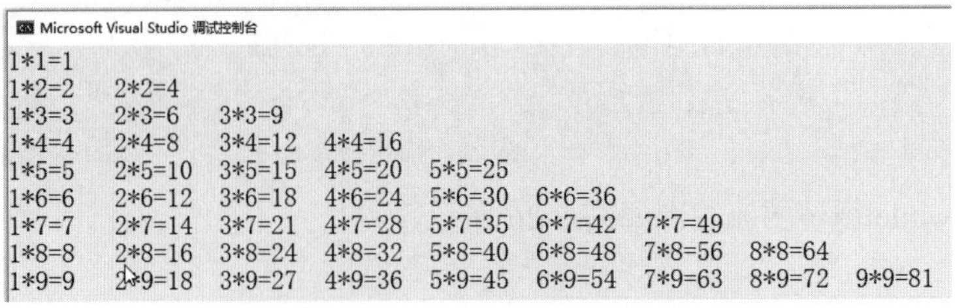

Microsoft Visual Studio 调试控制台
1*1=1
1*2=2 2*2=4
1*3=3 2*3=6 3*3=9
1*4=4 2*4=8 3*4=12 4*4=16
1*5=5 2*5=10 3*5=15 4*5=20 5*5=25
1*6=6 2*6=12 3*6=18 4*6=24 5*6=30 6*6=36
1*7=7 2*7=14 3*7=21 4*7=28 5*7=35 6*7=42 7*7=49
1*8=8 2*8=16 3*8=24 4*8=32 5*8=40 6*8=48 7*8=56 8*8=64
1*9=9 2*9=18 3*9=27 4*9=36 5*9=45 6*9=54 7*9=63 8*9=72 9*9=81

图 5-27　嵌套 do...while 循环语句的应用

5.5　跳 转 语 句

循环控制语句可以改变代码的执行顺序，通过这些语句可以实现代码的跳转。C 语言提供的循环控制语句有 break 语句、continue 语句、goto 语句等。

5.5.1　break 语句

break 语句只能应用在选择结构 switch 语句和循环语句中，如果出现在其他位置会引起编译错误。C 语言中 break 语句有以下两种用法，分别如下。

(1) 当 break 语句出现在一个循环内时，循环会立即终止，且程序流将继续执行紧接着循环的下一条语句。

(2) break 语句可用于终止 switch 语句中的一个 case 分支。

如果用户使用的是嵌套循环(即一个循环内嵌套另一个循环)，break 语句只能跳出离自己最近的那一层循环，然后开始执行该语句块之后的下一行代码。

C 语言中 break 语句的语法结构如下：

```
break;
```

break 语句在程序中的应用流程图如图 5-28 所示。

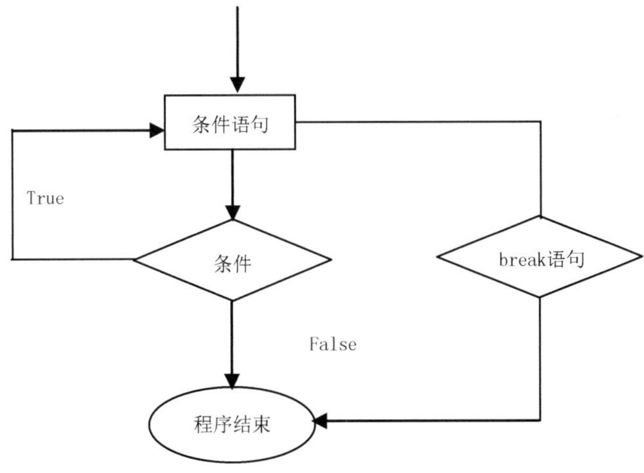

图 5-28　break 语句的应用流程图

break 语句用在循环语句的循环体内的作用是终止当前的循环语句。例如：

无 break 语句：

```
int sum=0, number;
scanf_s("%d",&number);
while (number !=0) {
    sum+=number;
    scanf_s("%d",&number);
    }
```

有 break 语句：

```
int sum=0, number;
while (1) {
   scanf_s(" %d" ,&number);
   if (number==0)
      break;
   sum+=number;
}
```

这两段程序产生的效果是一样的。需要注意的是：break 语句只是跳出当前的循环语句，对于嵌套的循环语句，break 语句的功能是从内层循环跳到外层循环。例如：

```
int i=0, j, sum=0;
while (i<10) {
   for ( j=0; j<10; j++) {
      sum+=i + j;
      if (j==i) break;
   }
   i++;
}
```

本例中的 break 语句执行后，程序立即终止 for 循环语句，并转向 for 循环语句的下一个语句，即 while 循环体中的 i++语句，继续执行 while 循环语句。

实例 5-14：break 语句的使用 (源代码\ch05\5.14.txt)

编写程序，使用 while 循环输出 1～10 之间的整数，在内循环中使用 break 语句，当输出到 5 时跳出循环。

```
#include <stdio.h>
int main()
{
    int a=1;
    while(a<10)
    {
        printf("输出 a 的值：%d\n",a);
        a++;
        if(a>5)
        {
            /* 使用 break 语句终止循环 */
            break;
        }
    }
}
```

程序运行结果如图 5-29 所示。

上述代码中定义变量 a 并初始化为 1，然后通过循环输出 1～9，但是在 while 循环中嵌套了 if 语句，当 a 的值自增到 5 的时候结束 while 循环并跳出，这时完成输出 1～5 的整数。

```
Microsoft Visual Studio 调试控制台
输出a的值：1
输出a的值：2
输出a的值：3
输出a的值：4
输出a的值：5
```

图 5-29　break 语句的应用

5.5.2　continue 语句

C 语言中的 continue 语句有点像 break 语句。但它不是强制终止，continue 会跳过当前循环中的代码，强迫开始下一次循环。对于 for 循环，continue 语句执行后自增语句仍然会执行。对于 while 和 do...while 循环，continue 语句重新执行条件判断语句。

C 语言中 continue 语句的语法结构如下：

```
continue;
```

continue 语句在程序中的应用流程图如图 5-30 所示。

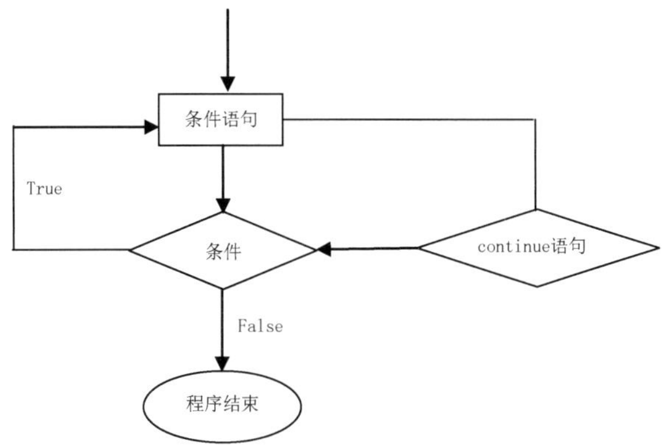

图 5-30　continue 语句的应用流程图

通常情况下，continue 语句总是与 if 语句联系在一起用来加速循环。假设 continue 语句用于 while 循环语句，要求在某个条件下跳出本次循环，一般形式如下：

```
while(表达式 1) {
    …
    if(表达式 2) {
        continue;
    }
    …
    }
```

这种形式和前面介绍的 break 语句用于循环的形式十分相似，其区别是：continue 只终止本次循环，继续执行下一次循环，而不是终止整个循环。而 break 语句则是终止整个循环过程，不会再去判断循环条件是否还满足。在循环体中，continue 语句被执行之后，其后面的语句均不再执行。

实例 5-15： continue 语句的使用(源代码\ch05\5.15.txt)

编写程序，使用 continue 语句输出 5 以内除了 3 之外的其他整数。

```
#include <stdio.h>
int main()
{
    int a=1;
    do
    {
        if(a==3)
        {
            /* 跳过迭代 */
            a=a+1;
            continue;
        }
        printf("输出 a 的值：%d\n",a);
        a++;
```

```
    }
    while(a<5);
}
```

程序运行结果如图 5-31 所示。

上述代码中首先定义变量 a，接着使用 do…while 循环输出当 a<5 时 a 的值。在循环体中使用 if 语句，限定当 a 等于 3 时，跳过后续输出 a 的语句，而执行下一次的循环，直到输出 4 时停止。

```
Microsoft Visual Studio 调试控制台
输出a的值：1
输出a的值：2
输出a的值：4
```

图 5-31　continue 语句的应用

5.5.3　goto 语句

C 语言中的 goto 语句允许把控制无条件转移到同一函数内的被标记的语句。goto 是“跳转到”的意思，使用它可以跳转到另一个加上指定标签的语句，goto 语句的语法结构如下：

```
goto [标签];
...
[标签]:语句块;
```

在这里，标签可以是任何除 C 关键字以外的纯文本，它可以设置在 C 程序中 goto 语句的前面或者后面。例如，使用 goto 语句实现跳转到指定语句：

```
int i = 0;
goto a;
i = 1;
   a : printf("%d",i);
```

这四句代码的意思是，第一句用来定义变量 i，第二句的作用是跳转到标签为 a 的语句，接下来就输出 i 的结果，可以看出，第三句是无意义的，因为没有被执行，跳过去了，所以输出的值是 0，而不是 1。

goto 语句在程序中的应用流程图如图 5-32 所示。

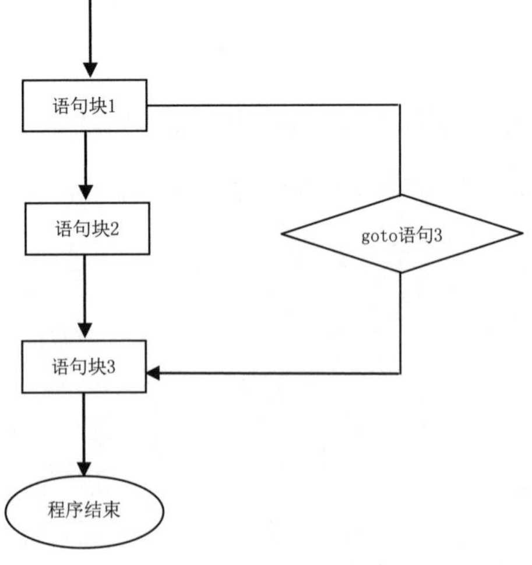

图 5-32　goto 语句的应用流程图

goto 跳转的语句，并不是一定要跳转到之后的语句，也就是说，goto 还可以跳到前面去执行。

实例 5-16： goto 语句的使用(源代码\ch05\5.16.txt)

编写程序，实现 100 以内自然数的求和，即 1+2+3+…+100，最后输出计算结果。

```
#include <stdio.h>                /*标准库中输入/输出流的头文件*/
void main()
{
       int i,sum=0;
       i=1;
       loop:    if(i<=100)        /*标记 loop 标签*/
       {
          sum=sum+i;
          i++;
          goto loop;              /*如果 i 的值不大于 100，则跳转到 loop 标签处开始执行程序*/
       }
          printf("goto 语句的使用\n");
    printf("1+2+3+...+100=%d\n",sum);
}
```

程序运行结果如图 5-33 所示，即可显示 1～100 之间整数之和。

```
Microsoft Visual Studio 调试控制台
goto语句的使用
1+2+3+...+100=5050
```

图 5-33　goto 语句的应用

在任何编程语言中，都不建议使用 goto 语句。因为它使得程序的控制流难以跟踪，使程序难以理解和难以修改，因此，使用 goto 语句的程序尽量改写成不需要使用 goto 语句的写法。

5.6　就业面试问题解答

问题 1： break 语句和 continue 语句有什么区别？

答： 在循环体中，break 语句是跳出循环，而 continue 语句是跳出当前循环，执行下一次循环。

问题 2： 跳转语句和条件分支语句有什么不同之处？

答： 条件语句又称为条件选择语句，它判定一个表达式的结果是真是假(是否满足条件)，根据结果判断是执行哪个语句块。条件语句分为 if 语句和 switch 语句两种。很多的时候，我们需要程序从一个语句块跳转到另一个语句块，因为 C 语言提供了许多可以立即跳转到程序另一行代码执行的语句，这些跳转语句包括：goto 语句、break 语句和 continue 语句。

5.7　上机练练手

上机练习 1：制作一个简易计算器

编写程序，完成一个简易计算器小程序，要求实现加减乘除四种运算功能。程序运行结果如图 5-34～图 5-37 所示。

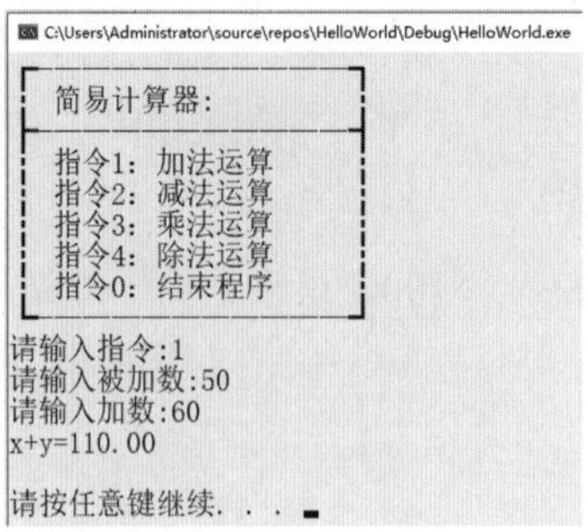

图 5-34　加法运算示例

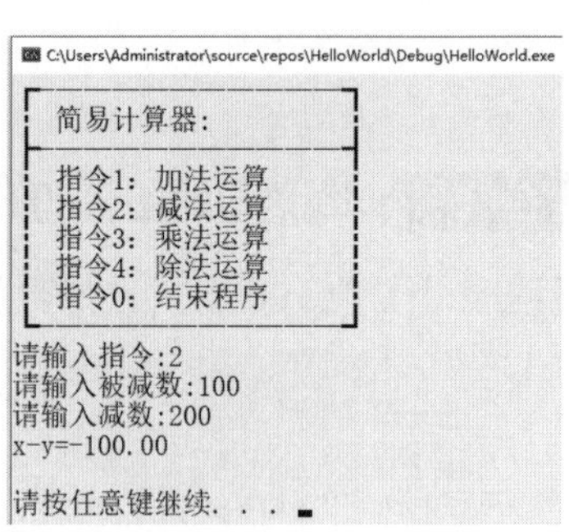

图 5-35　减法运算示例

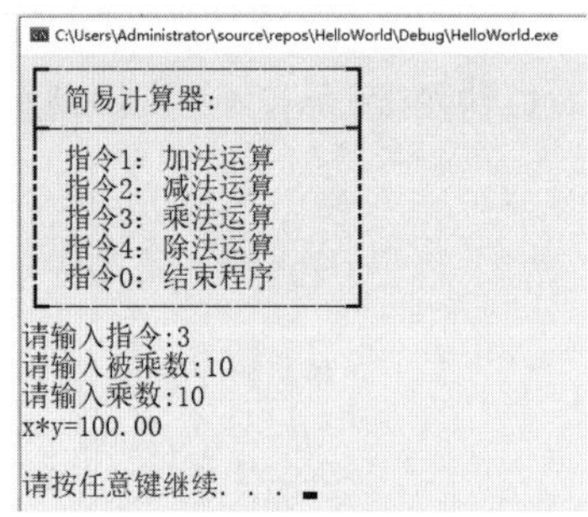

图 5-36　乘法运算示例

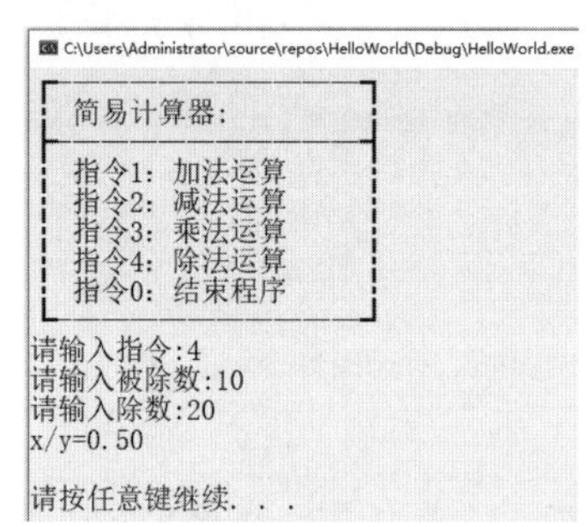

图 5-37　除法运算示例

上机练习 2：输出成绩反馈信息

编写程序，使用 switch 语句根据成绩等级反馈成绩评论信息。通过输入端输入成绩等级，然后根据用户的选择进行判断，若为 A，则返回“很棒！”；若为 B，则返回“做得好”；若为 C，则返回“您通过了”；若为 D，则返回“最好再试一下”；若缺省或输入 A～D 以外的字符，则返回“无效的成绩”。程序运行结果如图 5-38 所示。

上机练习 3：解一元二次方程式

编写程序，设计一个计算“一元二次方程式”的程序。根据输入的三个数，然后计算结果，完了之后系统会询问用户：“您想继续吗？”，想继续的话可以再输入三个数，不想继续，输入“N”就退出。程序运行结果如图 5-39 所示。

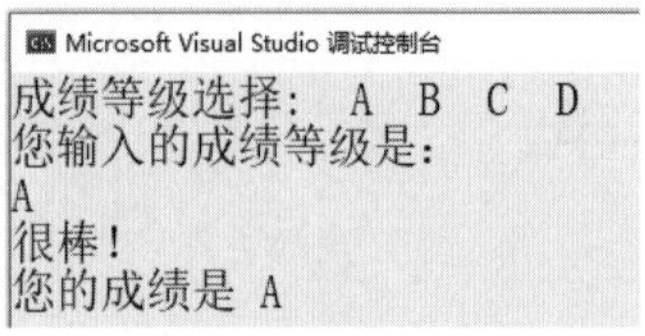

```
Microsoft Visual Studio 调试控制台
成绩等级选择：  A  B  C  D
您输入的成绩等级是:
A
很棒!
您的成绩是 A
```

图 5-38　使用 switch 语句输出成绩反馈信息

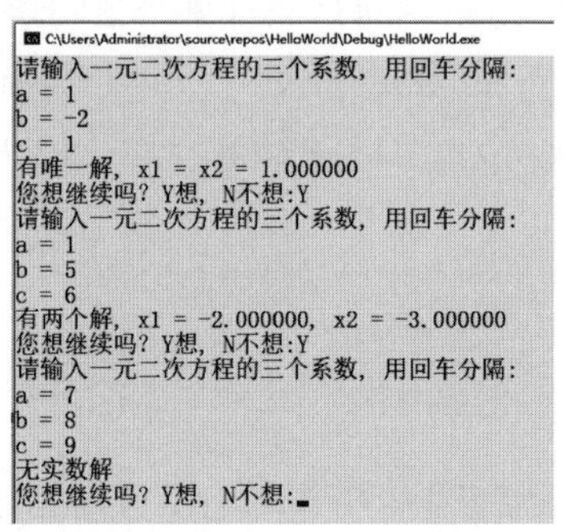

图 5-39　解一元二次方程

第6章

数值与字符数组

在C语言中，如果需要存储一个具有固定大小并且类型相同的一组元素时，可以使用一种特殊的集合，这种集合就是数组。数组是有序数据的集合，在数组中的每一个元素都属于同一个数据类型。本章就来介绍C语言中的数值与字符数组。

6.1 数组的概述

C 语言支持数组数据结构，使用它可以存储一个固定大小的相同类型元素的顺序集合。简单地讲，数组是有序数据的集合，在数组中的每一个元素都属于同一个数据类型。

6.1.1 认识数组

在现实中，经常会对批量数据进行处理。例如，输入一个班级 45 名学生的“数学”成绩，将这 45 名学生的分数由大到小输出。这个问题首先是一个排序文件，因为要把这 45 个成绩从大到小排序，因此必须把这 45 个成绩都记录下来，然后在这 45 个数值中找到最大值、次大值、……、最小值进行排序。这里先不讨论排序文件，初学者存储这 45 个数据就是问题，可能会想到先定义 45 个整型变量，代码如下：

```
…
int a1,a2,a3…a45;
```

然后再给这 45 个变量赋值，代码如下：

```
scanf_s("%d", &a1);
scanf_s("%d", &a2);
…
scanf_s("%d", &a45);
…
```

最后就是使用 if 语句对这 45 个成绩排序，可想而知对 45 个数值进行排序是很烦琐的。为此，C 语言提出了数组这一概念，使用数组可以把具有相同类型的若干变量按一定顺序组织起来，这些按照顺序排列的同类数据元素的集合就被称为“数组”。

数组中的变量可以通过索引进行访问，数组中的变量也称为数组的元素，数组能够容纳元素的数量称为数组的长度。数组中的每个元素都具有唯一的索引(或称为下标)与其相对应，在 C 语言中数组的索引从 0 开始。

数组中的变量可以使用 numbers[0]、numbers[1]、...、numbers[n]的形式来表示，这里的数据代表一个个单独的变量。所有的数组都是由连续的内存位置组成，最低的地址对应第一个元素，最高的地址对应最后一个元素，具体的结构形式如图 6-1 所示。

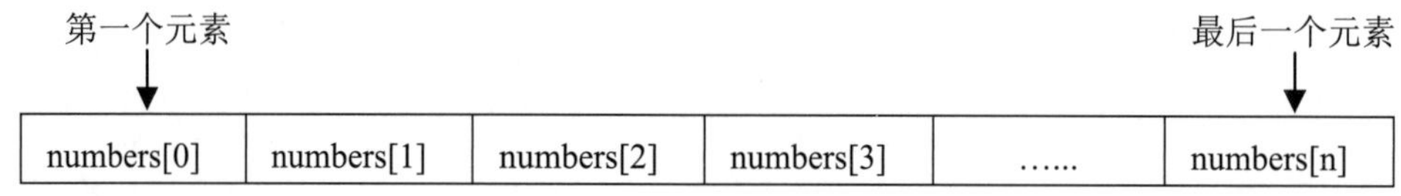

图 6-1　数组的结构形式示意图

6.1.2 数组的组成部分

数组是通过指定数组的元素类型、数组的维数及数组的每个维数的上限和下限来定义的，因此定义一个数组应该包括元素类型、数组的维数、每个维数的上下限 3 个元素。

数组中的成员称为数组元素，数组元素下标的个数称为数组的维数。根据数组的维数可以将数组分为一维数组、二维数组和多维数组等。数组具有以下特点。

(1) 数组中的元素具有相同类型，每个元素具有相同的名称和不同的下标。

(2) 数组中的元素被存储在内存中一个连续的区域中。

(3) 数组中的元素具有一定的顺序关系，每个元素都可以通过下标进行访问。

6.2 一维数组

一维数组是最简单，也是最常用的数组类型。一维数组中的所有数组元素用一个相同的数组名来标识，用不同的下标来指示其在数据中的位置，系统默认下标从 0 开始。

6.2.1 一维数组的定义

在 C 语言中，要使用数组必须先进行定义。一维数组的定义方式为：

```
类型说明符 数组名 [常量表达式];
```

主要参数介绍如下。

(1) 类型说明符：是任一种基本数据类型或构造数据类型。

(2) 数组名：是用户定义的数组标识符。

(3) 常量表达式：方括号中的常量表达式表示数组元素的个数，也称为数组的长度，但是其下标是从 0 开始计算的。例如：

```
int a[6];               说明整型数组 a 有 6 个元素
float b[10],c[20];      说明实型数组 b 有 10 个元素，实型数组 c 有 20 个元素
char ch[10];            说明字符数组 ch 有 10 个元素
```

定义数组时，是对整个数组的元素进行声明，如数组 a[6]，再通过 a[0]、a[1]、…、a[5]来表示数组中的单独元素。访问数组中的某个元素时是通过它在内存中的索引来完成的。以数组 a[6]为例，它在内存中的存储形式如图 6-2 所示。

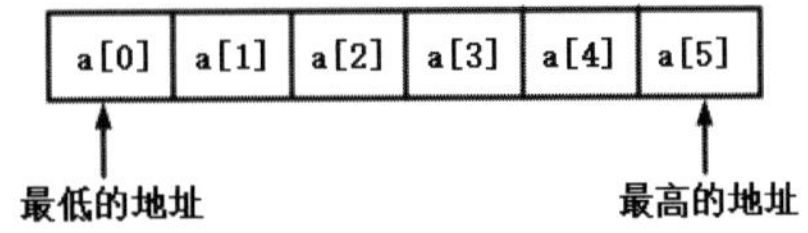

图 6-2　数组在内存中的存储形式

定义数组时，应该注意以下几点。

(1) 数组中的类型实际上是指数组元素的取值类型。对于同一个数组，其所有元素的数据类型都是相同的。

(2) 数组名的命名规则和变量名相同，遵循标识符命名规则，但不能与其他变量重名，例如：

```
int a;
float a[10];
```

这种命名方式是错误的。

(3) 常量表达式可以是整型常量或整型表达式，但不允许常量表达式为变量，例如，

下面的定义方式是合法的：

```
#define N 5;
int a[N];
char b[5+6] ;
```

而下面的数组定义是不合法的：

```
int n=5;
int a[n];
```

(4) 系统默认数组元素的下标从 0 开始，如 a[5]表示数组 a 有 5 个元素，依次为 a[0]、a[1]、a[2]、a[3]、a[4]。

(5) 定义数组时，允许在同一个类型说明中说明多个数组和多个变量，数组和变量之间用逗号分隔。例如：

```
int a,b,c,d,n1[10],n2[20];
```

定义了数组 n1 和 n2，还定义了整型变量 a、b、c、d。

(6) 数组使用的是方括号[ ]，不要误写成小括号( )，而且数组一旦定义，数组的长度是不能被改变的。

6.2.2 一维数组的初始化

数组元素是一种变量，与单个变量的用法一样，除了可以使用赋值语句为数组元素逐个赋值外，还可以采用初始化赋值和动态赋值的方法。

1. 初始化赋值

对一维数组进行初始化赋值就是指在定义数组的同时给数组中元素赋予初值。初始化赋值的语法格式如下：

```
类型说明符 数组名[常量表达式]={值 1,值 2,…,值 n};
```

其中，大括号“{}”中的“值 1,值 2,…,值 n”即为数组中各元素的初始值，在书写的时候需要使用逗号“,”隔开。例如：

```
int a[5]={0,1,2,3,4};
```

这样初始化后数组 a 中的各元素为：a[0]=0、a[1]=1、…、a[4]=4。

在对数组进行初始化赋值时需要注意以下几点。

(1) 对数组进行初始化赋值时允许给部分元素进行赋值，当初始值表中值的个数小于元素个数时，只给前面部分元素赋初值，其余元素自动赋 0。例如：

```
int a[5]={3,8,9};
```

上述语句的意思是 a[0]=3;a[1]=8;a[2]=9;而后面两个数组元素的值均为 0，即 a[3]=0; a[4]=0。

(2) 为数组的全部元素赋初值时，可以不指定元素的长度，系统会根据初始值表中值的个数来自定义数组的长度。例如：

```
int a[ ]={3,8,9,-2,0};
```

等价于

```
int a[5]={3,8,9,-2,0};
```

(3) 对数组元素初始化赋值只能一一进行赋值，就算每个元素的值都相同，也不能给数组整体进行赋值。例如：整型数组 a[5]中的 5 个元素都是 3，初始化应该写成如下形式：

```
int a[5]={3,3,3,3,3};
```

而不能写成

```
int a[5]=3;
```

2. 动态赋值

所谓动态赋值是指在程序的运行过程中，通过循环语句以及 scanf ()输入函数对数组元素进行逐一赋值的形式。

实例 6-1：输出一维数组(源代码\ch06\6.1.txt)

编写程序，定义一个数组 a，使用 for 循环语句以及 scanf_s()输入函数通过输入端来为数组 a 进行逐一动态赋值，最后输出数组 a 中每个元素的值。

```
#include <stdio.h>
int main()
{
    /* 定义数组 a 与变量 i */
    int i,a[6];
    printf("请对数组 a 中元素进行逐一赋值：\n");
    for(i=0;i<=5;i++)
    {
        /* 对数组元素进行循环动态赋值 */
        scanf("%d",&a[i]);
    }
    printf("数组 a 的元素分别为：\n");
    for(i=0;i<=5;i++)
    {
        /* 按升序方式输出数组元素 */
        printf("%d ",a[i]);
    }
    printf("\n");
    return 0;
}
```

程序运行结果如图 6-3 所示。

上述代码中定义了循环变量 i 和数组 a，然后使用 for 循环对数组 a 进行动态赋值，循环条件控制循环次数等于数组元素个数，每循环一次，通过 scanf()函数从输入端输入一个数组元素，最后再通过 for 循环依次将数组中的元素输出。

```
Microsoft Visual Studio 调试控制台
请对数组a中元素进行逐一赋值:
15
20
18
24
32
65
数组a的元素分别为:
15 20 18 24 32 65
```

图 6-3　为数组元素动态赋值

6.2.3 一维数组的应用

数组元素是组成数组的基本单元，它也是一种变量，因此必须遵循变量的先定义后赋值，然后再使用的规则。一个数组一旦定义之后，即可使用该数组及其数组元素。数组元素的一般表示形式如下：

```
数组名[下标]
```

其中，下标只能为整型常量或整型表达式，若为非整数，系统自动取整。例如：

```
a[10],a[i*j],a[i+j];
```

都是合法的数组元素。

数组元素通常也称为下标变量。必须先定义数组，才能使用下标变量。在C语言中只能逐个地使用下标变量。例如，输出有 10 个元素的数组必须使用循环语句逐个输出各下标变量：

```
for(i=0; i<10; i++)
   printf("%d",a[i]);
```

而不能用一个语句输出整个数组。如下面的写法就是错误的：

```
printf("%d",a);
```

注意

在使用一维数组的过程中要防止下标越界问题。如 int a[10]; 定义的数组 a，数组 a 中不包括 a[10]元素，下标为 10 已经越界。对于数组下标越界问题，C 语言编译系统不进行检测，即不进行错误报告，只是会造成程序运行结果的错误。

实例 6-2：以升序方式排序数值(源代码\ch06\6.2.txt)

编写程序，实现从键盘输入 10 个整数，然后按照升序方式输出这 10 个整数。

```
#include<stdio.h>
#define N 10
int main()
{
   int i,j,a[N],temp;
      printf("请输入 10 个数字：\n");
      for(i=0;i<N;i++)
         scanf("%d",&a[i]);
      for(i=0;i<N-1;i++)
      {
         int min=i;
         for(j=i+1;j<N;j++)
            if(a[min]>a[j]) min=j;
         if(min!=i)
         {
            temp=a[min];
            a[min]=a[i];
            a[i]=temp;
         }
      }
      printf("排序结果是:\n");
      for(i=0;i<N;i++)
         printf("%d ",a[i]);
```

```
    printf("\n");
    return 0;
}
```

程序运行结果如图 6-4 所示。

```
Microsoft Visual Studio 调试控制台
请输入10个数字:
15 10 11 12 51 21 42 43 56 8
排序结果是:
8 10 11 12 15 21 42 43 51 56
```

图 6-4　以升序方式排序数值

6.3　二 维 数 组

在实际生活中，常常会遇到一些一维数组不能够解决的问题。例如，统计学生的多门功课成绩，使用一维数组就不能满足数据的存储以及表示了。C 语言中，针对此类需要使用多个下标标识数据在数组中的位置的情况，可以通过构造二维或多维数组实现。

6.3.1　二维数组的定义

二维数组是最简单的多维数组，以一维数组为基类型，即它的每一个元素又都是一个一维数组，这些一维数组的类型和长度相同。多维数组元素有多个下标，以标识它在数组中的位置，所以也称为多下标变量。二维数组定义的一般形式是：

```
类型说明符 数组名[常量表达式 1][常量表达式 2]
```

主要参数介绍如下。

(1)　类型说明符：是指数组的数据类型，即每个元素的类型。

(2)　常量表达式 1：为第 1 维(也被称为行)下标的长度。

(3)　常量表达式 2：为第 2 维(也被称为列)下标的长度。

二维数组中的第 1 个下标表示该数组具有的行数，二维数组中的第 2 个下标表示该数组具有的列数，两个下标的乘积为该数组具有的数组元素个数。例如：

```
int a[2][3];
```

说明了这是一个 2 行 3 列的数组，数组名为 a，其下标变量的类型为整型。实际上，我们还可以把二维数组看成是一个特殊的一维数组：它的每个元素又是一个一维数组。例如，可以把 a 看作是一个一维数组，它有 2 个元素，分别是 a[0]和 a[1]，每个元素又是一个包含 3 个元素的一维数组，因此可以把 a[0]、a[1]看作是 2 个一维数组的名字。那么定义的二维数组 int a[2][3]就可以理解为定义了 2 个一维数组，即相当于语句：

```
int a[0][3], a[1][3];
```

C 语句中，二维数组的下标和一维数组的下标一样，都是从 0 开始的。语句“int a[2][3];”描述的就是一个 2 行 3 列的矩阵，二维数组中的两个下标自然地形成了矩阵中的对应关系。因此语句“int a[2][3];”数组元素的个数共有 2×3 个。即：

```
a[0][0],a[0][1],a[0][2]
a[1][0],a[1][1],a[1][2]
```

二维数组被定义后，编译系统将为该数组在内存中分配一片连续的存储空间，按行的顺序连续存储数组中的各个元素。即先顺序存储第一行元素，从 a[0][0]到 a[0][2]，再存储第二行的元素，从 a[1][0]到 a[1][2]。数组名 a 代表的是数组的起始地址。数组 a[2][3]在内存中的存放顺序如图 6-5 所示。

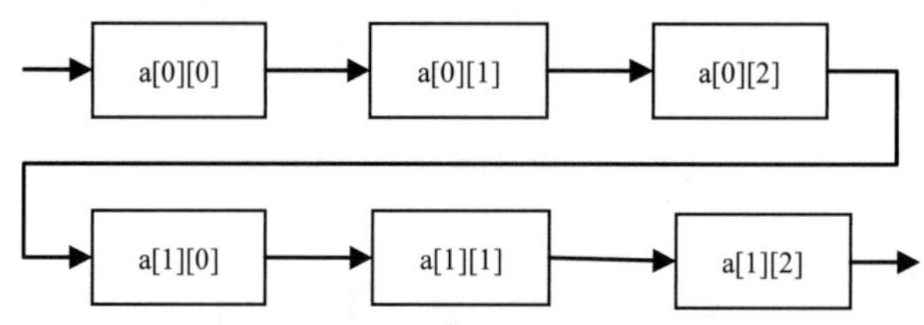

图 6-5　数组在内存中的存放顺序

二维数组是按照 Z 型存储的，把它展开，等效于图 6-6 所示的线状形式，从左至右地址逐渐递增，每个单元格占 4 个字节(数组 a 是 int 类型)。

a[0][0]	a[0][1]	…	a[1][1]	a[1][2]

图 6-6　二维数组的存储方式

数组 a[2][3]元素下标的变化范围，行号范围是 0 ~ 1，列号范围是 0 ~ 2。

6.3.2　二维数组的初始化

二维数组的初始化可以在对数组定义的同时对数组中的各下标变量进行赋值。一般有以下三种方式。

1. 按照行顺序为二维数组赋初值

二维数组的初始化可以按照行数进行分组赋值，赋值时一行为一组，用大括号“{}”括起来，每组的元素之间、组与组之间使用逗号“,”隔开。例如：

```
int a[5][3]= { {1,2,3},{5,6,7},{8,9,1},{9,5,6},{7,0,2}};
```

这种赋值方法是将第 1 个花括号的数据赋给第 1 行的元素，第 2 个花括号的数据赋给第 2 行的元素……第 5 个花括号的数据赋给第 5 行的元素，即按行赋值。

另外，二维数组赋初值也可以省略第一维(行下标)的大小，例如：

```
int a[ ][3]= { {1,2,3},{5,6,7},{8,9,1},{9,5,6},{7,0,2}};
```

也是正确的书写方式。

根据初值的具体情况可以确定第一维的大小。但应该注意，定义二维数组不可以省略第二维(列下标)或者同时省略两个维的大小。例如，以下形式是错误的。

```
int a[ ][ ]= { {1,2,3},{5,6,7},{8,9,1},{9,5,6},{7,0,2}};
int a[5][ ]= { {1,2,3},{5,6,7},{8,9,1},{9,5,6},{7,0,2}};
```

2. 按照数组元素的顺序为各元素赋初值

例如：

```
int a[5][3]= { 1,2,3,5,6,7,8,9,1,9,5,6,7,0,2};
```

或者

```
int a[ ][3]= { 1,2,3,5,6,7,8,9,1,9,5,6,7,0,2};
```

这里提供的 15 个数据，按照行依次给各行各列元素赋初值。

3. 部分赋数值，其余元素自动取 0

例如：

```
int a[5][3]= { {1,2},{5,},{8,9,1},{9,5},{7,0,2}};
```

提供的 11 个数据，数组具有 5 行，各元素的取值如下：

```
1  2  0
5  0  0
8  9  1
9  5  0
7  0  2
```

实例 6-3： 使用二维数组统计学生成绩信息(源代码\ch06\6.3.txt)

编写程序，通过使用二维数组将小张、小王以及小孙的三门功课语文、数学以及英语的成绩存储起来，然后再对成绩进行分析计算，要求求出三人三门功课的平均成绩以及每门功课的平均分，最后将计算结果输出。三人的功课成绩如表 6-1 所示。

表 6-1　三人的功课成绩

	语　文	数　学	英　语
小张	88	95	69
小王	91	86	80
小孙	90	71	89

```
#include <stdio.h>
int main()
{
    /* 初始化数组 a */
    int a[3][3]={{88,95,69},{91,86,80},{90,71,89}};
    int s1,s2;
    int i,j;
    /* 将三人的原始成绩输出 */
    printf("三人的成绩如下所示: \n");
    printf("语文    数学    英语\n");
    for(i=0;i<3;i++)
    {
        for(j=0;j<3;j++)
        {
            printf("%-6d ",a[i][j]);
```

```
        }
        printf("\n");
    }
    printf("\n");
    /* 求每人的平均成绩 */
    for(i=0;i<3;i++)
    {
        s1=0;
        for(j=0;j<3;j++)
        {
            s1=s1+a[i][j];
        }
        printf("第 %d 行平均值是:  %d\n",(i+1),s1/3);
    }
    printf("\n");
    /* 求每门课的平均分 */
    for(i=0;i<3;i++)
    {
        s2=0;
        for(j=0;j<3;j++)
        {
            s2=s2+a[j][i];
        }
        printf("第 %d 列平均值是:  %d\n",(i+1),s2/3);
    }
    return 0;
}
```

程序运行结果如图 6-7 所示。

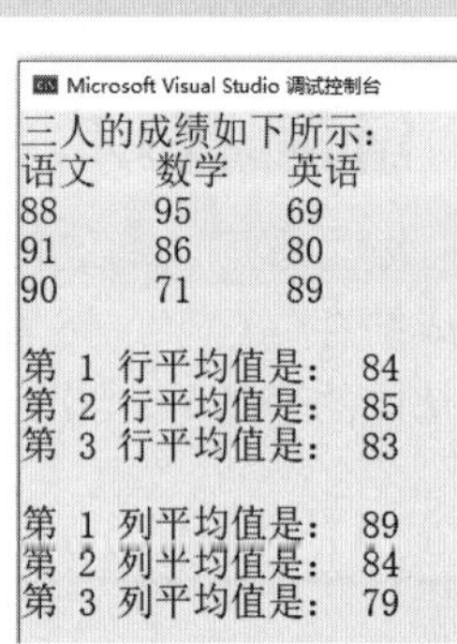

图 6-7 求平均数

在代码中首先定义一个 3 行 3 列的数组 a 并进行初始化，将三人的成绩录入到数组中，然后定义了 int 型变量 s1 以及 s2，分别用于存储行、列的和。通过一个 for 循环语句，将数组 a 中三人的原始成绩输出。然后利用嵌套 for 循环语句求出每个人三门课的平均成绩，这里需要注意，访问每行的元素时内循环中是以“a[i][j]”来表示。接着利用嵌套 for 循环语句求出每门课的平均分，需要注意的是，访问每列的元素时内循环中是以“a[j][i]”来表示的。

6.3.3 二维数组的应用

二维数组的应用与一维数组一样，遵循先定义后赋值的规则。C 语言中，二维数组的元素可以表示为：

```
数组名[下标][下标];
```

可以看出，因为二维数组性质，数组中的元素通过两个下标来表示，就相当于坐标轴中的点通过 x、y 来表示，所以二维数组元素又称为双下标变量。其中用于表示下标的只能为整型变量或者表达式。例如：

```
int a[2][3];
```

表示定义一个二维数组 a，该数组拥有 2 行 3 列的元素。

注意　二维数组中的下标用于表示此元素在数组中的位置，与定义数组不同的是符号“[]”中的数组只能是常量，而数组元素可以为常量或表达式。

实例 6-4： 转换二维数组的行列(源代码\ch06\6.4.txt)

编写程序，定义一个 4 行 3 列的二维数组 a 和一个 3 行 4 列的二维数组 b，对数组 a 进行动态赋值，然后对数组 a 中元素进行行列转换操作，转换后的元素赋予数组 b，最后将数组 b 输出。

```
#include <stdio.h>
#define R 4
#define C 3
int main()
{
    int a[R][C],b[C][R];
    int i,j;
    /* 为二维数组 a 中的元素动态赋值 */
    printf("请输入一个%d*%d 的二维数组 a:\n",R,C);
    for( i=0; i<R; i++ )
    {
        for( j=0; j<C; j++ )
        {
            scanf_s("%d",&a[i][j]);
        }
    }
    /* 完成数组元素行列转换 */
    for( i=0; i<R; i++ )
    {
        for( j=0; j<C; j++ )
        {
            b[j][i] = a[i][j];
        }
    }
    /* 输出转换后的二维数组 b */
    printf("对数组 a 进行转换后为%d*%d 二维数组: \n",C,R);
    for( i=0; i<C; i++ )
    {
        for( j=0; j<R; j++ )
        {
            printf("%-4d",b[i][j]);
        }
        printf("\n");
    }
    return 0;
}
```

程序运行结果如图 6-8 所示。

```
Microsoft Visual Studio 调试控制台
请输入一个4*3的二维数组a:
1 2 3
4 5 6
7 8 9
10 11 12
对数组a进行转换后为3*4二维数组:
1   4   7   10
2   5   8   11
3   6   9   12
```

图 6-8　二维数组的行列转换操作

在代码中首先定义符号常量 R 和 C 分别用于表示二维数组的行数与列数，然后定义 int 型数组 a 和 b，数组 a 为 R 行 C 列，数组 b 为 C 行 R 列，数组 b 用于存放数组 a 转换后的元素。接着通过 for 循环为数组 a 中的元素进行动态赋值，然后使用嵌套 for 循环完成对数组 a 中元素的行列转换，在此嵌套循环中外循环访问数组的行数，内循环访问数组的列数并进行元素行列转换，最后再使用 for 循环输出数组 b。

6.3.4 多维数组

定义多维数组语法上与二维数组十分类似，唯一不同的是多维数组维数更多，也就是下标会更多。多维数组的定义语法如下：

```
类型说明符 数组名[常量表达式 1][常量表达式 2][常量表达式 3]…[常量表达式 n];
```

例如，定义一个三维数组，语法如下：

```
int a[2][3][2];
```

表示定义一个拥有三个维度 int 型数组 a，每一维的长度分别为 2、3、2，其中的元素都为 int 型，总共由 2*3*2 个元素组成。

多维数组在定义以及应用上与二维数组类似，有关多维数组的应用操作，如元素的遍历等都可参考二维数组，这里不再赘述。

6.4 字 符 数 组

字符数组同一维数组一样，只不过一维数组存放的是数值型的数据，而字符数组存放的是字符。之前提到过的字符串实际上就是由字符数组所构成的，在字符数组中，每一个元素就是一个字符。

6.4.1 字符数组的定义

字符数组是用来存放字符的数组，它是数组的一种特殊类型，字符数组的每个元素存放一个字符。字符数组的定义和引用方式与前面介绍的数组形式相同，只是定义的数据类型为字符型。字符数组既可以是一维数组，也可以是多维数组。

一维字符数组的定义形式如下：

```
char 数组名[常量表达式];
```

例如：

```
char a[5];          /*定义了一个 5 个元素的一维字符数组 a*/
```

二维字符数组的定义形式如下：

```
char 数组名[常量表达式 1][常量表达式 2];
```

例如：

```
char a[2][3];/*定义了一个 2 行 3 列的二维字符数组 a*/
```

6.4.2 字符数组的初始化

字符数组的初始化方法有两种，一种是在定义的同时使用单个字符对字符数组中的各元素进行赋值，另一种是在定义时直接使用字符串对字符数组进行赋值。

1. 通过单个字符对字符数组初始化赋值

通过单个字符对字符数组初始化赋值，语法格式如下：

```
char 数组名[常量表达式]={ '字符 1','字符 2','字符 3'...'字符 n'};
```

其中，大括号“{}”括起来的“'字符 1','字符 2','字符 3'...'字符 n'”即为字符数组中的字符元素，在书写时使用逗号“,”进行分隔。例如：

```
char a[6]={ 'I','L','O','V','E','C'};
```

这样初始化后字符数组 a 中的元素为 a[0]= 'I'、a[1]= 'L'、a[2]= 'O'…a[5]= 'C'。

在为字符数组初始化赋值时，若赋值个数等于数组的长度，可将常量表达式省略，系统会根据赋值个数来确定常量表达式的值。所以上述初始化等价于：

```
char a[]={'I','L','O','V','E','C'};
```

在为字符数组初始化赋值时，若初值的个数大于数组长度，则提示语法错误；若初值的个数小于数组长度，则只将这些字符赋给数组中位于前面的那些元素，其余的元素自动定位空字符(即“\0”)，例如：

```
char str[10]={'A','B',' ','D','E','F,' ','H','I,'J'};
```

该语句执行后有：str[0]='A'，str[1]='B'，str[2]=' '，str[3]='D'，str[4]='E'，str[5]='F'，str[6]=' '，str[7]='H'，str[8]='I'，str[9]='J'。

二维字符数组初始化也可以逐个地将字符赋给数组中的每个元素，例如：

```
char c[2][3]={{ 'a','b','c'},{'d','e','f'}};
```

字符数组 c 各元素初值为：

```
'a''b''c'
'd''e''f'
```

2. 通过字符串对字符数组初始化赋值

C 语言是用字符数组来处理字符串的，字符串是由一对双引号括起来的一个或多个字符。把一个字符串存入一个数组时，也把结束符'\0'存入数组，并以此作为该字符串是否结束的标志。有了'\0'标志后，就不必再用字符数组的长度来判断字符串的长度了。

通过字符串对字符数组初始化赋值，语法格式如下：

```
char 数组名[常量表达式]={ "字符串"};
```

其中，大括号“{}”括起来的“ "字符串" ”中每一个字符即为字符数组中的字符元素，这里注意与单个字符不同，字符串是使用“" "”括起来的。用字符串常量初始化一维字符数组，例如：

```
char str[12]={"How are you"};
```

也可写成：

```
char str[ ]="How are you";
```

相当于：

```
char str[ ]={'H','o','w',' ','a','r','e',' ','y','o','u','\0'}
```

对于用双引号括起来的字符串常量，C 语言编译系统会自动在后面加上一个字符串结束标志'\0'。因此，数组 str 在内存中的实际长度是 12。

二维数组初始化时，也可以使用字符串进行初始化。例如：

```
char c[ ][ 8]={ "white","black"};
```

字符数组并不要求它的最后一个字符为'\0'，但当字符数组赋字符串常量时，系统会自动加一个'\0'。另外，使用字符串对字符数组初始化时，可以将字符数组中的常量表达式省略。

实例 6-5： 遍历字符数组中的元素并输出(源代码\ch06\6.5.txt)

编写程序，定义一个字符数组 a 并对其进行初始化，然后使用 for 循环语句遍历字符数组 a 中元素并输出。

```
#include <stdio.h>
int main()
{
    int i;
    /* 定义并初始化数组 a */
    char a[]={"I LOVE C!"};
    for(i=0;i<9;i++)
    {
       printf("%c",a[i]);
    }
    printf("\n");
    return 0;
}
```

程序运行结果如图 6-9 所示。

图 6-9　遍历输出字符数组中的元素

在代码中首先定义字符数组 a 并使用字符串对其进行初始化，然后使用 for 循环语句遍历出字符数组中的每一个字符元素，最后使用 printf()输出函数将它们进行输出。

6.4.3　字符数组的应用

字符数组的应用是通过对数组中逐个元素的引用来实现的，引用数组的元素可以得到一个字符。一维字符数组的应用形式如下：

```
数组名[下标]
```

例如：

```
str[2], str[2*2]
```

实例 6-6： 输出二维字符数组中的元素(源代码\ch06\6.6.txt)

```
#include <stdio.h>
void main()
{
```

```
    int i,j;
    char a[][5]={{'B','A','S','I','C',},{'W','O','R','L','D'}};
        for(i=0;i<=1;i++)
        {
            for(j=0;j<=4;j++)
             printf("%c",a[i][j]);
        printf("\n");
        }
}
```

程序运行结果如图 6-10 所示，本例中的二维字符数组由于在初始化时全部元素都赋以初值，因此一维下标的长度可以不加以说明。

```
Microsoft Visual Studio 调试控制台
BASIC
WORLD
```

图 6-10　输出二维字符数组中的元素

6.4.4　字符串和字符数组

实际上在 C 语言中，字符串都是作为字符数组来处理的，也就是说之前所用到的字符串实际上都属于字符数组。

字符串在 C 语言中通常是以“\0”作为结束标志，所以若是使用字符串对字符数组进行初始化或者赋值就会将结尾的“\0”结束标志一起存放到数组之中。由此一来，使用字符串对字符数组赋值就会比使用单个字符对字符数组赋值多占一个字节的空间。例如：

```
char a[]="I LOVE C";
```

该字符数组在内存中的存放形式如图 6-11 所示。

I		L	O	V	E		C	\0

图 6-11　使用字符串初始化字符数组时数组的存放形式

由于“\0”为系统自动添加，所以上述的赋值语句也可以写成如下形式：

```
char a[]={'I',' ','L','O','V','E',' ','C'};
```

实际上在对字符数组初始化时并没有严格的要求必须要以“\0”结尾，但是因为使用字符串初始化赋值时系统会自动向结尾添加“\0”，所以为了便于对字符数组长度进行处理，会人为地向字符数组的结尾加上“\0”。

实例 6-7： 字符串和字符数组的应用(源代码\ch06\6.7.txt)

编写程序，定义 2 个字符数组 a 和 b，并使用字符串对它们进行初始化，在字符数组 b 中人为加入“\0”，输出它们看看有什么不同。

```
#include <stdio.h>
int main()
{
    /* 定义字符数组并初始化 */
    char a[] = "I love C!";
    char b[10] = "I love\0 C!";
    printf("字符数组 a 为： %s\n", a);
    printf("字符数组 b 为： %s\n", b);
    return 0;
}
```

程序运行结果如图 6-12 所示。

在代码中首先定义字符数组 a 和 b，然后使用字符串对数组 a 和 b 进行赋值，在对数组 b 赋值时，在字符串中加入了“\0”，输出后可以发现数组 a 被完整地输出，而数组 b 在输出到“\0”时就结束了，这是因为字符串中出现了“\0”，所以使用 printf()函数在输出时，当遇见“\0”时会认为字符串已经结束，所以不会再输出后续的内容。

```
Microsoft Visual Studio 调试控制台
字符数组a为:  I love C!
字符数组b为:  I love
```

图 6-12　输出以“\0”结尾的字符串

6.4.5　字符数组的输入

对字符数组进行输入操作实际上就是在对字符串操作。C 语言中输入字符串可以使用 scanf_s()函数以及 gets()函数。

1. scanf_s()函数

使用 scanf_s ()函数可以将用户输入的字符串进行读取，直到遇见空格符或其他结束标志，并且在读取时需要给出字符数组的长度，用户在输入时不能大于该长度，需要留有“\0”结束标志的存储空间。

实例 6-8： 使用 scanf_s()函数输入字符数组元素(源代码\ch06\6.8.txt)

编写程序，定义 3 个字符数组 a、b 以及 c，长度都为 10，然后使用 scanf_s()函数通过输入端输入字符串并存入数组中，最后输出它们。

```
#include <stdio.h>
int main()
{
    /* 定义字符数组 */
    char a[10], b[10], c[10];
    /* 使用 scanf_s()函数输入字符串 */
    printf("请输入数组 a 字符元素：\n");
    scanf_s("%s", a);
    fflush(stdin);
    printf("请再次输入字符元素存于数组 b 以及数组 c：\n");
    scanf_s("%s", b);
    scanf_s("%s", c);
    printf("字符数组 a 为：%s\n",a);
    printf("完整字符串为：%s %s\n",b,c);
    return 0;
}
```

程序运行结果如图 6-13 所示。

```
Microsoft Visual Studio 调试控制台
请输入数组a字符元素:
Hello C!
请再次输入字符元素存于数组b以及数组c:
Hello!
字符数组a为: Hello
完整字符串为: C!  Hello!
```

图 6-13　scanf_s()函数的应用

在代码中首先定义 3 个字符数组 a、b 以及 c，并且设置它们的长度为 10，然后使用 scanf_s()函数输入字符串存于字符数组中，在结果中可以发现，通过输入端存入的字符串到了空格符就结束了。这是由于 scanf_s ()函数读取到空格时就会结束读取，而第二次输入的字符串，通过两个字符数组分别保存，保存时也是省略了空格符，完整字符串的输出是因为在使用 printf()函数输出时人为添加了空格符。

为什么空格符后续的字符串不经输入会自动保存到下一个字符数组中呢？这是因为第二次输入时，scanf_s()函数读取到空格就会结束读取，后续的字符串被存于缓冲区中，而下一个 scanf_s()函数就直接从缓冲区中读取了后续字符串。所以将“Hello”读取到数组 b 中，而“C!”被读取到数组 c 中。添加“fflush(stdin)”语句的作用是刷新读入流的缓冲区，将第一次输入的字符串因为结束标志而留于缓冲区的字符串清除掉，不会因此影响下一次输入。

注意：C 语言中，由于数组是一个连续的内存单元，数组名代表该数组的地址，所以在使用输入函数时不用在变量前加“&”符号。

2. gets()函数

使用 gets()函数可以将输入端输入的字符串存于字符数组中。

实例 6-9：使用 gets()函数输入字符数组元素(源代码\ch06\6.9.txt)

编写程序，定义一个字符数组 a，长度为 10，使用 gets()函数通过输入端输入一个字符串然后存于数组 a 中，最后输出数组 a。

```
#include <stdio.h>
int main()
{
    /* 定义字符数组 a */
    char a[10];
    /* 使用 gets() 函数输入字符串 */
    printf("输入一个字符串并存于数组 a 中: \n");
    gets(a);
    printf("该字符串为: %s\n",a);
    return 0;
}
```

程序运行结果如图 6-14 所示。

```
Microsoft Visual Studio 调试控制台
输入一个字符串并存于数组a中:
Hello C!
该字符串为: Hello C!
```

图 6-14　gets()函数的应用

在代码中首先定义一个字符数组 a，长度为 10，然后使用 gets()函数将输入的字符串存于字符数组 a 中，并通过 printf()函数将该数组输出。在结果中可以发现，gets()函数是将该字符串完整输出的，与 scanf_s()函数读入的字符串不同，gets()函数可将空格符一并读入。

注意：若读入的字符串不包含空格，则使用 scanf_s ()函数；若读入的字符串包含空格，则使用 gets()函数更为适合。

6.4.6 字符数组的输出

字符数组实际上是由字符串构成，所以输出字符数组也就是输出字符串。输出字符数组可以使用 printf()函数与 puts()函数。

1. printf()函数

使用 printf()函数可将字符串通过格式控制符%s 输出到屏幕，或将字符元素通过格式控制符%c 单个输出。

实例 6-10： 使用 printf()函数输出字符数组元素(源代码\ch06\6.10.txt)

编写程序，定义一个字符数组 a 并初始化，然后使用 printf()函数的两种格式控制符将数组 a 输出。

```
#include <stdio.h>
int main()
{
    /* 定义字符数组 a 并初始化 */
    char a[]="Hello C!";
    int i;
    /* 格式控制符%s */
    printf("使用格式控制符%%s 输出\n");
    printf("%s\n",a);
    /* 格式控制符%c */
    printf("使用格式控制符%%c 输出\n");
    for(i=0;i<8;i++)
    {
       printf("%c",a[i]);
    }
    printf("\n");
    return 0;
}
```

程序运行结果如图 6-15 所示。

```
Microsoft Visual Studio 调试控制台
使用格式控制符%s输出
Hello C!
使用格式控制符%c输出
Hello C!
```

图 6-15　printf()函数的应用

首先定义字符数组 a 并初始化，然后使用 printf()函数的格式控制符%s 将该数组中存放的字符串进行输出；接着使用一个 for 循环，利用 printf()函数的格式控制符%c 输出数组 a 中的单个字符元素，每次只能输出一个字符，所以在循环完成后组成一个字符串的完整形式。

注意　使用 printf()函数的格式控制符%s 输出时，变量列表只需给出数组名即可，例如上例中的“a”，而不用写成“a[]”。并且在输出的时候遇见字符数组中的第一个“\0”就会结束输出。

2. puts()函数

使用 puts()函数可以直接将字符数组中存储的字符串输出，并且该函数只能输出字符串的形式。

实例 6-11： 使用 puts()函数输出字符数组元素(源代码\ch06\6.11.txt)

编写程序，定义一个字符数组 a 并初始化，然后使用 puts()函数将数组 a 输出。

```
#include <stdio.h>
int main()
{
    /* 定义字符数组 a 并初始化 */
    char a[]="Hello C!";
    /* 使用 puts()函数输出字符数组 */
    puts(a);
    puts("Hello C!");
    return 0;
}
```

程序运行结果如图 6-16 所示。

```
Microsoft Visual Studio 调试控制台
Hello C!
Hello C!
```

图 6-16　puts()函数的应用

在代码中首先定义一个字符数组 a 并对该数组进行初始化操作，然后使用 puts()函数将该数组中存放的字符串进行输出，这种输出的方式是通过变量的形式，而第二种输出方式是直接将一个字符串输出，二者在输出结果上没有任何区别，但是通过变量输出时只需提供字符数组的数组名即可。

6.5　就业面试问题解答

问题 1： 在程序中什么情况下使用数组？

答： 很多时候，使用数组可以在很大程度上缩短和简化程序代码，因为可以通过上标和下标值来设计一个循环，可以高效地处理多种情况。

问题 2： C 语言的字符数组和字符串的区别是什么？

答： 字符数组是一个存储字符的数组，而字符串是一个用双括号括起来的以'\0'结束的字符序列，虽然字符串是存储在字符数组中的，但是一定要注意字符串的结束标志是'\0'。

6.6　上机练练手

上机练习 1：排序字符数组

编写程序，定义一个数组 a，长度为 5，通过输入端输入 5 个整数并存入数组中，通过比较，将数组 a 中的元素进行排序，并按照从大到小的顺序输出。程序运行结果如图 6-17 所示。

上机练习 2：排序二维数组

编写程序，定义一个 int 型数组 a，并为该数组动态赋值，然后通过计算将该数组中的元素按照每行由小到大、每列由小到大、左上角最小右下角最大进行排列，输出排列前后的数组 a。程序运行结果如图 6-18 所示。

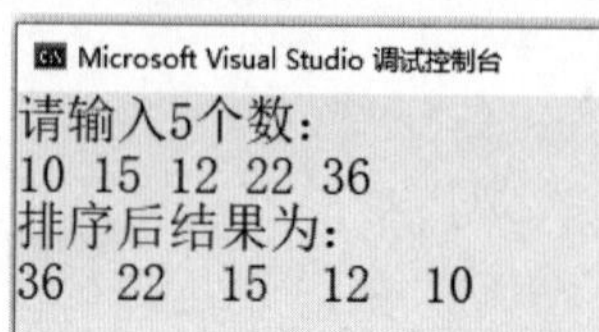

Microsoft Visual Studio 调试控制台
请输入5个数:
10 15 12 22 36
排序后结果为:
36 22 15 12 10

图 6-17　一维数组元素排序

Microsoft Visual Studio 调试控制台
请为3*3数组a动态赋值:
14 22 11 10 15 17 19 58 13
排序前的数组a为:
14 22 11
10 15 17
19 58 13
排序后的数组a为:
10 11 13
14 15 17
19 22 58

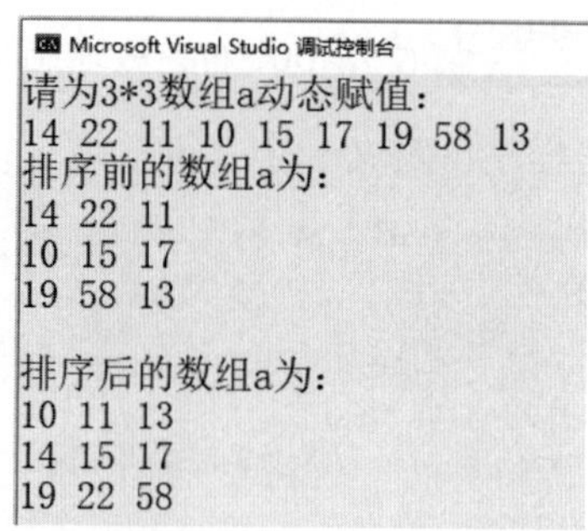

图 6-18　二维数组的排序

上机练习 3：矩阵的乘法

编写程序，定义 3 个二维数组 a、b 以及 c，对数组 a 和数组 b 做矩阵的乘法，将结果保存在数组 c 中。程序运行结果如图 6-19 所示。

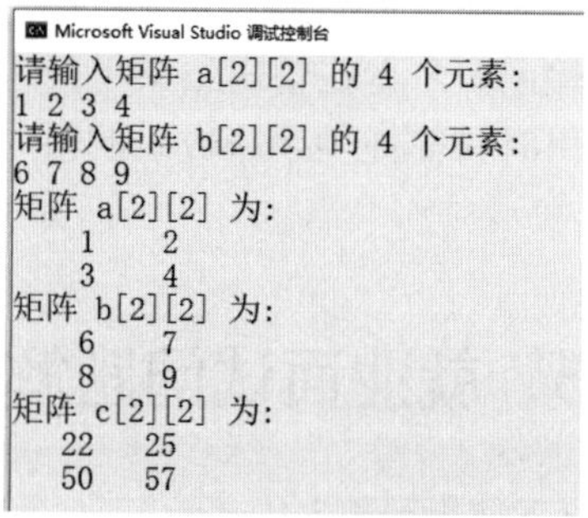

Microsoft Visual Studio 调试控制台
请输入矩阵 a[2][2] 的 4 个元素:
1 2 3 4
请输入矩阵 b[2][2] 的 4 个元素:
6 7 8 9
矩阵 a[2][2] 为:
1 2
3 4
矩阵 b[2][2] 为:
6 7
8 9
矩阵 c[2][2] 为:
22 25
50 57

图 6-19　矩阵相乘

第 7 章

精通函数的应用

C 语言中的程序由很多程序模块构成，一个程序模块完成一个特定的功能，通过这些模块配合，可以将程序所要达成的目标实现，这些所谓的模块，实际上就可以理解为函数。本章就来介绍C语言中的函数。

7.1 函数概述

在使用 C 语言的开发过程中，有时候根据复杂的问题可能需要编写一段很长的代码，可能代码中又使用了循环来完成重复的任务，如果仅仅使用一个 main()函数来体现，那么会使得代码变得冗长，这时候就可以引进一个新的概念——函数。

7.1.1 函数的概念

C语言也被称为函数式语言，这是因为C程序的全部工作都是由各式各样的函数完成的。在 C 语言中，模块的功能是通过函数来实现，一个 C 程序可由一个主函数和若干个其他函数构成，由主函数调用其他函数，其他函数之间可以相互调用。同一个函数可以被一个或多个函数调用任意次。

C 语言的程序必须是由 main()函数处开始执行，并且 main()在程序中是唯一的，main()函数之外是一些其他函数组成的，这些函数在定义上讲都是互相独立，不会相互影响，也不存在嵌套的关系，但是在调用函数时，可以相互进行调用或者嵌套。

7.1.2 函数的分类

在C语言中，可以从不同的角度对函数分类。从函数的来源来看，可以把函数分为库函数与用户自定义函数；从函数是否有返回值的角度看，可以把函数分为有返回值函数和无返回值函数；从是否需要参数的角度可以把函数分为无参函数和有参函数，下面进行详细介绍。

(1) 库函数：C语言中的内置函数，用户可以根据需要直接调用这些库函数。

(2) 自定义函数：C 语言非常的自由和灵活，当需要的时候，可以由用户根据自己的需要自己定义函数。

(3) 有返回值函数：当调用该函数时，会返回运行该函数的值。

(4) 无返回值函数：当调用该函数时，该函数不会返回任何值。

(5) 无参函数：函数定义、函数说明及函数调用中均不带参数。

(6) 有参函数：也称为带参函数。在函数定义及函数说明时都有参数，称为形式参数(简称为形参)，在函数调用时也必须给出参数，称为实际参数(简称为实参)。进行函数调用时，主调函数将把实参的值传送给形参，供被调函数使用。

尽管 C 语言的函数种类众多，但是在C语言中所有的函数定义，包括主函数 main 在内，都是平等的。也就是说，在一个函数的函数体内，不能再定义另一个函数，即不能嵌套定义。但是函数之间允许相互调用，也允许嵌套调用。习惯上把调用者称为主调函数，被调用者称为被调函数。函数还可以自己调用自己，称为递归调用。

7.1.3 函数的定义

如果一个程序段能够完成一定功能且需要反复被调用，就可以将其设计成一个自定义函数。这样既可以方便问题的解决，又能提高程序的可读性，从而提升程序的设计效率，可见，C 程序设计的核心正是函数设计。函数就是功能，每一个函数用来实现一个特定的功能。

在 C 语言程序设计中，用户所使用函数的主要来源有库函数和用户自定义函数。

1. 库函数

库函数由 C 系统提供，用户无须定义，也不必在程序中作类型说明，只需在程序前包含有该函数原型的头文件即可在程序中直接调用。例如，前面学习和使用的基本输入/输出函数 printf()及 scanf_s()函数都是 ANSI C 标准定义的库函数。

2. 自定义函数

自定义函数是用户根据自己所解决问题的需要编写的函数，使用自定义函数时，遵循“先定义，后使用”的基本原则。自定义函数的一般形式，如图 7-1 所示。

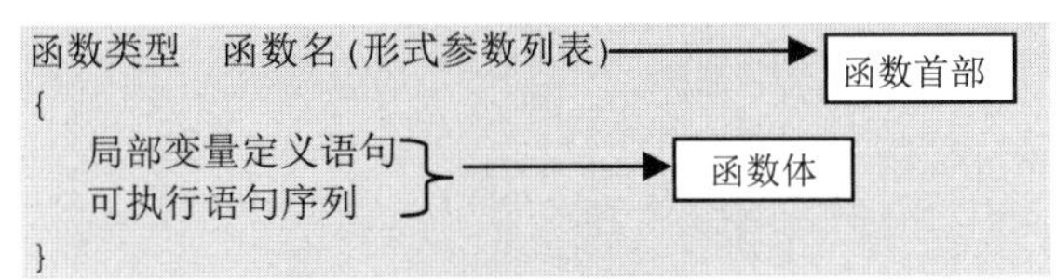

图 7-1　自定义函数的形式

1)　函数类型

函数类型就是该函数最终返回值的数据类型，可以是 C 语言规定的任意合法数据类型，如基本数据类型(int、float、double、char)、指针类型等。

函数的返回值经常作为函数的最终结果由函数体的 return 语句给出。如果函数只是完成一定操作而没有具体的返回值，此时要使用关键字 void 作为函数的类型标识符，函数体内无须书写 return 语句而只写“return;”语句。

根据有无返回值，我们可以将自定义函数分为“类型函数”(或称“有返回值函数”)和“无类型函数”(或称“空类型函数”)。

2)　函数名

函数名是一个有效、唯一的标识符，其命名规则与变量的命名规则相似，函数名不仅用作标识函数、调用函数标识符，同时它本身还存储着该函数的内存首地址。

3)　形式参数列表

参数列表是逗号分隔的一组变量说明，用于指明每一个形式参数的类型和名称，形式参数的类型可以是任意类型，如普通类型、指针类型、数组类型等。

形式参数可以包含任意多个，当某个函数没有形式参数时，则称此函数为“无参函数”，反之则称之为“有参函数”。

当函数被调用时，形式参数接受来自主调函数的数据，并进入该函数体完成相应的功能。

4)　函数体

函数体是由一对花括号括起来的一组复合语句，一般包含两部分：声明部分和执行部分。其中，声明部分主要是完成函数功能时所需要使用的变量的定义，执行部分则是实现函数功能的主要程序段。

实例 7-1：定义函数以完成 100 以内整数的累加(源代码\ch07\7.1.txt)

编写程序，定义一个无参函数 sum()，该函数完成 100 以内整数的累加功能，在 main()函数中调用 sum()函数，并将 sum()计算结果输出。

```
#include <stdio.h>
/* 自定义累加函数 sum() */
int sum()
{
    int i, sum=0;
    for(i=1; i<=100; i++)
    {
        sum+=i;
    }
    return sum;
}
int main()
{
    int s;
    /* 调用自定义函数 sum() */
    s=sum();
    printf("1+2+3+...+100=%d\n", s);
    return 0;
}
```

程序运行结果如图 7-2 所示。

```
Microsoft Visual Studio 调试控制台
1+2+3+...+100=5050

C:\Users\Administrator\source
要在调试停止时自动关闭控制台，
按任意键关闭此窗口. . .
```

图 7-2　实例 7-1 的程序运行结果

在代码中首先自定义一个累加函数 sum()，该函数为无参形式，在该函数中定义 int 型变量 i、sum，并将 sum 初始化为 0，然后使用 for 循环完成 100 以内整数累加求和的功能，最后返回值为 sum。接着在主函数 main()中定义一个 int 型变量 s，调用自定义无参函数 sum()计算 100 以内整数的累加，并将计算结果赋予 s，最后输出 s 的值。

虽然无参函数没有参数列表，但不能将括号“()”省略。

7.2　函数的声明

实际上函数在使用的过程中，一般是先进行声明，然后再定义，最后在 main()函数中进行调用。

7.2.1　声明一个函数

对函数进行声明的作用是为了将函数的返回值类型、函数名以及参数列表等信息告诉编译器。声明一个函数的语法格式如下：

```
返回值类型 函数名(参数列表);
```

与定义函数不同的是，在声明函数时末尾需要加上分号“;”，例如：

```
int max(int num1, int num2);
```

另外，在函数声明中，参数的名称并不重要，只有参数的类型是必需的，因此下面也是有效的声明：

```
int max(int, int);
```

函数声明遵循以下基本原则。

(1) 如果函数定义在先，调用在后，调用前可以不必进行原型声明；但如果函数定义在后，调用在先，调用前必须声明。

(2) 在程序设计中，为使程序的逻辑结构清晰，一般应将主要的函数原型声明放在程序的起始位置，起到列函数目录的作用，而将函数的定义放在主调函数之后。

不过，在遇到以下三种情况时，可以省去对被调用函数的声明。

(1) 当被调用函数的函数定义出现在调用函数之前时，可以省去被调函数的声明。因为在调用之前，编译系统已经知道了被调用函数的函数类型、参数个数、类型和顺序。所以，在主调函数中可以不对被调函数再进行声明而直接调用。

(2) 如果在所有函数定义之前，在函数外部(如文件开始处)预先对各个函数进行了声明，则在调用函数中可默认对被调用函数的声明。例如：

```
char str(int a);
float f(float b);
main()
{
 …
}
char str(int a)
{
 …
}
float f(float b)
{
 …
}
```

在这个例子中，最开始处的两行对 str()函数和 f()函数预先进行了声明。因此，在以后各函数中无须对 str()和 f()函数再作声明就可直接调用。

(3) 对库函数的调用不需要再进行说明，但必须把该函数的头文件用#include 命令包含在源文件前部。

如果一个函数没有声明就被调用，编译程序并不认为出错，而将此函数默认为整型(int)函数。因此，当一个函数返回其他类型，又没有事先声明，编译时将会出错。

实例 7-2：在头文件部分对自定义函数进行声明(源代码\ch07\7.2.txt)

编写程序，在头文件部分先对自定义函数 sum()进行声明，然后在 main()函数中进行调用，最后再给出该函数的定义。

```
#include <stdio.h>
int sum();  /* 声明函数 sum() */
int main()
{
    int s;
    /* 调用自定义函数 sum() */
    s=sum();
    printf("1+2+3+...+100=%d\n", s);
    return 0;
}
/* 自定义累加函数 sum() */
int sum()
{
    int i, sum=0;
    for(i=1; i<=100; i++)
    {
        sum+=i;
    }
    return sum;
}
```

程序运行结果如图 7-3 所示。

在代码中的头文件部分首先声明了 sum()函数，接着在 main()函数中定义变量 s，并调用 sum()函数，将该函数的返回值赋予 s，然后输出。最后再自定义累加函数 sum()，使用 for 循环语句实现对 100 以内的整数进行累加求和功能，并将求和结果返回。

```
Microsoft Visual Studio 调试控制台
1+2+3+...+100=5050

C:\Users\Administrator\source
要在调试停止时自动关闭控制台，
按任意键关闭此窗口. . .
```

图 7-3　实例 7-2 的程序运行结果

函数的声明可以理解为告知其函数将会在后面进行相应的定义。

7.2.2　声明返回值类型

在定义函数时，必须指明函数的返回值类型，而且 return 语句中表达式的类型应该与函数定义时首部的函数类型一致，如果二者不一致，则以函数定义时函数首部的函数类型为准。

实例 7-3： 使用函数完成开平方运算(源代码\ch07\7.3.txt)

编写程序，定义一个函数 sqr()，该函数完成开平方运算，在 main()函数中定义一个 float 型变量 a，int 型变量 b，通过输入端输入 a 的值，调用 sqr()函数对 a 进行开平方运算，将结果赋予 b 输出。

```
#include <stdio.h>
/* 添加数序函数头文件 */
#include <math.h>
/* 定义 sqr()函数 */
int sqr(float x)
{
    float y;
    y=sqrt(x);
    return y;
```

```
}
int main()
{
    float a;
    int b;
    printf("请输入 a 的值: \n");
    scanf_s("%f",&a);
    /* 调用 sqr()函数 */
    b=sqr(a);
    printf("对%f 进行开方运算后为: %d\n",a,b);
    return 0;
}
```

程序运行结果如图 7-4 所示。

```
Microsoft Visual Studio 调试控制台
请输入a的值:
9
对9.000000进行开方运算后为: 3
```

图 7-4　实例 7-3 的程序运行结果

在代码中首先定义一个函数 sqr()，该函数完成对实参进行开平方运算，并返回开平方结果，注意这里函数头定义返回值类型为 int，返回语句返回值为 float 型。接着在 main()函数中定义 float 型变量 a 以及 int 型变量 b，通过输入端输入 a 的值，再调用 sqr()函数对 a 进行开平方运算，将结果赋予 b，输出 b 后可以发现得到的结果值类型为 int，此时说明函数头定义返回值类型与 return 语句返回值类型不一致，则输出的返回值类型以函数定义时函数头返回值类型为标准。

注意　在定义函数时尽量做到 return 语句返回值的类型保持与函数头定义函数类型一致。

另外，如果一个函数不需要返回值，则将该函数指定为 void 类型，此时函数体内不必使用 return 语句，在调用该函数时，执行到函数末尾就会自动返回主调函数中。

实例 7-4： 使用函数输出图形(源代码\ch07\7.4.txt)

编写程序，这里定义一个 pt()函数，输出如图 7-5 所示的图形。

图 7-5　输出图形

```
#include <stdio.h>
/* 自定义函数 */
void pt()
{
    printf("**------------------**\n");   /*定义一个无返回值的函数，返回类型应为 void*/
}
int main()
{
    pt();     /*调用函数*/
    printf("    输出图形\n");
    pt();
    return 0;
}
```

程序运行结果如图 7-6 所示。本实例中的 pt 函数完成的功能只是输出一个图形，因此不需要返回任何的结果，所以不需要写 return 语句。此时函数的类型使用关键字 void，如果省略不写，系统将认为返回值类型是 int 型。

图 7-6　实例 7-4 的程序运行结果

无返回值的函数通常用于完成某项特定的处理任务，如打印图形、输入输出、排序等。

一个函数中可以有一个以上的 return 语句，但不论执行到哪个 return，都将结束函数的调用返回主调函数，即带返回值的函数只能返回一个值。

实例 7-5： 使用函数求两个数中的最大值(源代码\ch07\7.5.txt)

编写程序，在键盘上输入两个数值，求出这两个数的最大值，然后输出最大值。

```
#include<stdio.h>
int max(int a,int b)   /*定义函数 max()*/
{
  if(a>b)              /*如果 a>b，则返回 a*/
    return a;
    return b;          /*否则返回 b*/
}
void main()
{
   int x,y;
   printf("请输入两个整数：");
   scanf_s("%d%d",&x,&y);
   printf("%d 和%d 的最大值为：%d\n",x,y,max(x,y));
}
```

保存并运行程序，这里输入的数值为 15 和 20，输出的结果为“15 和 20 的最大值为：20”，如图 7-7 所示。

```
Microsoft Visual Studio 调试控制台
请输入两个整数：15 20
15和20的最大值为：20
```

图 7-7　输出两个数中的最大值

这里尽管有两个 return，但不管执行到哪个 return，都将返回，因此它只会返回一个值。如果要将多个值返回主调函数中，使用 return 语句是无法实现的。

7.2.3　函数的返回值

函数的返回值是通过函数中的 return 语句实现的。return 语句将被调用函数中的一个确定值返回主调函数中去。return 语句的形式如下：

```
return 表达式;
```

或

```
return (表达式);
```

例如：函数 s 不向主函数返回函数值，因此可定义为：

```
void s(int n)
{ …
}
```

一旦函数被定义为空类型，就不能在主调函数中使用被调函数的函数值了。

例如：在定义 s 为空类型后，在主函数中写如下语句：

```
sum=s(n);
```

就是错误的。为了使程序有良好的可读性并减少出错，凡不要求返回值的函数都应定义为空类型。

注意

return 语句中表达式的值是函数的返回值，当表达式值的类型与函数类型不一致时，以函数类型为准，由系统自动转换。

程序执行完 return 语句后，退出该函数，返回到主调函数的相应位置并返回函数值。一个自定义函数内可以有一个或多个 return 语句，但只能有一个 return 语句被执行，若 return 语句后没有表达式，return 语句可以省略不写。

实例 7-6：使用函数完成两个数的大小比较(源代码\ch07\7.6.txt)

编写程序，定义一个函数，该函数用于完成比较两个数大小的功能，并且将较大数作为返回值返回。在 main()函数中调用该函数，传递数据比较大小，最后输出两数中的较大数。

```
#include <stdio.h>
/* 定义max函数 用于比较两数大小，并返回较大数 */
int max(int x, int y)
{
    if (x>y)
    {
        /* 返回语句 */
        return x;
    }
    else
    {
        return y;
    }
}
int main()
{
    int a, b, m;
    printf("请输入两个整数：\n");
    scanf("%d%d", &a, &b);
    /* 调用max()函数，将较大数赋予m */
    m=max(a, b);
    printf("两数之中较大数为： %d\n",m);
    return 0;
}
```

程序运行结果如图 7-8 所示。

```
Microsoft Visual Studio 调试控制台
请输入两个整数:
15 20
两数之中较大数为:  20
```

图 7-8　实例 7-6 的程序运行结果

在代码中，首先定义了有参函数 max，该参数拥有两个 int 形参 x、y。在该函数的函数体中，利用 if...else 语句对变量 x 与 y 进行判断，若是 x>y，则返回 x 的值；否则返回 y 的值。接着在 main()中定义变量 a、b、m，通过输入端输入两个整数并赋予 a、b，然后调用 max()函数比较 a 和 b 的大小，并将 max()函数返回的较大数赋予 m，最后输出 m。

return 语句后面的值也可以是表达式，如示例中的 max()函数可以改写为：

```
int max(int x, int y)
{
/* 返回语句为表达式 */
return x>y?x:y;
}
```

该示例中只有一条 return 语句，后面的表达式已经实现了求最大值的功能，先求解后面表达式(x>y?x:y)的值，然后返回。

7.3 函数的调用

在 C 语言中，一个庞大的程序少不了对函数的调用环节。从一个程序的执行过程来讲，首先是进入 main()函数，程序的入口，在执行语句的过程中，若是遇见对函数的调用，则跳转到该函数中，从上至下执行该函数函数体中的语句，当执行完毕后，重新回到主调程序，从调用函数之后的语句继续执行下去，它的执行过程如图 7-9 所示。

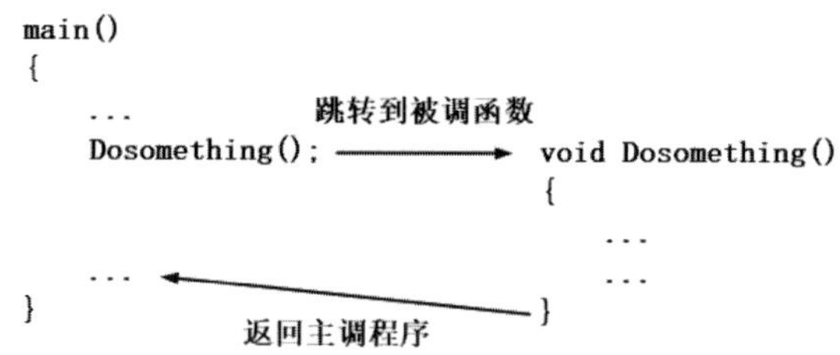

图 7-9 调用函数的过程

7.3.1 函数调用的方式

C 语言中对函数的调用方式有函数语句调用、函数表达式调用以及函数参数调用 3 种，接下来将对这些调用方式进行详细讲解。

1. 函数语句调用

函数语句调用就是将函数的调用作为一条语句单独书写，这种情况下，只要求进行某种特定的操作，但是不要求返回结果。

它的语法格式如下：

```
函数名 (参数列表);
```

此为有参函数语句的调用，在参数列表中可以有若干参数，它们之间使用逗号“,”隔开。或者

```
函数名 ();
```

此为无参函数语句的调用。

实例 7-7：在 main()函数中调用函数(源代码\ch07\7.7.txt)

编写程序，定义一个函数 print()，该函数用于输出一条信息，在 main()函数中调用该函数。

```
#include <stdio.h>
/* 定义函数print() */
void print()
{
    printf("Hello C!\n");
}
int main()
{
    /* 函数语句调用 */
    print();
    return 0;
}
```

程序运行结果如图 7-10 所示。

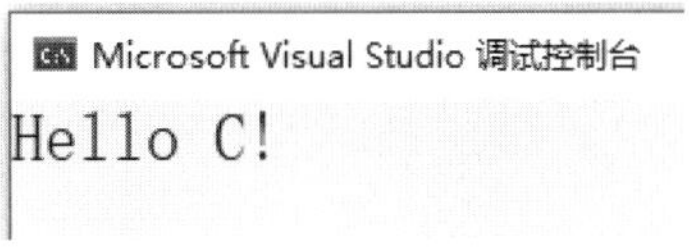

图 7-10　实例 7-7 的程序运行结果

在代码中首先定义一个函数 print()，该函数的功能是输出一行字符串。在 main()函数，通过函数语句调用的方式，对函数 print()进行调用。实际上，printf()这类的输出函数其实也算函数语句的调用。

2. 函数表达式调用

所谓函数表达式，就是函数出现在一个表达式中，此时要求该函数需要返回具体的数值来参与到表达式的运算中。例如：

```
c=a*b(1,2);
```

在这个函数表达式中，“b(1,2)”为一个函数，该函数返回一个具体数值，然后参与到表达式中进行运算。

实例 7-8：函数表达式的调用(源代码\ch07\7.8.txt)

编写程序，定义一个函数 max()，该函数用于比较两数大小，并将较大数作为返回值返回，在 main()函数中定义 int 型变量 a 与 b，计算函数表达式 c=max(a,b)/2 的值，并输出 c。

```
#include <stdio.h>
/* 定义函数max() */
int max(int x, int y)
{
     if (x > y)
     {
          return x;
     }
     else
     {
          return y;
     }
}
int main()
{
```

```
    int a, b;
    float c;
    printf("请输入 a 与 b 的值: \n");
    scanf_s("%d%d", &a, &b);
    /* 函数表达式 */
    c = max(a, b) / 2;
    printf("max(a, b) / 2=%.2f\n", c);
    return 0;
}
```

程序运行结果如图 7-11 所示。

```
Microsoft Visual Studio 调试控制台
请输入a与b的值:
10 16
max(a, b) / 2=8.00
```

图 7-11　实例 7-8 的程序运行结果

在代码中首先定义函数 max()，该函数完成对两数进行比较，并将较大数返回的功能，然后在 main()函数中定义 int 型变量 a 与 b，float 型变量 c，通过输入端输入 a 和 b 的值，然后通过函数表达式“c=max(a,b)/2”计算 c 的值，最后将 c 输出。

3. 函数参数调用

函数参数调用的方法，就是将一个函数的调用来作为另一个函数的实参进行传递，也就是将一个函数的返回值作为另一个函数的实参使用。此时要求该函数必须返回一个确定的值，否则就会出错。例如：

```
c=a*b(1,c(2,3));
```

在这个表达式中，首先调用 c()函数，对该函数进行处理，然后将该函数的返回值作为函数 b()中的一个实参进行传递，再对 b()函数进行处理，返回结果后参与到表达式的运算中去。

实例 7-9： 函数参数的调用(源代码\ch07\7.9.txt)

编写程序，定义一个 max()函数，该函数完成比较两数大小的功能，并返回较大数，定义一个 sum()函数，该函数完成累加求和的功能，并返回求和的结果。在 main()函数中调用两个函数并参与表达式“c=sum(max(a,b))/2”的运算，最后输出运算结果 c。

```
#include <stdio.h>
/* 定义函数 max()与函数 sum() */
int max(int x,int y)
{
    if(x>y)
    {
        return x;
    }
    else
    {
        return y;
    }
}
int sum(int x)
{
    int i,s;
    s=0;
    for(i=1;i<=x;i++)
    {
```

```
        s+=i;
    }
    return s;
}
int main()
{
    int a,b;
    float c;
    printf("请输入 a 和 b 的值：\n");
    scanf("%d%d",&a,&b);
    /* 调用函数 max()与函数 sum() */
    c=sum(max(a,b))/2;
    printf("sum(max(a,b))/2=%.2f\n",c);
    return 0;
}
```

程序运行结果如图 7-12 所示。

```
Microsoft Visual Studio 调试控制台
请输入a和b的值:
10 16
sum(max(a,b))/2=68.00
```

图 7-12　实例 7-9 的程序运行结果

在代码中定义了两个函数，一个是 max()，该函数用于比较两数大小，并返回较大数的值；另一个是 sum()，该函数用于计算传递值由 0 开始累加求和，并返回求和结果。在 main()函数中，定义 int 型变量 a 和 b 以及 float 型变量 c，通过输入端输入 a 和 b 的值，并计算表达式“c=sum(max(a,b))/2”，在该表达式中，先调用 max()函数，返回 a 和 b 中的较大数，然后调用 sum()函数，将较大数作为实参进行传递，并计算由 0 累加到该实参的和，并返回求和的结果，最后计算该结果除以 2 的值，将值赋予 c，再输出 c。

7.3.2　函数的嵌套调用

在 C 语言中规定，在定义函数时，不能进行嵌套定义，因为函数与函数之间是相互独立、平行的关系。也就是说若是在定义一个函数的时候，在该函数的函数体内进行另一个函数的定义，那么就会出现错误。例如：

```
int main()
{
    int sum(int x,int y)
    {
        return x+y;
    }
    return 0;
}
```

这么定义函数是错误的，main()函数之中不允许进行嵌套定义其他函数。

虽然 C 语言中不能进行嵌套定义函数，但是却可以进行嵌套调用函数。所谓嵌套调用，就是在被调函数中再次调用其他函数。例如：

```
#include <stdio.h>
int a(int x,int y)
{
    int z;
    /* 嵌套函数 b() */
    z=b(x,y);
}
int b(int x,int y)
```

```
{
    return x+y;
}
int main()
{
    int a1=1,b1=2,c;
    c=a(a1,b1);
    printf("%d/n",c);
    return 0;
}
```

这种嵌套调用的关系，如图 7-13 所示。

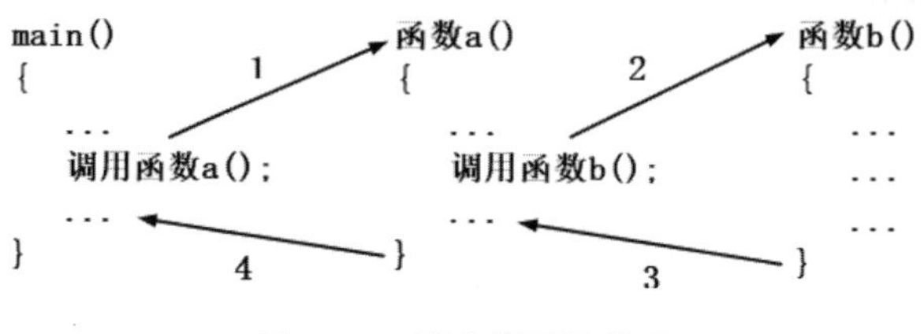

图 7-13　嵌套调用的关系

在程序执行的过程中，首先进入 main()主函数，由上至下执行，当遇见函数 a()时，跳转到函数 a()，执行函数 a()函数体中的语句，执行过程也是由上至下；当遇见函数 b()时，跳转到函数 b()，执行函数 b()函数体中的语句，执行过程同样是由上至下。执行完毕后，返回主调函数 a()，继续执行剩下语句，执行完毕后返回主调程序 main()中，继续执行剩余语句，直到结束。

实例 7-10：求解 3 个数中最大值与最小值的差值(源代码\ch07\7.10.txt)

编写程序，声明 3 个函数：函数 max()完成返回 3 个数中最大值的功能；函数 min()完成返回 3 个数中最小值的功能；函数 D()中包含函数 max()与函数 min()的嵌套调用，完成求解最大值与最小值的差值功能。在 main()函数中调用它们，实现求解 3 个数中最大值与最小值的差值。

```
#include <stdio.h>
/* 声明函数 */
int D(int x,int y,int z);
int max(int x,int y,int z);
int min(int x,int y,int z);
int main()
{
    int a,b,c,d;
    printf("请输入 3 个整数：\n");
    scanf("%d%d%d",&a,&b,&c);
    /* 调用函数 */
    d=D(a,b,c);
    printf("3 个数中最大值与最小值的差为：%d\n",d);
    return 0;
}
/* 定义函数 */
int D(int x,int y,int z)
{
    int dir;
    /* 嵌套调用 */
```

```
    dir=max(x,y,z)-min(x,y,z);
    return dir;
}
int max(int x,int y,int z)
{
    int e;
    if(x>y)
    {
        e=x;
    }
    else
    {
        e=y;
    }
    if(e>z)
    {
        return e;
    }
    else
    {
        return z;
    }
}
int min(int x,int y,int z)
{
    int e;
    if(x<y)
    {
        e=x;
    }
    else
    {
        e=y;
    }
    if(e<z)
    {
        return e;
    }
    else
    {
        return z;
    }
}
```

程序运行结果如图 7-14 所示。

```
Microsoft Visual Studio 调试控制台
请输入3个整数:
10 20 30
3个数中最大值与最小值的差为: 20
```

图 7-14　实例 7-10 的程序运行结果

在代码中首先对 3 个函数进行声明，然后在 main()函数中，定义 int 型变量 a、b、c、d，首先通过输入端获取 a、b、c 的值，然后对函数 D()进行调用，并输出 3 个数中的差值 d。最后对 3 个函数进行定义：max()函数与 min()函数中分别使用 if…else 语句获取 3 个数中的最大值与最小值，并将它们作为返回值返回，然后在函数 D()中，对函数 max()与函数 min()进行嵌套调用，完成求解最大值与最小值的差值，并将结果赋予 dir，返回 dir 的值。该程序完成对函数的调用，如图 7-15 所示。

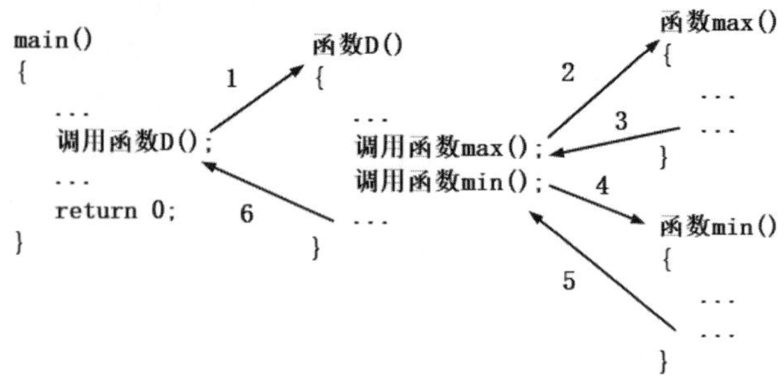

图 7-15　函数调用的过程

7.3.3　函数的递归调用

C 语言中，若是一个函数在调用的时候，直接或者间接地调用了自身，那么就称为函数的递归调用，该函数就称为递归函数。

由于函数在执行过程中都会在栈中分配好自己的形参与局部变量副本，这些副本与该函数在执行其他过程中不会发生任何的影响，所以使得递归调用成为了可能。

递归函数分为直接递归与间接递归。

(1)　直接递归是指在函数的执行过程中再次对自己进行调用。例如：

```
int f(int a)
{
    int x,y;
    ...
    y=f(x);
    ...
    return y;
}
```

该程序的执行过程，如图 7-16 所示。

在函数 f()中按照由上至下的顺序进行执行，当遇见对自身的调用时，再返回函数 f()的起始处，继续由上至下进行处理。

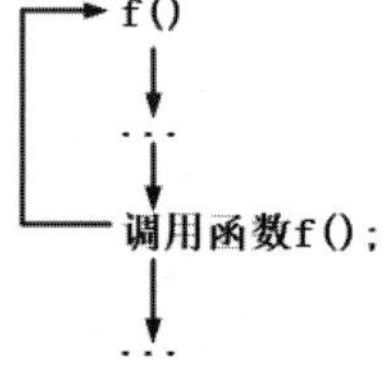

图 7-16　直接递归

(2)　间接递归就是指函数 f1()在调用函数 f2()的时候，函数 f2()又反过来调用了函数 f1()。例如：

```
int f1(int a)
{
    int x1,y1;
    ...
    y1=f2(x1);
    ...
    return y1;
}
int f2(int b)
{
```

```
    int x2,y2;
    ...
    y2=f1(x2);
    ...
    return y2;
}
```

该程序的执行过程如图 7-17 所示。

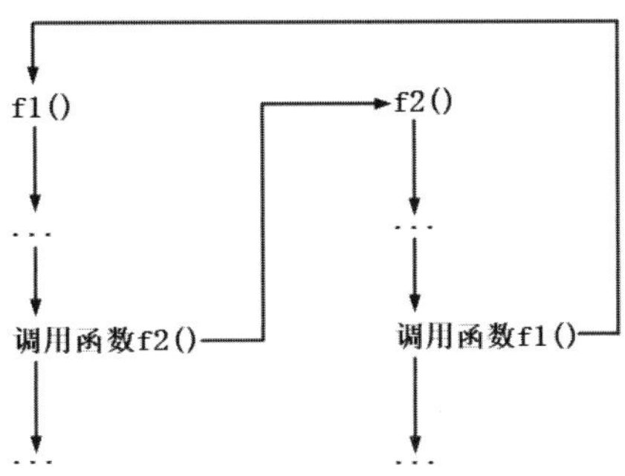

图 7-17　间接递归

在函数 f1()中按照由上至下的顺序进行执行，当遇见对函数 f2()的调用时，跳转到函数 f2()中，按照由上至下的顺序进行执行；当遇见对函数 f1()的调用时，再返回函数 f1()，继续按照由上至下的顺序执行下去。

不论是直接递归的调用方式还是间接递归的调用方式，在程序的执行过程中，都无法将调用终止。因此，在使用递归调用时，应该包含某种控制语句，使得调用在循环的过程中趋向于终止。

实例 7-11：实现对 n 的阶乘进行求解(源代码\ch07\7.11.txt)

编写程序，使用函数的递归调用，实现对 n 的阶乘进行求解，并输出结果。

```
#include <stdio.h>
/* 声明函数 f() */
int f();
int main()
{
    int n,y;
    printf("请输入 n 的数值：\n");
    scanf("%d",&n);
    if(n<0)
    {
        printf("请输入一个不为负的整数！\n");
        return 0;
    }
    /* 调用函数 f() */
    y=f(n);
    printf("%d 的阶乘为：%d\n",n,y);
    return 0;
}
/* 定义函数 f() */
int f(int a)
{
```

```
    int y;
    if(a==0||a==1)
    {
        y=1;
    }
    else
    {
        /* 递归调用 */
        y=f(a-1)*a;
    }
    return y;
}
```

程序运行结果如图 7-18 所示。

Microsoft Visual Studio 调试控制台
请输入n的数值：
10
10的阶乘为：3628800

图 7-18　实例 7-11 的程序运行结果

在代码中，首先声明函数 f()，该函数用于对 n 的阶乘进行求解。然后在 main()函数中定义 int 型变量 n 和 y，通过输入端输入 n 的值，并使用 if 语句对 n 进行判断，若为负，则输出提示语句并终止程序。否则就对函数 f()进行调用，对 n 的阶乘进行求解，最后输出计算结果。而在函数 f()中，首先对传递的实参进行判断，若值为 0 或 1，则阶乘为 1，否则进行递归调用，计算“y=f(a-1)*a”的值。该程序的执行过程如图 7-19 所示。

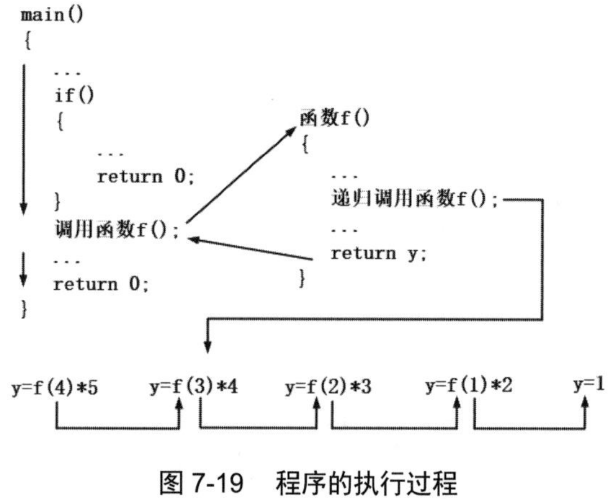

图 7-19　程序的执行过程

7.4　函数的参数

有参函数在调用时，调用该函数的程序会将实参传递给被调用的函数，然后被调用的函数将形参替换为实参，完成相应的操作或处理。

7.4.1　认识函数的参数

函数的参数可以分为两类，一种是形式参数，简称形参；另一种是实际参数，简称实参。在函数定义的时候，参数列表中的为形参，仅仅表示参数的类型、个数以及在函数体内对其如何处理。而函数在调用的时候所传递的数据则为实参，表示该函数要处理的，实参是一个具体的数据值，在调用时将实参的值传递给形参。

形参在该函数被调用时用来接收实参的值，调用函数时，实参与形参的类型、个数必须要保持完全的一致。

实例 7-12：定义 sum()函数实现累加求和(源代码\ch07\7.12.txt)

编写程序，定义一个 sum()函数，该函数完成由 0 开始到传递的实参正整数的累加求和功能。在 main()函数中定义 int 型变量 a，调用 sum()函数，进行累加求和，输出求和结果。

```
#include <stdio.h>
/* 定义函数 sum() */
int sum(int x)
{
    int i,s=0;
    if(x<=0)
    {
        s=-1;
    }
    else
    {
        for(i=1;i<=x;i++)
        {
            s+=i;
        }
    }
    return s;
}
int main()
{
    int a;
    printf("请输入一个正整数：\n");
    scanf("%d",&a);
    /* 调用函数 */
    if(sum(a)==-1)
    {
        printf("输入有误\n");
    }
    else
    {
        printf("0+...+%d=%d\n",a,sum(a));
    }
    return 0;
}
```

程序运行结果如图 7-20 所示。

```
Microsoft Visual Studio 调试控制台
请输入一个正整数：
100
0+...+100=5050
```

图 7-20　实例 7-12 的程序运行结果

在代码中定义一个 sum()函数，该函数中通过 if…else 语句对传递的实参进行判断，若为负值或 0 则返回-1，若为正整数，则使用 for 循环进行累加求和运算并返回运算结果。在 main()函数中，首先定义 int 型变量 a，通过输入端输入 a 的值，然后调用 sum()函数并对返回值进行判断，若为-1，则输出错误提示，否则将调用 sum()函数累加求和的结果输出。

7.4.2 函数参数的传递

在 C 语言中，对于函数的传递方式而言可以分为两种，一种是值传递，另一种是地址传递。

1. 值传递

实参与形参的传递是一种单向数据传递，即实参将具体数据传递给形参，而形参则不能将数据反向传递给实参。对形参的改变不会影响到实参的值，因为实参与形参在内存中所分配的空间在不同的单元，并且在传递处理后只能通过 return 语句来返回最多一个值。

实例 7-13： 定义 swap()函数实现两数交换功能(源代码\ch07\7.13.txt)

编写程序，定义一个 swap()函数，该函数完成对传递的两个参数进行交换的功能，在 main()函数中输入两个数的值，调用 swap()函数对它们进行交换，最后输出交换后的结果。

```
#include <stdio.h>
/* 定义 swap()函数 */
void swap(int x,int y)
{
    int temp;
    printf("交换前形参为: x=%d  y=%d\n",x,y);
    temp=x;
    x=y;
    y=temp;
    printf("交换后形参为: x=%d  y=%d\n",x,y);
}
int main()
{
    int a,b;
    printf("请输入需要交换的 a 与 b 的值: \n");
    scanf_s("%d%d",&a,&b);
    printf("交换前实参为: a=%d  b=%d\n",a,b);
    /* 调用函数 swap() */
    swap(a,b);
    printf("交换后实参为: a=%d  b=%d\n",a,b);
    return 0;
}
```

程序运行结果如图 7-21 所示。

```
Microsoft Visual Studio 调试控制台
请输入需要交换的a与b的值:
8 9
交换前实参为: a=8  b=9
交换前形参为: x=8  y=9
交换后形参为: x=9  y=8
交换后实参为: a=8  b=9
```

图 7-21 值传递

在代码中首先定义 swap()函数，该函数完成对传递的两个实参的交换，并在交换前后各输出一次形参的值。接着在 main()函数中，定义 int 型变量 a 与 b，通过输入端输入 a 和 b 的值，调用 swap()函数对 a 和 b 进行交换，并且在交换的前后也各进行一次输出，将实参在交换前后的值进行输出。在程序运行后可以发现，在形参交换前后，两数发生了变化，交换前与交换后调换了位置，而实参在交换前后并没有发生任何改变，这是由于单向传递的结果，形参的改变对实参不会有任何影响，它们之间的交换过程，如图 7-22 所示。

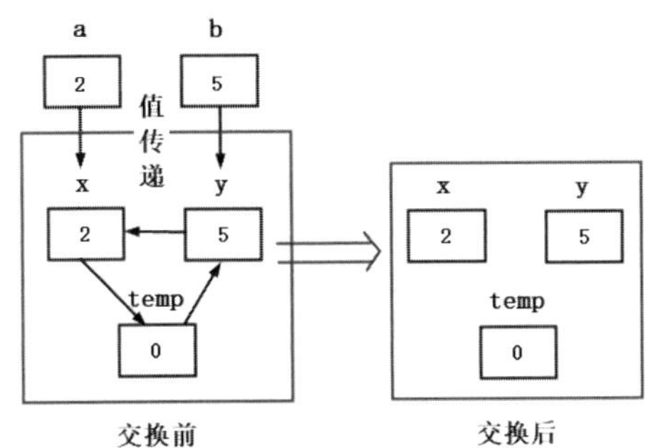

图 7-22　值传递过程

2. 地址传递

地址传递中实参对形参进行的传递是对数据地址的传递，这种传递所达到的效果是能够使形参与实参使用共同的一片存储单元，对形参的改变实际上就是对实参的改变，以此来实现主调函数与被调函数之间的多个数据的传递。

实例 7-14： 定义 sz()函数实现对一维数组进行排序(源代码\ch07\7.14.txt)

编写程序，定义一个 void 函数 sz()，该函数实现的功能是对一维数组进行排序，在 main 函数中定义一个数组 a，通过输入端输入数组中的元素，调用 sz()函数对数组进行由小到大排序，最后输出排序后的数组元素。

```
#include <stdio.h>
/* 定义符号常量N，用于表示数组长度 */
#define N 5
/* 定义函数sz() */
void sz(int b[],int n)
{
    int i,j,k,temp;
    /* 对数组进行从小到大排序 */
    for(i=1;i<=n-1;i++)
    {
        k=0;
        for(j=1;j<=n-i;j++)
        {
            if(b[k]<b[j])
            {
                k=j;
            }
            temp=b[k];
            b[k]=b[n-i];
            b[n-i]=temp;
        }
    }
}
int main()
{
    int a[N],i;
    printf("为数组a循环逐个赋值: \n");
    for(i=0;i<N;i++)
    {
        scanf_s("%d",&a[i]);
    }
```

```
    /* 调用 sz()函数 */
    sz(a,N);
    printf("排序后的数组为: \n");
    for(i=0;i<N;i++)
    {
        printf("%d ",a[i]);
    }
    return 0;
}
```

程序运行结果如图 7-23 所示。

Microsoft Visual Studio 调试控制台
为数组a循环逐个赋值:
5 2 1 3 4
排序后的数组为:
1 2 3 4 5

图 7-23　地址传递

在代码中，首先定义一个符号常量 N 用于表示数组的长度，然后定义一个函数 sz()，该函数完成了对数组 a 的由小到大排序，接着在 main()函数中定义数组 a[N]和变量 i，通过输入端循环为数组元素赋值，最后调用 sz()函数对数组进行排序处理，完成后输出排序后的数组元素。这里需要注意的是在调用 sz()函数时，只需要写数组名即可，并且数组 a 与数组 b 实际上为一个数组，而定义函数时由于数组 b 的长度无实际意义，所以可省略不写。该数组中元素的地址传递如图 7-24 所示。

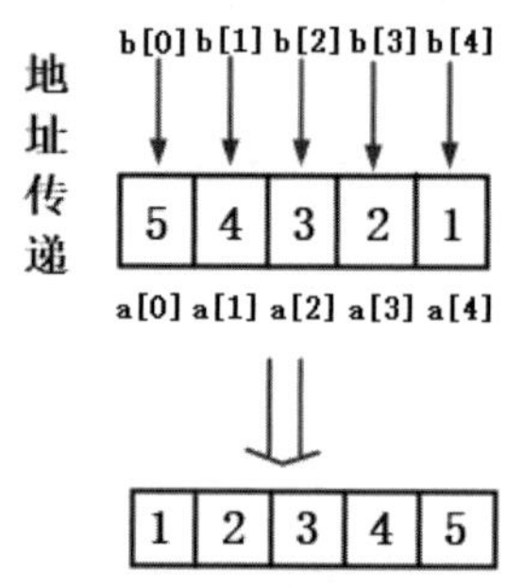

图 7-24　地址传递过程

7.4.3　数组元素作为函数参数

数组可以作为函数的参数使用，进行数据传送。数组用作函数参数有两种形式，一种是把数组元素(下标变量)作为实参使用；另一种是把数组名作为函数的形参和实参使用。

数组元素是下标变量，它与普通变量并无区别。因此它作为函数实参使用与普通变量是完全相同的，在发生函数调用时，把作为实参的数组元素的值传送给形参，实现单向的值传送。

实例 7-15： 判别整数数组中各元素的值(源代码\ch07\7.15.txt)

数组元素作为函数参数，编写程序，判别一个整数数组中各元素的值，若大于 0 则输出该值，若小于等于 0 则输出 0 值。

```
#include<stdio.h>
void nzp(int v)
{
    if(v>0)
      printf("%d ",v);
    else
      printf("%d ",0);
}
void main()
{
    int a[5],i;
    printf("请输入 5 个数值: \n");
    for(i=0;i<5;i++)
      {scanf_s("%d",&a[i]);
        nzp(a[i]);}
}
```

程序运行结果如图 7-25 所示。

Microsoft Visual Studio 调试控制台

```
请输入5个数值:
-8 -7 0 1 2
0 0 0 1 2
```

图 7-25　实例 7-15 的程序运行结果

本程序中首先定义一个无返回值函数 nzp()，并说明其形参 v 为整型变量。在函数体中根据 v 值输出相应的结果。在 main()函数中用一个 for 语句输入数组各元素，每输入一个就以该元素作实参调用一次 nzp()函数，即把 a[i]的值传送给形参 v，供 nzp()函数使用。

7.4.4　数组名作为函数参数

用数组名作函数参数时，则要求形参和相对应的实参都必须是类型相同的数组，都必须有明确的数组说明，当形参和实参二者不一致时，即会发生错误。

在用数组名作函数参数时，不是进行值的传送，即不是把实参数组的每一个元素的值都赋予形参数组的各个元素。因为实际上形参数组并不存在，编译系统不为形参数组分配内存。那么，数据的传送是如何实现的呢?数组名就是数组的首地址。因此在数组名作函数参数时所进行的传送只是地址的传送，也就是说把实参数组的首地址赋予形参数组名。形参数组名取得该首地址之后，也就等于有了实在的数组。

实例 7-16：数组名作为函数参数来求平均值并输出(源代码\ch07\7.16.txt)

编写程序，数组名作为函数参数，在数组 a 中存放一个学生 5 门课程的成绩，然后求平均值并输出。

```
#include<stdio.h>
float aver(float a[5])
{
    int i;
    float av,s=a[0];
    for(i=1;i<5;i++)
      s=s+a[i];
    av=s/5;
    return av;
}
void main()
{
    float sco[5],av;
    int i;
    printf("请输入课程成绩:\n");
    for(i=0;i<5;i++)
      scanf_s("%f",&sco[i]);
    av=aver(sco);
    printf("成绩的平均值 %5.2f\n",av);
}
```

程序运行结果如图 7-26 所示。

Microsoft Visual Studio 调试控制台

```
请输入课程成绩:
85 65 27 45 89
成绩的平均值 62.20
```

图 7-26　计算成绩平均值

本程序首先定义了一个实型函数 aver()，一个形参实型数组 a，长度为 5。在函数 aver()中，把各元素值相加求出平均值，返回给主函数。主函数 main()中首先完成数组 sco 的输入，然后以 sco 作为实参调用 aver()函数，函数返回值传送给 av，最后输出 av 的值。从运行情况可以看出，程序实现了所要求的功能。

7.5 主函数 main()的应用

C 语言提供了一个很特殊的函数，这个函数就是 main()函数，之所以说它特殊，是因为它的作用是“统领”其他自定义函数的，其他函数都必须在它的控制下才能使用。英文单词 main 的意思是“主要的”，所以 main()函数也被称为主函数。

7.5.1 main()函数的作用

当需要用 C 语言完成一个复杂的功能时，先将这个复杂的功能划分成许多小的功能，然后使用函数声明定义实现这些小的功能，最后使用函数调用将这些函数“串”起来，来完成复杂的功能。在“串”函数时，就会出现两个问题，首先谁来调用第一个函数，也就是将这一串函数的头交给谁？其次，谁来接函数的尾，也就是这一串函数的尾交给谁。

这就用到 main()函数了，main()函数会抓起这一串函数的头，拉起这一串函数的尾，然后将其交给计算机，这样我们书写的程序就会被计算机识别。main()函数就是你写的函数与计算机融合的一个函数，只要将你的函数调用放到 main()函数的定义中，就可以实现这一融合。当然其中肯定还是会穿插非函数调用的语句用来实现一些简单的补充功能的。

7.5.2 main()函数的声明

main()函数是 C 语言规定的函数，对于它的形式是有要求的，主要体现在 main()函数的函数名、参数和返回值类型上。

C 语言中 main()函数的声明有好几种形式，分别满足不同的 C 语言标准要求，最常使用的主要有以下 4 种。

(1) 无返回值无参数：

```
void main()
```

(2) 无返回值有参数：

```
void main(int argc,char *argv[])
```

(3) 有返回值无参数：

```
int main()
```

(4) 有返回值有参数：

```
int main(int argc,char *argv[])
```

这 4 种形式的区别主要在于是不是有返回值和参数。如果有返回值，返回值类型必须是 int。如果无返回值，返回值类型是 void。如果有参数，参数必须是一个 int 类型的变量和一个一维数组，其中保护的是字符指针，变量名要求一个是 argc，另一个是 argv。当然，也可以使用其他变量名，不过最好按照规定来，使用 argc 和 argv 这两个变量名，以免特殊情况。如果没有参数，就什么都不用写。

对于这 4 种形式，最新的标准要求为最后两个，可以没有参数，但必须有返回值。现在所有的编译器基本上都支持最后两种 main()函数声明形式，以免出现问题，建议大家最好使用有返回值的 main()函数形式。

7.5.3　main()函数的参数

在使用 main()函数时，一般是没有参数的，但是这不代表 main()是没有参数设置的，main()函数有两个参数，一个是 int argc，另一个是 char *argv[]。

1. argc 参数

int argc 是 main()函数的第一个参数，它是一个整型变量，这个变量是系统在运行程序时使用的。它代表的是在用命令行运行程序时，输入的命令中包含的字符串的个数。当什么参数也没有时，它的值是 1。

2. argv 参数

系统在运行程序的时候，只传入命令中有几个字符串是不够的，还需要告诉程序，命令中的字符串都是什么，不然程序就没法使用用户输入的命令，计算机系统就是使用 argv 这个一维数组来告诉程序，用户输入的命令中的字符串都是什么。

argv 是一个一维数组，其中保存的是命令中的每个字符串在内存中的地址，通过这个地址就可以知道用户输入命令中的字符串。对数组进行遍历，就可以一次访问到第二个、第三个、…、第 argc 个字符串了。例如我们运行一个控制台程序 test.exe，参数是"aaa"、"bbb"、"ccc"，这里写成./test aaa bbb ccc，那么 argc 的值就是 4，argv[1]的值就是 aaa，argv[2]的值就是 bbb，argv[3]的值就是 ccc。

7.5.4　main()函数的返回值

按照 C 语言中 main()函数的 4 种形式，main()函数的返回值类型要么为空，要么为 int 整型。对于返回值为空的 main()函数，一般不推荐，如果非要使用这种形式，可以不用管 main()函数的返回值，否则返回其他值。

通过上面的介绍，这里推荐 main()函数的完整使用形式有以下两种。

(1)　不带参数形式，其中参数 void 可以省略不写。

```
int main(void)
{
…
return 0;
}
```

(2)　带参数形式，语句如下：

```
int main(int argc,char *argv[])
{
…
return 0;
}
```

写程序的时候，就按照这两种方式来写 main()函数，如果在程序运行的时候传入数据，就使用第一种形式，否则使用第二种形式。main()函数的函数体中实现对其他函数的调用，通过函数调用及其他语句来完成我们想要计算机完成的功能。

7.6　就业面试问题解答

问题 1：形参与实参在使用上有什么区别？

答：形参和实参在使用时具有以下的特点。

(1) 形参变量只有在函数被调用时才会分配内存，调用结束后，立刻释放内存，所以形参变量只有在函数内部有效，不能在函数外部使用。

(2) 实参可以是常量、变量、表达式、函数等，无论实参是何种类型的数据，在进行函数调用时，它们都必须有确定的值，以便把这些值传送给形参，所以应该提前用赋值、输入等办法使实参获得确定值。

(3) 实参和形参在数量、类型、顺序上必须严格一致，否则会发生“类型不匹配”的错误。

问题 2：值传递与地址传递有什么区别？

答：值传递与地址传递的区别如下。

(1) 传值调用属于单向数据传递，对形参的改变不影响实参的值。函数调用时，为形参分配单元，并将实参的值复制到形参中，调用结束时形参单元被释放，实参单元仍保留并维持原值。形参与实参所占用的内存单元不同，且只能通过 return 语句返回最多一个值。

(2) 传地址调用是实参传给形参的是数据的地址，形参与实参所占用的存储单元是同一个，它属于双向传递，而且实参和形参必须是地址常量或变量。

7.7　上机练练手

上机练习 1：计算圆的面积

编写程序，使用键盘输入圆的半径，运用自定义函数计算圆的面积。程序运行结果如图 7-27 所示。

```
Microsoft Visual Studio 调试控制台
请输入圆的半径:r=10
圆的面积=314.000000
```

图 7-27　计算圆的面积

上机练习 2：解决汉诺塔问题

编写程序，使用递归算法，解决汉诺塔问题，并将解决步骤输出在屏幕上。汉诺塔问题源于一个古老的印度传说，有 3 根柱子，在第一根柱子上从下往上按照大小顺序摆放有

64 片圆盘，需要做的是将圆盘从下开始同样按照大小顺序摆放到另一根柱子上，并且规定，小圆盘上不能摆放大圆盘，在 3 根柱子之间每次只能移动一个圆盘，最后移动的结果是将所有圆盘通过其中一根柱子全部移动到另一根上，并且摆放顺序不变。程序运行结果如图 7-28 所示。

上机练习 3：求任意两个整数的最小公倍数

编写程序，设置自定义 sct()函数，该函数有两个参数，在调用时实参列表也有两个参数，且这两个参数的个数、类型、位置是一一对应的。程序运行结果如图 7-29 所示。

Microsoft Visual Studio 调试控制台
请输入要移动的块数:
3
a->c
a->b
c->b
a->c
b->a
b->c
a->c

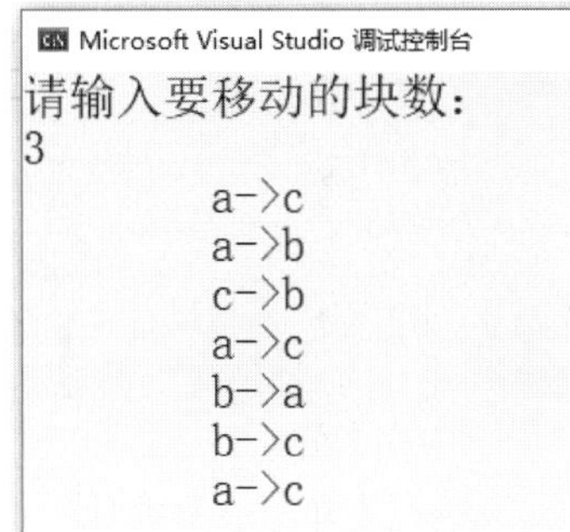

图 7-28　解决汉诺塔问题

Microsoft Visual Studio 调试控制台
请输入两个整数：15 25
最小公倍数为：75

图 7-29　求最小公倍数

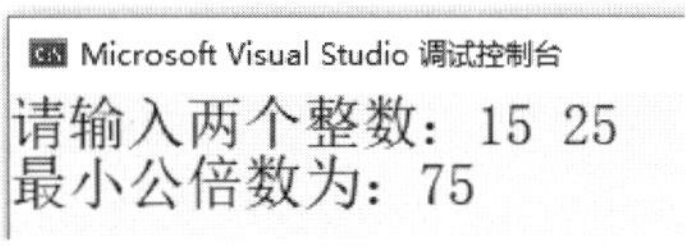

第 8 章

使用库函数提高开发效率

C 标准库中为用户提供了功能强大而且丰富的内置函数，使用这些函数可以在很大程度上减少代码的开发量，降低代码开发的难度。如使用的 printf()函数和 scanf()函数，就是由标准输入输出库提供的。本章就来介绍常用库函数的应用。

8.1　认识标准 C 库函数

C 语言标准库函数中包含有 15 种功能强大的函数，通过使用这些库函数能够减少开发人员编写程序的难度以及开发程序的工作量，15 种标准库函数的头文件名称以及说明，如表 8-1 所示。

表 8-1　C 语言 15 种标准库函数的头文件名称以及说明

头文件名称	说　明
<assert.h>	包含断言宏，被用来在程序的调试版本中帮助检测逻辑错误以及其他类型的 bug
<ctype.h>	定义了一组函数，用于根据类型来给字符分类，或者进行大小写转换，而不关心所使用的字符集
<errno.h>	错误检测
<float.h>	系统定义的浮点型界限
<limits.h>	系统定义的整数界限
<locale.h>	定义 C 语言本地化函数
<math.h>	定义 C 语言数学函数
<stjump.h>	定义了宏 setjmp 和 longjmp，在非局部跳转的时候使用
<signal.h>	定义 C 语言信号处理函数
<stdarg.h>	可变长度参数处理
<stddef.h>	系统常量
<stdio.h>	输入输出
<stdlib.h>	多种公用
<string.h>	定义 C 语言字符串处理函数
<time.h>	时间和日期

8.2　数学函数的应用

数学计算是计算机最擅长的运算方式，计算机大部分运算方法都是基于数学运算执行的。C 语言提供了很多用于数学计算的库函数，要使用这些函数，在程序文件头中必须加入#include <math.h>语句。下面就介绍一些最常用的数学函数。

8.2.1　三角函数

三角函数常用的正弦、余弦和正切函数形式如表 8-2 所示。

表 8-2　三角函数

原　型	功　能
double sin(double x)	计算双精度实数 x 的正弦值
double cos(double x)	计算双精度实数 x 的余弦值
double tan(double x)	计算双精度实数 x 的正切值

续表

原　型	功　能
double asin(double x)	计算双精度实数 x 的反正弦值
double acos(double x)	计算双精度实数 x 的反余弦值
double atan(double x)	计算双精度实数 x 的反正切值
double sinh(double x)	计算双精度实数 x 的双曲正弦值
double cosh(double x)	计算双精度实数 x 的双曲余弦值
double tanh(double x)	计算双精度实数 x 的双曲正切值

要正确使用三角函数，需要注意参数范围。

(1) 对于 sin 和 cos 函数，其参数 x 的值域是[−1,1]。

(2) 对于 asin 的 x 的定义域为[−1.0,1.0]，值域为[−π/2,+π/2]。

(3) 对于 acosx 的 x 的定义域为[−1.0,1.0]，值域为[0,π]。

(4) 对于 atan 的值域为(−π/2,+ π/2)。

实例 8-1： 使用数学函数中的三角函数(源代码\ch08\8.1.txt)

```
#include <stdio.h>
/* 数学函数头文件 */
#include <math.h>
#define PI 3.14
int main()
{
   double x;
   x=PI/2;
   /* 三角函数 */
   printf("数学中的三角函数:\n");
   printf("sin(PI/2)=%.2f\n",sin(x));
   x=PI/4;
   printf("cos(%.4f)=%.4f\n",x,cos(x));
   printf("tan(PI/4)=%f\n",tan(x));
   printf("sinh(%.4f)=%.4f\n",x,sinh(x));
   printf("cosh(%.4f)=%.4f\n",x,cosh(x));
   printf("tanh(%.4f)=%.4f\n",x,tanh(x));
   x=0.45;
   printf("asin(%.2f)=%.4f\n",x,asin(x));
   printf("acos(%.2f)=%.4f\n",x,acos(x));
   printf("atan(%.2f)=%.4f\n",x,atan(x));
   return 0;
}
```

程序运行结果如图 8-1 所示。

```
Microsoft Visual Studio 调试控制台
数学中的三角函数:
sin(PI/2)=1.00
cos(0.7850)=0.7074
tan(PI/4)=0.999204
sinh(0.7850)=0.8681
cosh(0.7850)=1.3243
tanh(0.7850)=0.6556
asin(0.45)=0.4668
acos(0.45)=1.1040
atan(0.45)=0.4229
```

图 8-1　三角函数的应用

8.2.2　绝对值函数

绝对值函数 abs()用于计算整数的绝对值，使用语法如下：

```
int abs(int x);
```

表示求解整数 x 的绝对值。

绝对值函数 fabs()用于计算浮点数的绝对值，使用语法如下：

```
float fabs(float x);
```

表示求解浮点数 x 的绝对值。

实例 8-2： 求不同类型数值的绝对值(源代码\ch08\8.2.txt)

```
#include <stdio.h>   /*包含标准输入输出头文件*/
#include <math.h>   /*包含数学头文件*/
int main()
{
    int x;
    double y;
    printf("绝对值函数的应用：\n");
    x=-5;
    printf("|%d|=%d\n",x,abs(x));    /*调用绝对值函数*/
    x=0;
    printf("|%d|=%d\n",x,abs(x));    /*调用绝对值函数*/
    x=+5;
    printf("|%d|=%d\n",x,abs(x));    /*调用绝对值函数*/
    y=2.15;
    printf("|%.2f|=%.2f\n",y,fabs(y));
    y=-3.34;
    printf("|%.2f|=%.2f\n",y,fabs(y));
    return 0;
}
```

程序运行结果如图 8-2 所示。本程序的主要功能是使用函数 abs()计算正整数、零和负整数的绝对值，使用库函数 fabs()计算浮点数的绝对值。

```
Microsoft Visual Studio 调试控制台
绝对值函数的应用：
|-5|=5
|0|=0
|5|=5
|2.15|=2.15
|-3.34|=3.34
```

图 8-2　绝对值函数的应用

8.2.3　幂函数和平方根函数

求幂函数 pow()用于求实数的 N 次幂，使用语法如下：

```
double pow(double x, double y);
```

表示求解双精度实数 x 的 y 次幂。

开平方函数 sqrt()用于求解实数的平方根，使用语法如下：

```
double sqrt(double x);
```

表示计算双精度实数 x 的平方根。

实例 8-3： 求幂函数与开平方根函数的应用(源代码\ch08\8.3.txt)

```
#include <stdio.h>
/* 数学函数头文件 */
#include <math.h>
int main()
{
    double x,y,z;
    printf("请输入一个实数：\n");
    scanf_s("%lf",&x);
    /* 求幂函数 */
    y=pow(x,2);
    /* 开平方函数 */
    z=sqrt(x);
```

```
    printf("%.2f 的 2 次幂为 %.2f\n",x,y);
    printf("对 %.2f 开 2 次平方根为 %.2f\n",x,z);
    return 0;
}
```

保存并运行程序，这里输入实数 16，然后显示输出结果，如图 8-3 所示。

```
Microsoft Visual Studio 调试控制台
请输入一个实数:
16
16.00 的2次幂为 256.00
对 16.00 开2次平方根为 4.00
```

图 8-3　幂函数与平方根函数的应用

8.2.4　指数函数和对数函数

指数函数和对数函数互为逆函数，e 是自然对数的底，值是无理数 2.718281828...。指数函数和对数函数形式如表 8-3 所示。

表 8-3　指数函数和对数函数

原　型	功　能
double exp(double x)	计算 e 的双精度实数 x 次幂
double log(double x)	计算以 e 为底的双精度实数 x 的对数 ln(x)
double log10(double x)	计算以 10 为底的双精度实数 x 的对数 log10(x)

指数函数 exp()用于求 e 的 N 次幂，使用语法如下：

```
double exp(double x);
```

表示计算 e 的双精度实数的 x 次幂。

对数函数 log()与 log10()分别用于计算以 e 为底和以 10 为底的实数的对数，使用语法如下：

```
double log(double x);
double log10(double x);
```

表示计算以 e 为底的实数 x 的对数 ln(x)和计算以 10 为底的实数 x 的对数 log10(x)。

实例 8-4： 指数函数与对数函数的应用(源代码\ch08\8.4.txt)

```
#include <stdio.h>
/* 数学函数头文件 */
#include <math.h>
#define E 2.718281828
int main()
{
    printf("指数函数与对数函数的应用：\n");
    /* 指数函数 */
    printf("e=%f\n",exp(1.0));
    /* 对数函数 */
    printf("ln(e)=%f\n", log(E));
    printf("lg(5)=%f\n", log10(5.0));
    return 0;
}
```

程序运行结果如图 8-4 所示。

```
指数函数与对数函数的应用:
e=2.718282
ln(e)=1.000000
lg(5)=0.698970
```

图 8-4　指数函数与对数函数的应用

8.2.5　取整函数和取余函数

取整函数用于获取实数的整数部分，取余函数用于获取实数的余数部分，形式如表 8-4 所示。

表 8-4　取整函数和取余函数

原　型	功　能
double ceil(double x)	计算不小于双精度实数 x 的最小整数
double floor(doulbe x)	计算不大于双精度实数 x 的最大整数
double fmod(double x,double y)	计算双精度实数 x/y 的余数，余数使用 x 的符号
double modf(double x,double *ip)	把 x 分解成整数部分和小数部分，x 是双精度浮点数，ip 是整数部分指针，返回结果是小数部分

假设 x 的值是 74.12，则 ceil(x)的值是 75，如果 x 的值是-74.12，则 ceil(x)的值是-74。
假设 x 的值是 74.12，则 floor(x)的值是 74，如果 x 的值是-74.12，则 floor(x)的值是-75。

实例 8-5： 取整函数与取余函数的应用(源代码\ch08\8.5.txt)

```
#include <stdio.h>
#include <stdio.h>
/* 数学函数头文件 */
#include <math.h>
int main()
{
    float a,b;
    double x,y;
    a=3.14;
    printf("取整函数与取余函数的应用: \n");
    /* 取整函数 */
    printf("ceil(%.2f)=%.0f\n",a,ceil(a));
    printf("floor(%.2f)=%.0f\n",a,floor(a));
    a=-3.14;
    printf("ceil(%.2f)=%.0f\n",a,ceil(a));
    printf("floor(%.2f)=%.0f\n",a,floor(a));
    /* 取余函数 */
    a=3.14;
    b=1.5;
    printf("3.14/1.5 的余数为 %.4f\n",fmod(a,b));
    b=-1.5;
    printf("3.14/(-1.5) 的余数为 %.4f\n",fmod(a,b));
    /* modf()函数 */
    y=modf(-3.14,&x);
    printf("-3.14=%.0lf+(%.2f)\n",x,y);
    return 0;
}
```

程序运行结果如图 8-5 所示。

```
Microsoft Visual Studio 调试控制台
取整函数与取余函数的应用:
ceil(3.14)=4
floor(3.14)=3
ceil(-3.14)=-3
floor(-3.14)=-4
3.14/1.5 的余数为 0.1400
3.14/(-1.5) 的余数为 0.1400
-3.14=-3+(-0.14)
```

图 8-5　取整函数与取余函数的应用

8.3　字符串处理函数的应用

C 语言中，字符串处理异常频繁，经常需要对字符串进行输入、输出、合并、修改、比较、转换等操作。为了高效统一地进行字符串处理，C 语言提供了丰富的字符串处理函数，要使用这些函数，在程序文件头中必须加入#include<string.h>语句。

8.3.1　字符串长度函数

字符串长度函数 strlen()用于返回字符串的长度，不包含结束符 NULL，它的使用语法如下：

```
int strlen(char *s);
```

其中 s 为指向字符串的指针。

实例 8-6：获取字符串的长度(源代码\ch08\8.6.txt)

```
#include <stdio.h>
/* 添加字符串函数相关头文件 */
#include <string.h>
int main()
{
    /* 定义并初始化字符数组 a */
    char a[] = "Hello C!";
    int len = strlen(a);
    printf("数组 a 为: %s\n", a);
    printf("该字符数组的长度为: %d\n", len);
    char* s = "C Program";
    printf("字符串 %s 包含 %d 个字符\n", s, strlen(s));
    return 0;
}
```

程序运行结果如图 8-6 所示。

```
Microsoft Visual Studio 调试控制台
数组a为: Hello C!
该字符数组的长度为: 8
字符串 C Program 包含 9 个字符
```

图 8-6　字符串长度函数的应用

8.3.2 字符串连接函数

字符串连接函数 strcat_s()可将两个字符串连接在一起，它的使用语法如下：

```
char *strcat_s(char *s1,sizeof(string),char *s2);
```

表示将 s2 所指字符串添加到 s1 的结尾处(覆盖 s1 结尾处的'\0')并添加'\0'，返回指针 s1。

另外，字符串连接函数 strncat_s()也可以将两个字符串连接在一起，它的使用语法如下：

```
char *strncat_s(char *s1,sizeof(string),char *s2,int n);
```

表示将 s2 所指字符串的前 n 个字符添加到 s1 结尾处(覆盖 s1 结尾处的'\0')并添加'\0'，返回指针 s1。

注意

s1 和 s2 所指内存区域不可以重叠，并且 s1 必须有足够的空间来容纳 s2 的字符串。因此，一般定义 s1 为字符数组，这样可以指定存储空间。

实例 8-7： 连接不同的字符串(源代码\ch08\8.7.txt)

```
#include <stdio.h>
#include <string.h>
int main()
{
    /* 定义并初始化数组 a 和 b */
    char a[15] = "Hello";
    char b[] = " C!";
    printf("数组 a: %s\n", a);
    printf("数组 b: %s\n", b);
    /* 使用 strcat_s()函数将数组 a 和 b 连接 */
    strcat_s(a, sizeof(a), b);
    printf("连接后的字符数组: %s\n", a);
    char s1[25] = "Hello";    /* 定义字符数组 s1*/
    char* s2 = " World!";
    printf("字符数组 s1: %s\n", s1);
    printf("字符串 s2: %s\n", s2);
    strncat_s(s1, sizeof(s1), s2, 7);
    printf("连接后的字符数组: %s\n", s1);
    return 0;
}
```

程序运行结果如图 8-7 所示。

```
Microsoft Visual Studio 调试控制台
数组a: Hello
数组b:  C!
连接后的字符数组: Hello C!
字符数组s1: Hello
字符串s2:  World!
连接后的字符数组: Hello World!
```

图 8-7　字符串连接函数的应用

8.3.3　字符串复制函数

字符串复制函数可以将一个字符串复制到另一个字符串中，它的使用语法以及说明如表 8-5 所示。

表 8-5　字符串复制函数使用语法以及说明

使用语法	说　明
char *strcpy(char *s1, sizeof(string),char *s2)	将 s2 所指由 NULL 结束的字符串复制到 s1 所指的数组中，返回 s1
char *strncpy(char *s1, sizeof(string), char *s2,int n)	将 s2 所指由 NULL 结束的字符串的前 n 个字符复制到 s1 所指的数组中，返回 s1
void *memcpy(void *s1,void *s2,int n)	由 s2 所指内存区域复制 n 个字节到 s1 所指内存区域，返回 s1
void *memmove (void *s1,void *s2,int n)	由 s2 所指内存区域复制 n 个字节到 s1 所指内存区域，返回 s1

(1) 使用 strcpy()函数、strncpy()函数以及 memcpy()函数时，s1 和 s2 所指内存区域不可以重叠，并且 s1 必须有足够的空间来容纳 s2 的字符串。

(2) memcpy()函数并不关心被复制的数据类型，只是逐字节地进行复制，这给函数的使用带来了很大的灵活性，可以面向任何数据类型进行复制。

实例 8-8： 复制字符串并输出(源代码\ch08\8.8.txt)

```
#include <stdio.h>
/* 字符串函数头文件 */
#include <string.h>
int main()
{
    char *s1="apple";
    char a[20];
    char b[]="abcdef";
    char c[20];
    char d[20];
    /* 字符串复制函数 */
    strcpy_s(a, sizeof(a),s1);
    strncpy_s(b, sizeof(b),s1,strlen(s1));
    /* 需在结尾添加结束标志 */
    b[3]='\0';
    memcpy(c,s1,sizeof(c));
    memmove(d,s1+3,sizeof(s1)+1);
    printf("字符串 a 为 %s\n",a);
    printf("字符串 b 为 %s\n",b);
    printf("字符串 c 为 %s\n",c);
    printf("字符串 d 为 %s\n",d);
    return 0;
}
```

程序运行结果如图 8-8 所示。

```
字符串a为 apple
字符串b为 app
字符串c为 apple
字符串d为 le
```

图 8-8　字符串复制函数的应用

8.3.4　字符串比较函数

字符串比较函数可以对两个字符串中字符的 ASCII 码值进行比较，它的使用语法以及说明如表 8-6 所示。

表 8-6　字符串比较函数使用语法以及说明

使用语法	说　明
int strcmp(char *s1,char *s2)	比较字符串 s1 与字符串 s2。若 s1<s2，返回负数；若 s1==s2，返回 0；如果 s1>s2，返回非负数
int strncmp(char *s1,char *s2,int n)	比较字符串 s1 和 s2 的前 n 个字符。若 s1<s2，返回负数；若 s1==s2，返回 0；若 s1>s2，返回非负数
int memcmp(void *s1,void *s2,int n)	比较内存区域 s1 和 s2 的前 n 个字节。若 s1<s2，返回负数；若 s1==s2，返回 0；若 s1>s2，返回非负数

实例 8-9： 比较两个字符串(源代码\ch08\8.9.txt)

```
#include <stdio.h>
/* 字符串函数头文件 */
#include <string.h>
int main()
{
    char *s1="I love C!";
    char *s2="I love c!";
    int s;
    printf("字符串 s1=%s\n 字符串 s2=%s\n",s1,s2);
    /* 字符串比较函数 */
    s=memcmp(s1,s2,strlen(s1));
    if(!s)
    {
        printf("两个字符串相等\n");
    }
    else if(s<0)
    {
        printf("字符串 s1 小于 s2\n");
    }
    else if(s>0)
    {
        printf("字符串 s1 大于 s2\n");
    }
    return 0;
}
```

程序运行结果如图 8-9 所示。

```
Microsoft Visual Studio 调试控制台
字符串s1=Hello C!
字符串s2=hello c!
字符串s1小于s2
```

图 8-9　字符串比较函数的应用

8.3.5　字符串查找函数

字符串查找函数能够在字符串中查找某个字符出现的位置，它的使用语法以及说明如表 8-7 所示。

表 8-7　字符串查找函数使用语法以及说明

使用语法	说　明
char *strchr (char *s,char c)	表示返回一个指向字符串 s 中 c 第 1 次出现的指针；或者如果没有找到 c，则返回指向 NULL 的指针
char *strstr(char *s1,char *s2)	表示返回一个指向字符串 s1 中字符 s2 第 1 次出现的指针；或者如果没有找到 s2，则返回指向 NULL 的指针
void *memchr(void *s,char c,int n)	表示返回一个被 s 所指向的 n 个字符中 c 第 1 次出现的指针；或者如果没有找到 c，则返回指向 NULL 的指针

实例 8-10：查找指定字符串(源代码\ch08\8.10.txt)

```
#include <stdio.h>
/* 字符串函数头文件 */
#include <string.h>
int main()
{
   char *s1="I love C!";
   char *s2="love";
   char *p;
   /* 字符串查找函数 */
   p=strchr(s1,s2);
   if(p)
   {
      printf("%s\n",p);
   }
   else
   {
      printf("未找到! \n");
   }
   p=strstr(s1,s2);
   if(p)
   {
      printf("%s\n",p);
   }
   else
   {
      printf("未找到! \n");
   }
   p=memchr(s1,'l',strlen(s1));
```

```
    if(p)
    {
       printf("%s\n",p);
    }
    else
    {
       printf("未找到! \n");
    }
    return 0;
}
```

程序运行结果如图 8-10 所示。

```
Microsoft Visual Studio 调试控制台
未找到!
love C!
love C!
```

图 8-10　字符串查找函数的应用

8.3.6　大小写转换函数

字符串小写转换函数_strlwr_s 用于将字符串中出现的大写字母转换为小写，返回指向该字符串的指针，使用语法如下：

```
char *_strlwr_s(char *s, size);
```

字符串大写转换函数 strupr()用于将字符串中出现的小写字母转换为大写，返回指向该字符串的指针，使用语法如下：

```
char *_strupr_s(char *s,size);
```

实例 8-11： 转换字符串的大小写(源代码\ch08\8.11.txt)

```
#include <stdio.h>
/* 字符串函数头文件 */
#include <string.h>
int main()
{
     char s[] = "I love C!";
     printf("原字符串为 %s \n", s);
     /* 大小写转换函数 */
     _strupr_s(s,10);
     printf("转换为大写 %s\n", s);
     _strlwr_s(s,10);
     printf("转换为小写 %s\n", s);
     return 0;
}
```

程序运行结果如图 8-11 所示。

使用大小写转换函数时，不能使用指向常量字符串的指针进行传递，否则会出现异常。

```
Microsoft Visual Studio 调试控制台
原字符串为 I love C!
转换为大写 I LOVE C!
转换为小写 i love c!
```

图 8-11　字符串大小写转换函数的应用

8.4　字符处理函数的应用

在 C 语言中，除了字符串处理函数外，还有标准 C 语言字符处理函数，如字符的大小写转换函数、字符的类型判断函数等。使用字符函数，需要添加字符函数的头文件

"#include <ctype.h>"

8.4.1 字符类型判断函数

字符类型判断函数能够对指定的字符进行判断，这些字符可以是字母、数字、空格等。字符判断函数使用语法以及说明如表 8-8 所示。

表 8-8 字符的判断函数使用语法以及说明

使用语法	说 明
int isalnum(int c)	当字符 c 是文字或数字时返回非零，否则返回零
int isalpha(int c)	当字符 c 是一个字母时返回非零，否则返回零
int iscntrl(int c)	当字符 c 是一个控制符时返回非零，否则返回零
int isdigit(int c)	当字符 c 是一个数字时返回非零，否则返回零
int isgraph(int c)	当字符 c 是可打印的(除空格外)返回非零，否则返回零
int islower(int c)	当字符 c 是小写字母时返回非零，否则返回零
int isprint(int c)	当字符 c 是可打印的(含空格)返回非零，否则返回零
int ispunct(int c)	当字符 c 是可打印的(除空格、字母或数字外)返回非零，否则返回零
int isspace(int c)	当字符 c 是一个空格时返回非零，否则返回零
int isupper(int c)	当字符 c 是大写英文字母时返回非零，否则返回零
int isxdigit(int c)	当字符 c 是十六进制数字时返回非零，否则返回零

实例 8-12： 对输入的字符进行判断(源代码\ch08\8.12.txt)

```
#include <stdio.h>
/* 字符函数头文件 */
#include <ctype.h>
int main()
{
    int ch;
    printf("请输入一个字符：\n");
    ch=getchar();
    if(islower(ch))
    {
        printf("该字符是小写字母");
    }
    else if(isupper(ch))
    {
        printf("该字符是大写字母");
    }
    else if(isdigit(ch))
    {
        printf("该字符是数字");
    }
    else
    {
        printf("该字符是其他字符") ;
    }
    printf("\n") ;
```

```
    return 0;
}
```

程序运行结果如图 8-12 所示。

```
Microsoft Visual Studio 调试控制台
请输入一个字符:
a
该字符是小写字母
```

```
Microsoft Visual Studio 调试控制台
请输入一个字符:
A
该字符是大写字母
```

```
Microsoft Visual Studio 调试控制台
请输入一个字符:
12
该字符是数字
```

```
Microsoft Visual Studio 调试控制台
请输入一个字符:
*
该字符是其他字符
```

图 8-12　字符判断函数的应用

8.4.2　字符大小写转换函数

字符大写转换函数 toupper()用于将字符转换为大写英文字母，使用语法如下：

```
int toupper(int c);
```

字符小写转换函数 tolower()用于将字符转换为小写英文字母，使用语法如下：

```
int tolower(int c);
```

若是字符本身为大写/小写，使用字符大写/小写转换函数时，该字符不会发生变化。

实例 8-13： 转换字母的大/小写(源代码\ch08\8.13.txt)

编写程序，通过输入端输入一个英文字母，将这个字母转换为它的大/小写形式。

```
#include <stdio.h>
/* 字符函数头文件 */
#include <ctype.h>
int main()
{
    char ch;
    printf("请输入一个英文字母：\n");
    ch=getchar();
    if(islower(ch))
    {
        printf("该字符是小写字母，转换为大写字母为：%c\n",toupper(ch));
    }
    else if(isupper(ch))
    {
        printf("该字符是大写字母，转换为小写字母为：%c\n",tolower(ch));
    }
    else
    {
        printf("无法转换，该字符不为英文字母\n") ;
    }
    return 0;
}
```

程序运行结果如图 8-13 所示。

```
Microsoft Visual Studio 调试控制台
请输入一个英文字母:
a
该字符是小写字母，转换为大写字母为: A
```

```
Microsoft Visual Studio 调试控制台
请输入一个英文字母:
A
该字符是大写字母，转换为小写字母为: a
```

```
Microsoft Visual Studio 调试控制台
请输入一个英文字母:
8
无法转换，该字符不为英文字母
```

图 8-13　字符大小写转换函数的应用

8.5　其他常用函数的应用

除了以上介绍的数学函数、字符串函数以及字符函数之外，还有一些比较常用函数，如随机函数、日期时间函数、结束程序函数等，本节将对这些函数进行详细讲解。

8.5.1　随机函数

随机函数 rand()用于产生从 0 开始到 32767 之间的随机数，它的使用语法如下：

```
int r;
r=rand();
```

表示生成一个随机数并赋予变量 r。

实例 8-14：输出一个随机数(源代码\ch08\8.14.txt)

```
#include <stdio.h>
/* 使用随机数函数添加头文件*/
#include <stdlib.h>
int main()
{
    int r;
    /* 随机函数 */
    r=rand();
    printf("输出随机数: %d\n", r);
    return 0;
}
```

程序运行结果如图 8-14 所示。本实例代码中，首先添加头文件“stdlib.h”，然后定义一个 int 型变量 r，使用随机函数 rand()产生一个随机数并赋予 r，最后输出。

```
Microsoft Visual Studio 调试控制台
输出随机数: 41
```

图 8-14　rand()函数的应用

通过使用随机函数 rand()，可以发现每次运行程序所产生的随机数都是一样的，这是因为随机数在 C 语言中采用的是固定序列，每次运行程序取的是同一个数。

为了每次产生不同的随机数，可以使用 srand()函数，该函数能够产生随机数的起始发生数据。

实例 8-15： 输出一组随机数(源代码\ch08\8.15.txt)

编写程序，使用随机函数 srand()与 rand()相结合的形式产生不同随机数。

```
#include <stdio.h>
/* 添加相应头文件 */
#include <stdlib.h>
#include <time.h>
int main(void)
{
    int i;
    time_t t;
    /* 使用随机函数与时间函数相结合 */
    srand((unsigned) time(&t));
    printf("随机产生 0-99 的随机数: \n");
    for (i=0; i<5; i++)
    {
        printf("%d\n", rand()%100);
    }
    return 0;
}
```

程序运行结果如图 8-15 所示。

图 8-15　srand()函数的应用

8.5.2　结束程序函数

结束程序函数 exit()可将当前运行程序结束，返回值将被忽略，其中 exit(0)表示正常退出，括号内数字不为 0 则表示异常退出。如果使用 exit()函数，需要包含<stdlib.h>头文件，语法格式如下：

```
void exit(int retval);
```

实例 8-16： 使用 exit()函数结束程序运行(源代码\ch08\8.16.txt)

```
#include <stdio.h>      /*包含标准输入输出头文件*/
#include <stdlib.h>     /*包含转换和存储头文件*/
int main()
{
  int i;
  for(i=0;i<10;i++)
  {
    if(i==5) exit(0);
    else
    {
      printf("%d",i);
      getchar();   /*等待输入字符*/
```

```
    }
  }
  return 0;
}
```

当 i 值为 5 时，执行 exit()函数，终止程序，exit()函数的返回值将被忽略。经过编译、连接、运行程序，输出结果如图 8-16 所示。

图 8-16　结束程序函数的应用

8.5.3　快速排序函数

qsort()函数包含在<stdlib.h>头文件中，此函数根据给出的比较条件进行快速排序，通过指针移动实现排序。排序之后的结果仍然放在原数组中。使用 qsort 函数必须自己写一个比较函数。语法格式如下：

```
void qsort ( void * base,int n, int size, int ( * fcmp ) ( const void *, const void * ) );
```

实例 8-17：使用 qsort()函数对数组进行排序(源代码\ch08\8.17.txt)

```
#include <stdio.h>     /*包含标准输入输出头文件*/
#include <stdlib.h>    /*包含转换和存储头文件*/
#include <string.h>    /*包含字符串处理头文件*/
char stringlist[5][6] = { "yellow", "orange", "blue", "green", "red" };
int intlist[5] = { 3, 2,5,1,4 };
int sort_stringfun(const void* a, const void* b);
int sort_intfun(const void* a, const void* b);
int main(void)
{
   int x;
   printf("字符串排序: \n");
   qsort((void*)stringlist, 5, sizeof(stringlist[0]), sort_stringfun);     /*调用快
速排序函数*/
   for (x = 0; x < 5; x++)
      printf("%s ", stringlist[x]);
   printf("\n");
   printf("整数排序: \n");
   qsort((void*)intlist, 5, sizeof(intlist[0]), sort_intfun);
   for (x = 0; x < 5; x++)
      printf("%d ", intlist[x]);
   return 0;
}
int sort_stringfun(const void* a, const void* b)
{
   return(strcmp((const char*)a, (const char*)b));
}
int sort_intfun(const void* a, const void* b)
{
   return *(int*)a - *(int*)b;
}
```

程序运行结果如图 8-17 所示。需要注意的是 void *数据类型，需要针对不同的数据类型进行必要的转换。

```
字符串排序:
blue green orange red yellow
整数排序:
1 2 3 4 5
```

图 8-17　快速排序函数的应用

8.5.4　日期时间函数

在 C 语言的库函数中，定义了日期时间相关的处理函数，它们的使用语法以及说明如表 8-9 所示。

表 8-9　日期时间函数的使用语法以及说明

使用语法	说　明
char *asctime(const struct tm *p)	表示将参数 p 所指的 tm 结构中的信息转换成真实世界所使用的时间日期表示方法，然后将结果以字符串形态返回
char *ctime(const time_t *p)	表示将参数 p 所指的 time_t 结构中的信息转换成真实世界所使用的时间日期表示方法，然后将结果以字符串形态返回
struct tm*gmtime(const time_t*p)	表示将参数 p 所指的 time_t 结构中的信息转换成真实世界所使用的时间日期表示方法，然后将结果由结构 tm 返回
struct tm *localtime(const time_t *p)	表示将参数 p 所指的 time_t 结构中的信息转换成真实世界所使用的时间日期表示方法，然后将结果由结构 tm 返回

结构 tm 的定义语法如下(不需要写入程序)：

```
struct tm{
    /* 代表目前秒数，正常范围为 0～59，但允许至 61 秒 */
    int tm_sec;
    /* 代表目前分数，范围 0～59 */
    int tm_min;
    /* 从午夜算起的时数，范围为 0～23 */
    int tm_hour;
    /* 目前月份的日数，范围 01～31 */
    int tm_mday;
    /* 代表目前月份，从一月算起，范围从 0～11 */
    int tm_mon;
    /* 从 1900 年算起至今的年数 */
    int tm_year;
    /* 一星期的日数，从星期一算起，范围为 0～6 */
    int tm_wday;
    /* 从今年 1 月 1 日算起至今的天数，范围为 0～365 */
    int tm_yday;
    /* 夏令时标识符 */
    int tm_isdst;
};
```

实例 8-18： 输出当前系统时间(源代码\ch08\8.18.txt)

```
#include <stdio.h>
#include <string.h>
```

```
#include <time.h>
int main(void)
{
    struct tm t;      //tm 结构指针
    time_t now;    //声明 time_t 类型变量
    time(&now);         //获取系统日期和时间
    localtime_s(&t, &now);      //获取当地日期和时间
       //格式化输出本地时间
    printf("日期：%d 年%d 月%d 日\n", t.tm_year + 1900, t.tm_mon + 1, t.tm_mday);
    printf("时间：%d 时%d 分%d 秒\n", t.tm_hour, t.tm_min, t.tm_sec);
    printf("一年中第%d 天\n", t.tm_yday);
    return 0;
}
```

程序运行结果如图 8-18 所示。

```
Microsoft Visual Studio 调试控制台
日期：2021年9月27日
时间：18时52分5秒
一年中第269天
```

图 8-18　日期时间函数的应用

8.6　就业面试问题解答

问题 1：exit()函数和 return 有什么区别？

答：在最初调用的 main()中使用 return 和 exit()的效果相同。但要注意这里所说的是“最初调用”。如果 main()在一个递归程序中，exit()仍然会终止程序；但 return 将控制权移交给递归的前一级，直到最初的那一级，此时 return 才会终止程序。return 和 exit()的另一个区别在于，即使在除 main()之外的函数中调用 exit()，它也将终止程序。

问题 2：strlen 与 sizeof 有什么区别？

答：strlen 是函数，sizeof 是运算操作符，二者得到的结果类型为 size_t，即 unsigned int 类型。sizeof 计算的是变量的大小，不受字符\0 影响；而 strlen 计算的是字符串的长度，以\0 作为长度判定依据。

8.7　上机练练手

上机练手 1：实现数字猜谜游戏

编写程序，使用随机函数完成一个报数游戏：通过输入端输入一个 100 以内的整数，并与产生的随机数进行比较，输出比较结果，直到猜中为止。程序运行结果如图 8-19 所示。

上机练手 2：输入某年某月某日，判断这一天是这一年的第几天

编写程序，通过输入某年某月某日，判断这一天是这一年的第几天。以 3 月 5 日为例，应该先把前两个月的加起来，然后再加上 5 天即本年的第几天，特殊情况，闰年且输入月份大于 3 时需考虑多加一天。程序运行结果如图 8-20 所示。

```
Microsoft Visual Studio 调试控制台
请输入一个1-100间的数:
75
对不起，数字小了，请重新尝试!
请输入一个1-100间的数:
77
对不起，数字大了，请重新尝试!
请输入一个1-100间的数:
76
太棒了! 你猜中了!
```

图 8-19　猜数字

```
Microsoft Visual Studio 调试控制台

请输入年、月、日，格式为: 年,月,日 (2021,12,10)
2021,12,10
这是这一年的第 344 天。
```

图 8-20　判断是一年中的第几天

上机练手 3: 打印月份日历表

编写程序，根据输入的日期信息查找该日期所对应的日历表，这一天是所在年份的第几天，这一天是星期几，最后打印月份日历表。程序运行结果如图 8-21 所示。

```
Microsoft Visual Studio 调试控制台
请输入年月日:2021 12 01
2021年12月1日是这年的第335天
        2021-12-1 is Wednesday

                          2021年12月

        日      一      二      三      四      五      六
                                1       2       3       4
        5       6       7       8       9       10      11
        12      13      14      15      16      17      18
        19      20      21      22      23      24      25
        26      27      28      29      30      31
请按任意键继续. . .
```

图 8-21　输出日历信息

第 9 章

灵活使用指针

C 语言中，指针是程序中重要的组成部分，通过使用指针能够达到事半功倍的效果，在程序的编译与执行的速度和效率上，指针也是同样的功不可没。所以，学习 C 语言，掌握指针是十分必要的。本章就来介绍C语言中的指针。

9.1 指针概述

计算机程序和数据都是在内存中存储和运行的，计算机的内存是以字节为基本单位的连续的存储空间，为了能正确地访问数据，C 语言引入了指针的概念，它是 C 语言的精华，能否熟练运用指针能反映出对 C 语言的理解和掌握程度。

9.1.1 指针变量的定义

指针变量是指用来存放地址的变量，语法格式如下：

```
数据类型 *指针变量名;
```

主要参数介绍如下。

(1) 类型是指针所指对象的类型，如 int、float、double、char 等。

(2) 指针变量名必须遵循标识符的命名规则。

(3) *表示该变量为指针变量，以区别简单变量。

例如，以下定义了不同类型的指针变量：

```
int *p;
float *q;
char *name;
```

定义 p、q 和 name 为指针变量，这时必须带“*”。而给 p、q 和 name 赋值时，因为已经知道了它是一个指针变量，就没必要多此一举再带上“*”，后面可以像使用普通变量一样来使用指针变量。

另外，指针变量也可以连续定义，例如：

```
int *a, *b, *c;   // a、b、c 的类型都是 int*
```

如果写成下面的形式：

```
int *a, b, c;
```

该语句中定义的变量只有 a 是指针变量，b、c 都是类型为 int 的普通变量。

在定义指针变量时，需要注意以下问题。

(1) 指针变量名是 p1,p2，不是*p1,*p2。

(2) 指针变量只能指向定义时所规定类型的变量。

(3) 指针变量定义后，变量值不确定，应用前必须先赋值。例如：

```
int a,*p;
a=100;
p=&a;
```

(4) 定义指针变量时必须带“*”，给指针变量赋值时不能带“*”。

9.1.2 指针变量的赋值

和其他变量一样，指针变量在定义的同时可以进行初始化赋值，以保证指针变量中的指针有明确的指向。基本形式如下：

```
类型标识符 *指针变量名 1=地址值 1,*指针变量名 2=地址值 2,…;
```

或者先声明，再初始化，基本形式如下：

```
类型标识符 *指针变量名;
指针变量名=地址值;
```

地址值的表示形式有多种，如：&变量名，数组名，另外的指针变量等。例如：

```
int a=15;
int *p=&a;
int *p;p=&a;
```

将变量 a 的地址存放到指针变量 p 中，a 现在就是 p 所指向的对象，一般可用取地址运算符(&)获取该变量的地址(如&a)。值得注意的是，p 需要的一个地址，a 前面必须加取地址符&，否则是不对的，如图 9-1 所示。

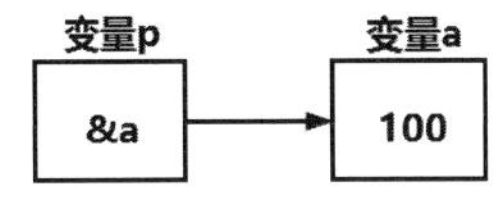

图 9-1　指针变量的初始化

在对指针变量进行赋值时，需要注意以下几点。

(1)　和普通变量一样，指针变量也可以被多次写入，并且随时都能够改变指针变量的值。例如：

```
// 定义普通变量
float a =10.5,b =5.7;
char c ='@',d ='#';
// 定义指针变量
float *p1 = &a;
char *p2 = &c;
// 修改指针变量的值
p1 = &b;
p2 = &d;
```

(2)　在定义指针变量时必须指定其数据类型。

通过指针来访问指针所指向的内存区时，指针所指向的类型决定了编译器把那片内存区里的内容当作什么类型来看。例如：

```
int *a;     // 指针所指向的类型是 int
char *b;    // 指针所指向的类型是 char
float *c;    // 指针所指向的类型是 float
```

例如，下面为错误的赋值：

```
float a;
int *p;
p=&a;
```

其中变量 a 为 float 类型，而指针变量 p 为 int 类型，所以不能进行赋值操作。

(3)　指针变量存放的是变量的地址(指针)，不能将常数等赋值给一个指针变量。例如，下面为错误的赋值：

```
*p=5;
```

其中*p 为指针，而 5 为一个常数整数，这样赋值不合法。

(4)　指针变量必须先赋值，后使用。

例如，指针变量没有进行赋值操作就会指向不明，下面为错误的用法：

```
int main()
{
    int i=10;
    int *p;
    *p=i;
    printf("%d",*p);
    return 0;
}
```

正确的用法为：

```
int main()
{
    int i=10,k;
    int *p;
    p=&k;
    *p=i;
    printf("%d\n",*p);
    return 0;
}
```

(5) 赋值操作时指针变量的地址不能是任意类型，而只能是与指针变量的数据类型相同的变量地址。

实例 9-1：定义指针变量并赋值(源代码\ch09\9.1.txt)

编写程序，定义两个 int 型变量 x 和 y，两个指针变量*p1 和*p2，通过输入端输入变量 x 和 y 的值，然后将变量 x 和 y 的地址赋予指针变量 p1 和 p2，最后输出*p1 和*p2 的值。

```
#include <stdio.h>
int main()
{
    int x,y;
    /* 定义指针变量 */
    int *p1,*p2;
    printf("请输入两个数：\n");
    scanf("%d%d",&x,&y);
    /* 将变量地址赋予指针变量 */
    p1=&x;
    p2=&y;
    printf("x=%d\ny=%d\n",*p1,*p2);
    return 0;
}
```

程序运行结果如图 9-2 所示。

```
Microsoft Visual Studio 调试控制台
请输入两个数：
89 54
x=89
y=54
```

图 9-2　实例 9-1 的程序运行结果

在代码中，首先定义 int 型变量 x 和 y，int 型指针变量*p1 和*p2。然后通过输入端输入变量 x 和 y 的值，接着将变量 x 和 y 的地址赋予指针变量 p1 和 p2，通过 printf()函数输出 p1 和 p2，输出的结果与变量 x 和 y 存放的值相同。

9.1.3　指针变量的引用

定义指针变量之后，必须与某个变量的地址建立关联才能引用，对指针变量进行引用属于对变量的一种间接访问形式。对指针变量的引用有两种方式，下面分别进行介绍。

1. 指针运算符*

在定义指针变量时，符号“*”为指针运算符，也可以称为间接访问运算符，该运算符属于单目运算符，作用是返回指定地址内所存储的变量值。引用指针变量的语法格式如下：

```
*指针表达式
```

表示引用指针变量所指向的值。例如：

```
int *p = &a;
*p = 100;
```

第 1 行代码中*用来指明 p 是一个指针变量，第 2 行代码中*用来获取指针指向的数据。需要注意的是，给指针变量本身赋值时不能加*。修改上面的语句：

```
int *p;
p = &a;    // 给指针变量赋值时前面不能带*
*p = 100;  // *是用来获取指针所指向的变量值
```

在使用指针运算符*时需要注意以下几点。

(1) 如上例中的 p 与*p，它们的含义是不同的，其中 p 是指针变量，p 的值为指向变量 a 的地址；而*p 表示 p 所指向的变量 a 的存储数据。

(2) 在对指针变量进行引用时的*与定义指针变量时的*不同。定义变量时的*仅仅表示其后所跟的变量为指针变量。

注意

指针变量中只能存放地址，也就是指针，指针变量在定义时必须进行初始化，否则就赋值为 0，表示空指针。

指针变量也可以出现在普通变量能出现的任何表达式中，例如：

```
int a, b, *pa = &a, *pb = &b;
    b = *pa + 5;   // 表示把 a 的内容加 5 并赋给 b，*pa+5 相当于(*pa)+5
    b = ++*pa;     // pa 的内容加上 1 之后赋给 b，++*pa 相当于++(*pa)
    b = *pa++;     // 相当于 b=(*pa)++
pb = pa;           // 把一个指针的值赋给另一个指针
```

实例 9-2： 通过运算符*引用指针变量(源代码\ch09\9.2.txt)

编写程序，定义指针变量并对指针运算符*的具体使用进行练习。

```
#include <stdio.h>
int main()
{
    /* 定义指针变量 */
    int a,*p;
    /* 将变量 a 地址赋予指针变量 */
    p=&a;
    printf("输入 a 的值：\n",p);
    scanf_s("%d",p);
    printf("a=%d\n",*p);
    /* 对 a 重新赋值 */
    *p=5;
```

```
    printf("a=%d\n",a);
    return 0;
}
```

程序运行结果如图 9-3 所示。

图 9-3　实例 9-2 的程序运行结果

在代码中首先定义指针变量*p，接着将变量 a 的地址赋予指针变量 p，然后通过输入端输入 a 的值，注意这里没有使用&a，而是使用 p，因为 p 也表示了变量 a 的地址，接着通过使用指针运算符*，将 a 的值输出，*p 用于表示变量 a 存放的数据，然后通过对*p 赋值实现对变量 a 的重新赋值，最后输出变量 a 的值，等价于*p 的值。

2. 指针运算符&

指针运算符&用来获取存储单元的首地址，“&”是取地址运算符，该运算符属于单目运算符。例如：

```
int a=5;
int *p;
p = &a;
```

代码中&a 的结果是一个指针。类型为 int*，指向的类型为 int，指向的地址是 a 的地址。

实例 9-3：比较两个整数的大小(源代码\ch09\9.3.txt)

编写程序，通过输入端输入两个整数，通过比较按照大小顺序输出。

```
#include <stdio.h>
int main()
{
    /* 定义指针变量 */
    int *p,*p1,*p2;
    int a,b;
    p1=&a;
    p2=&b;
    printf("请输入两个整数：\n");
    scanf_s("%d%d",p1,p2);
    if(a<b)
    {
        p=p1;
        p1=p2;
        p2=p;
    }
    printf("a=%d,b=%d\n",a,b);
    printf("两数中最大值为%d,最小值为%d\n",*p1,*p2);
    return 0;
}
```

程序运行结果如图 9-4 所示。

Microsoft Visual Studio 调试控制台
请输入两个整数:
10 52
a=10, b=52
两数中最大值为52, 最小值为10

图 9-4　实例 9-3 的程序运行结果

指针运算符在使用时需要注意以下两点：

(1) 指针变量在使用时前必须先赋值。例如：

```
int a=2,*p;
*p=5;
```

```
printf("%d",*p);
```

此为错误示例，指针变量没有进行赋值操作，指向不明。

(2) 运算符&和*互为逆运算。例如：

```
int a=2,*p;
p=&a;
```

其中可以衍生出“&a”等价于“p”等价于“&*p”。“&*p”运算可以自右向左进行结合，首先“*p”表示变量 a 的值，而“&a”就等价于变量 a 的地址。

接着又有“*&a”等价于“*p”等价于“a”。“*&a”同样为自右向左进行结合，首先“&a”表示变量 a 的地址，而“*p”就等价于变量 a。

9.1.4　指针变量的运算

指针变量可以进行某些运算，指针的运算本身就是地址的运算，其运算的种类是有限的，除了可以对指针赋值外，指针的运算还包括移动指针、两个指针相减、指针与指针或指针与地址之间进行比较等。

1. 指针变量的加减算术运算

对于指向数组的指针变量，可以加上或减去一个整数 n。如果 pa 是指向数组 a 的指针变量，则 pa+n、pa-n、pa++、++pa、pa--、--pa 运算都是合法的。指针变量加上或减去一个整数 n 的意义是把指针指向的当前位置(指向某数组元素)向前或向后移动 n 个位置。

注意

数组指针变量向前或向后移动一个位置和地址加 1 或减 1 在概念上是不同的。因为数组可以有不同的类型，各种类型的数组元素所占的字节长度是不同的。如指针变量加 1，即向后移动 1 个位置，表示指针变量指向下一个数据元素的首地址，而不是在原地址基础上加 1，如:

```
int a[5],*pa;
pa=a;        /*pa 指向数组 a，也是指向 a[0]*/
pa=pa+2;     /*pa 指向 a[2]，即 pa 的值为&pa[2]*/
```

要特别注意，指针变量的加减运算只能对数组指针变量进行，对指向其他类型变量的指针变量做加减运算是毫无意义的。

实例 9-4： 指针变量的自身运算(源代码\ch09\9.4.txt)

编写程序，定义指针变量，并对指针变量自身进行运算。

```
#include <stdio.h>
  int main(void)
  {
    int a=10,b=11;
    int *p1,*p2;
    p1=&a;                              /*指针赋值*/
    p2=&b;
    printf("p1 存储的值是%d\n",*p1);       /*输出*/
    printf("p2 存储的值是%d\n",*p2);       /*输出*/
    printf("*(p1-1)存储的值是%d\n",*(p1-1));
    printf("*p1-1 存储的值是%d\n",*p1-1);
```

```
    printf("*(p1-1)的值和*p1-1 的值不同\n");
    return 0;
}
```

程序运行结果如图 9-5 所示。

Microsoft Visual Studio 调试控制台

```
p1存储的值是10
p2存储的值是11
*(p1-1)存储的值是11
*p1-1存储的值是9
*(p1-1)的值和*p1-1的值不同
```

图 9-5　实例 9-4 的程序运行结果

2. 两指针变量之间的运算

只有指向同一数组的两个指针变量之间才能进行运算，否则运算毫无意义。例如：两指针变量相减所得之差是两个指针所指数组元素之间相差的元素个数。

实例 9-5： 计算两个数的和与乘积(源代码\ch09\9.5.txt)

编写程序，定义指针变量，计算两个数的和与乘积。

```
#include <stdio.h>
main(){
    int a=8,b=10,s,t,*pa,*pb;    /*说明 pa、pb 为整型指针变量*/
        pa=&a;                   /*给指针变量 pa 赋值，pa 指向变量 a*/
        pb=&b;                   /*给指针变量 pb 赋值，pb 指向变量 b*/
        s=*pa+*pb;               /*求 a+b 之和(*pa 就是 a，*pb 就是 b)*/
        t=*pa**pb;               /*本行是求 a*b 之积*/
        printf("a=%d\nb=%d\na+b=%d\na*b=%d\n",a,b,a+b,a*b);
        printf("s=%d\nt=%d\n",s,t);
}
```

程序运行结果如图 9-6 所示。

Microsoft Visual Studio 调试控制台

```
a=8
b=10
a+b=18
a*b=80
s=18
t=80
```

图 9-6　实例 9-5 的程序运行结果

3. 两指针变量进行关系运算

指向同一数组的两指针变量进行关系运算可表示它们所指数组元素之间的关系，如：pf1==pf2 表示 pf1 和 pf2 指向同一数组元素；pf1>pf2 表示 pf1 处于高地址位置；pf1<pf2 表示 pf2 处于低地址位置。

另外，指针变量还可以与 0 比较。设 p 为指针变量，则 p==0 表明 p 是空指针，它不指向任何变量；p!=0 表示 p 不是空指针。

```
#define NULL 0
int *p=NULL;
```

对指针变量赋 0 值和不赋值是不同的。指针变量未赋值时，可以是任意值，是不能使用的。否则，将造成意外错误。而指针变量赋 0 值后，则可以使用，只是它不指向具体的变量而已。

实例 9-6： 找出数值中的最大值和最小值(源代码\ch09\9.6.txt)

编写程序，定义指针变量，输入 3 个不同的整数，找出最大的和最小的数并输出。

```
#include <stdio.h>
main(){
    int a,b,c,*pmax,*pmin;                   /*pmax、pmin 为整型指针变量*/
        printf("请输入三个数值:\n");          /*输入提示*/
        scanf_s("%d%d%d",&a,&b,&c);          /*输入 3 个数字*/
        if(a>b){                             /*如果第一个数字大于第二个数字*/
```

```
        pmax=&a;                                        /*指针变量赋值*/
        pmin=&b;}                                       /*指针变量赋值*/
        else{
        pmax=&b;                                        /*指针变量赋值*/
        pmin=&a;}                                       /*指针变量赋值*/
        if(c>*pmax) pmax=&c;                            /*判断并赋值*/
        if(c<*pmin) pmin=&c;                            /*判断并赋值*/
        printf("max=%d\n min=%d\n",*pmax,*pmin);        /*输出结果*/
    }
```

程序运行结果如图 9-7 所示。

```
Microsoft Visual Studio 调试控制台
请输入三个数值:
80 45 98
max=98
min=45
```

图 9-7　实例 9-6 的程序运行结果

9.2　指针与函数

由于函数名也表示函数在内存中的首地址，因此，指针也可以指向函数。函数指针就是指向函数的指针变量。因而“函数指针”本身首先应是指针变量，只不过该指针变量指向函数。

9.2.1　函数返回指针

通过对函数内容的掌握，可以发现函数在使用时，可以返回值也可以不返回值，并且返回值一般类型多为 int 型、float 型或者是 char 型。除此之外，一个函数的返回值也可以为一个指针类型的数据，即为变量的地址。

若想使用一个函数来返回指针类型数据时，该函数的定义语法如下：

```
数据类型 *函数名(形参列表)
{
    函数体;
}
```

例如：

```
int *f(int x,int y)
{
    函数体;
}
```

其中定义一个返回指针类型数据的函数语法格式与之前定义函数时的格式基本相似，只是需要在函数名前加符号“*”，用于表示该函数返回的是一个指针值，该指针值为指向一个 int 型的数据。

实例 9-7： 求两个数中的较大数(源代码\ch09\9.7.txt)

编写程序，通过输入端输入两个整数，求这两个数中的较大数。

```
#include <stdio.h>
/* 声明函数 */
int *f();
int main()
{
    int a,b;
    /* 定义指针变量 */
    int *p;
    printf("输入两个整数：\n");
    scanf_s("%d%d",&a,&b);
    /* 调用函数 */
    p=f(&a,&b);
    printf("两数中较大数为：%d\n",*p);
    return 0;
}
/* 定义函数 */
int *f(int *x,int *y)
{
    if(*x>*y)
    {
        return x;
    }
    else
    {
        return y;
    }
}
```

程序运行结果如图 9-8 所示。

```
Microsoft Visual Studio 调试控制台
输入两个整数：
15 20
两个数中的较大数为：20
```

图 9-8　实例 9-7 的程序运行结果

在代码中，首先声明一个返回值为指针值的函数，该函数用于比较两数的大小，并将较大数的地址返回。在 main()函数中，首先定义 int 型变量 a 和 b，然后定义指针变量 p，通过输入端输入变量 a 和变量 b 的值，调用函数 f()并将变量 a 和变量 b 的地址作为实参进行传递，将返回的较大值地址存放于指针变量 p 中，然后通过*p 输出较大值。

9.2.2　指向函数的指针

通过定义一个指针变量可以来指向函数的入口地址，然后通过这个指针变量就能够调用该函数，这个指针变量被称为指向函数的指针变量。语法格式如下：

```
数据类型 (*指针变量名) (形参列表)
```

其中，数据类型为指针变量所指向的函数的返回值类型。形参类别为指针变量所指向的函数的形参。例如：

```
int sum(int x,int y)
{
    ...
}
```

```
int main()
{
    int (*p)(int int);
    ...
    return 0;
}
```

注意

(*指针变量名)中的括号“()”不可省略。

若是想通过指向某函数的指针变量来调用该函数，语法格式如下：

```
(*指针变量名)(实参列表);
```

例如：

```
int a,b,c;
c=(*p)(a,b);
```

实例 9-8： 比较两数大小，返回较大数(源代码\ch09\9.8.txt)

编写程序，使用函数指针变量调用函数，比较两数大小，返回较大数。

```
#include <stdio.h>
/* 声明函数 */
int max();
    int main()
    {
        /* 定义函数指针变量 */
        int (*p)();
        int a,b,c;
        /* 将函数地址赋予函数指针变量 */
        p=max;
        printf("请输入两个整数：\n");
        scanf_s("%d%d",&a,&b);
        /* 函数调用 */
        c=(*p)(a,b);
        printf("两个数中的较大数为：%d\n",c);
        return 0;
}
/* 定义函数 */
int max(int x,int y)
{
    if(x>y)
    {
        return x;
    }
    else
    {
        return y;
    }
}
```

程序运行结果如图 9-9 所示。

```
Microsoft Visual Studio 调试控制台
请输入两个整数：
10 25
两个数中的较大数为：25
```

图 9-9　实例 9-8 的程序运行结果

在代码中，首先声明函数 max()，该函数用于比较两数的大小，并将较大数返回。在 main()函数中定义函数指针变量 p 以及 int 型变量 a、b、c。然后将函数地址赋予函数指针变量 p，这里函数名即表示该函数的入口地址。

接着通过输入端输入变量 a 和 b 的值，然后通过函数指针变量对函数 max()进行调用，返回变量 a 和变量 b 的较大值并输出。

9.2.3 指针变量作为函数参数

通过函数的学习，可以知道实参对形参的传递是单向的，形参的变化不会对实参造成任何影响，那么如果使用指针变量作为函数的实参进行传递，形参变化会不会影响到主调函数中实参的值呢，接下来通过实例对指针变量作为函数参数进行讲解。

实例 9-9：将两数进行交换并输出(源代码\ch09\9.9.txt)

编写程序，定义一个函数 swap()，用于将两数进行交换，在 main()函数中通过输入端输入两个整数，若前数小于后数，则调用函数 swap()，将两数进行交换。这里使用指针变量作为函数 swap()的参数进行传递，输出两数交换的结果。

```
#include <stdio.h>
/* 声明函数 */
void swap();
int main()
{
    /* 定义指针变量 */
    int *p1,*p2;
    int a,b;
    printf("请输入两个整数：\n");
    scanf("%d%d",&a,&b);
    /* 将变量地址赋予指针变量 */
    p1=&a;
    p2=&b;
    if(a<b)
    {
        /* 函数调用 将指针变量作为参数传递 */
        swap(p1,p2);
    }
    printf("a=%d,b=%d\n",a,b);
    return 0;
}
/* 定义函数 */
void swap(int *pt1,int *pt2)
{
    int t;
    t=*pt1;
    *pt1=*pt2;
    *pt2=t;
}
```

程序运行结果如图 9-10 所示。

```
Microsoft Visual Studio 调试控制台
请输入两个整数：
40 50
a=50, b=40
```

图 9-10　实例 9-9 的程序运行结果

在代码中首先声明函数 swap()，在对该函数的定义中，使用 int 型变量 t 作为中介，通过运算符*将两个指针变量所指向的变量值进行交换，最后输出交换结果，如图 9-11 所示为数值交换的过程。

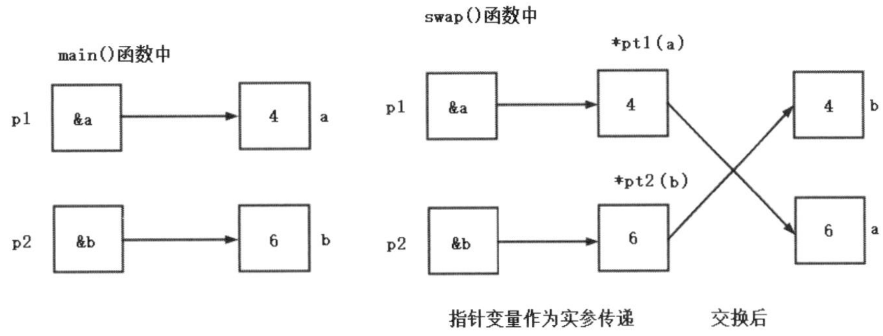

图 9-11 *pt1 与*pt2 交换

9.3 指针与数组

C 语言中的数组元素都是有内存单元的，所以可以使用指针变量来表示数组中的元素地址，并且可以通过指针变量来对数组进行引用。

9.3.1 数组元素的指针

在 C 语言中，变量在内存中都分配有内存单元，用于存储变量的数据，而数组包含有若干的元素，每个元素就相当于一个变量，它们在内存中占用存储单元，也就是说它们都有自己的内存地址。那么指针变量既然可以指向变量，必然也可以用来指向数组中的元素，同变量一样，数组元素是将某个元素的地址赋予指针变量，所以数组元素的指针就是指数组元素的地址。

数组指针定义的一般形式如下：

```
存储类型 数据类型(*指针变量名)[元素个数]
```

其中，数据类型表示所指数组的类型。从一般形式可以看出，指向数组的指针变量和指向普通变量的指针变量的说明是相同的。例如，在程序中定义一个数组指针：

```
int (*p)[4];
```

它表明指针 p 指向的数组，指针 p 用来指向一个含有 4 个元素的一维整型数组，p 的值就是该一维数组的首地址。

在使用数组指针时，有两点一定要注意：

(1) *p 两侧的括号一定不要漏掉，如果写成*p[4]的形式，由于[]的运算级别高，因此 p 先和[4]结合，P[4]是数组，然后再与前面的*结合，*p[4]是指针数组。

(2) p 是一个行指针，它只能指向一个包含 n 个元素的一维数组，不能指向一维数组中的元素。

实例 9-10： 使用数组指针输出二维数组中的元素(源代码\ch09\9.10.txt)

```
#include <stdio.h>
int main(void)
{
```

```
int array[2][3]={1,2,3,4,5,6};    /*定义一个二维数组*/
    int i,j;
    int (*p)[3];     /*定义一个数组指针*/
    p=array;    /*p 指向 array 下标为 0 那一行的首地址*/
    for(i=0;i<2;i++)
    {
    for(j=0;j<3;j++)
         printf("array[%d][%d]=%d\n",i,j,p[i][j]);
    }
    return 0;
}
```

```
Microsoft Visual Studio 调试控
array[0][0]=1
array[0][1]=2
array[0][2]=3
array[1][0]=4
array[1][1]=5
array[1][2]=6
```

图 9-12　实例 9-10 的程序运

程序运行结果如图 9-12 所示。

程序中使用了 p[i][j]实现了输出，可以改写成*(p[i]+j)，还可以改写成*(*(p+i)+j)或*(p+i)[j]。

9.3.2　通过指针引用数组元素

通过指针引用一个数组元素可以使用两种方法，分别是通过数组名计算数组元素的地址以及使用指针变量表示法。

1. 通过数组名计算数组元素的地址

通过数组名计算数组元素的地址是采用*(array+i)或*(pointer+i)形式，用间接访问的方法来访问数组元素，其中，array 是数组名，pointer 是指向数组的指针变量，其初值 pointer=array。

实例 9-11： 通过数组名输出数组中的元素(源代码\ch09\9.11.txt)

编写程序，定义一个数组 a，使用数组名计算数组元素的地址，并使用运算符“*”输出数组中的元素。

```
#include <stdio.h>
   int main()
   {
      int a[5];
      int i;
      printf("为数组 a 中的元素逐一赋值：\n");
      for(i=0;i<5;i++)
      {
         scanf_s("%d",&a[i]);
      }
      printf("数组 a 中的元素为：\n");
      /* 使用数组名计算数组元素地址 */
      for(i=0;i<5;i++)
      {
         printf("%-2d ",*(a+i));
      }
      printf("\n");
      return 0;
   }
```

程序运行结果如图 9-13 所示。

```
Microsoft Visual Studio 调试控制台
为数组a中的元素逐一赋值:
10 12 14 16 18
数组a中的元素为:
10 12 14 16 18
```

图 9-13 实例 9-11 的程序运行结果

在代码中，首先定义 int 型数组 a 以及变量 i，通过一个 for 循环输入数组 a 的元素，然后再通过另一个 for 循环输出数组 a 的元素，在这个 for 循环中使用的是数组名来表示数组中的首地址，然后通过加上循环变量来访问数组中的元素，最后使用运算符“*”输出数组中的每一个元素。

2. 使用指针变量表示法

通过使用指针变量来表示数组元素的地址，然后再通过指针变量可以引用数组元素。

实例 9-12： 通过指针变量输出数组 a 中的元素(源代码\ch09\9.12.txt)

```
#include <stdio.h>
int main()
{
    int a[5];
    int *p,i;
    printf("为数组 a 中的元素逐一赋值：\n");
    for(i=0;i<5;i++)
    {
        scanf_s("%d",&a[i]);
    }
    printf("数组 a 中的元素为：\n");
    /* 使用指针变量表示数组元素地址 */
    for(p=a;p<(a+5);p++)
    {
        printf("%-2d ",*p);
    }
    printf("\n");
    return 0;
}
```

程序运行结果如图 9-14 所示。

```
Microsoft Visual Studio 调试控制台
为数组a中的元素逐一赋值:
10 12 14 16 18
数组a中的元素为:
10 12 14 16 18
```

图 9-14 实例 9-12 的程序运行结果

在代码中，首先定义 int 型数组 a、变量 i 以及指针变量 p。通过 for 循环为数组 a 中的元素逐一赋值，然后通过另一个 for 循环对数组 a 中的元素循环输出，在该 for 循环中使用指针变量 p 表示数组 a 的首地址，通过表达式“p<(a+5)”来控制循环次数，每次输出一个元素后，指针变量做自增运算，指向下一个元素的地址，最后使用运算符“*”输出指针变量指向的元素。

9.3.3 指向数组的指针变量作为函数参数

C 语言中，可以使用数组名作为函数的参数进行传递，而且函数的参数在接受数组名时可以按照指针变量进行处理。例如，定义函数 f()，代码如下：

```
f(int *arr1,int b)
{
    …
}
```

在对一个以数组名或指针变量作为参数的函数进行调用时，形参数组和实参数组是共同占用一段内存的，当改变了形参数组的值，那么在 main()函数中作为实参传递的值也会一同发生改变。

实例 9-13：反转输出数组中的元素(源代码\ch09\9.13.txt)

编写程序，定义一个数组 a，将数组 a 中的 n 个整数按照相反的顺序进行存放，然后输出新的数组 a，这里使用指针变量表示函数的实参与形参。

```
#include <stdio.h>
/* 声明函数 */
void f();
int main()
{
    /* 定义数组 a 以及指针变量 */
    int a[6],*p;
    /* 将数组 a 首地址赋予 p */
    p=a;
    printf("请逐一为数组 a 中的元素进行赋值：\n");
    for(p=a;p<a+6;p++)
    {
        scanf_s("%d",p);
    }
    printf("数组 a 中的元素为：\n");
    for(p=a;p<a+6;p++)
    {
        printf("%-2d  ",*p);
    }
    printf("\n");
    /* 调用函数 */
    p=a;
    f(p,6);
    printf("将数组 a 中的元素进行反转后为：\n");
    for(p=a;p<a+6;p++)
    {
        printf("%d  ",*p);
    }
    printf("\n");
    return 0;
}
/* 定义函数 */
void f(int *a,int n)
{
    int temp,k;
    /* 定义指针变量 */
    int *i,*j,*p;
    j=a+n-1;
    k=(n-1)/2;
    p=a+k;
    for(i=a;i<=p;i++,j--)
    {
        /* 使用指针变量交换元素 */
        temp=*i;
```

```
        *i=*j;
        *j=temp;
    }
}
```

程序运行结果如图 9-15 所示。

```
Microsoft Visual Studio 调试控制台
请逐一为数组a中的元素进行赋值:
15 25 35 45 55 65
数组a中的元素为:
15  25  35  45  55  65
将数组a中的元素进行反转后为:
65  55  45  35  25  15
```

图 9-15　实例 9-13 的程序运行结果

在代码中，首先声明一个函数 f()，该函数使用指针变量将数组 a 中的元素进行反转操作，通过指针变量的自增和自减运算，使得指针变量 i 和 j 分别指向进行交换的两个元素。接着在 main()函数中，定义一个指针变量 p 并将数组 a 的首地址赋予它，然后通过该指针变量访问数组 a 的元素，进行赋值与输出的相关操作，最后调用函数 f()，将指针变量 p 作为实参数据进行传递，再输出反转操作后数组 a 的元素。

9.3.4　通过指针对多维数组进行引用

C 语言中，一维数组中的元素可以通过指针变量来表示，同样，多维数组的元素也可以使用指针变量来表示。

1. 多维数组元素的地址

以二维数组为例，二维数组可以看作由一维数组组成的。例如：

```
int a[2][3]={{1,2,3},{4,5,6}};
```

此二维数组可以看作两个一维数组构成的，所以数组 a 有两个元素，分别是一维数组 a[0]和 a[1]。其中 a[0]包含元素 1、2、3；a[1]包含元素 4、5、6。

那么既然可以将二维数组看作由一维数组组成的，一维数组的数组名又表示该数组的首地址，所以二维数组 a 的表示，如图 9-16 所示。

使用数组名 a 表示二维数组的首地址时，a 为元素 a[0]的地址，a+1 为元素 a[1]的地址，如图 9-17 所示。

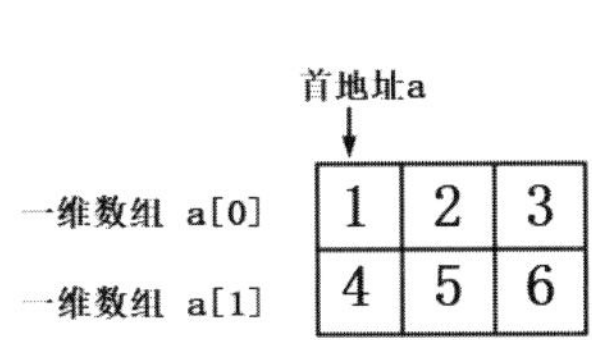

图 9-16　二维数组的表示

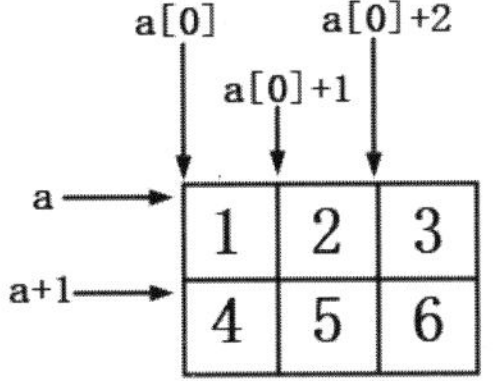

图 9-17　二维数组的地址

使用指针对二维数组进行表示时，*a 为元素 a[0]、*a+1 为元素 a[0]+1…*(a+1)+2 为元素 a[1]+2，如图 9-18 所示。

因为一维数组中 a[i]等价于*(a+i)，所以在二维数组中 a[i]+j 等价于*(a+i)+j，表示 a[i][j]的地址，而*(a[i]+j)等价于*(*(a+i)+j)，表示二维数组元素 a[i][j]的数据值。

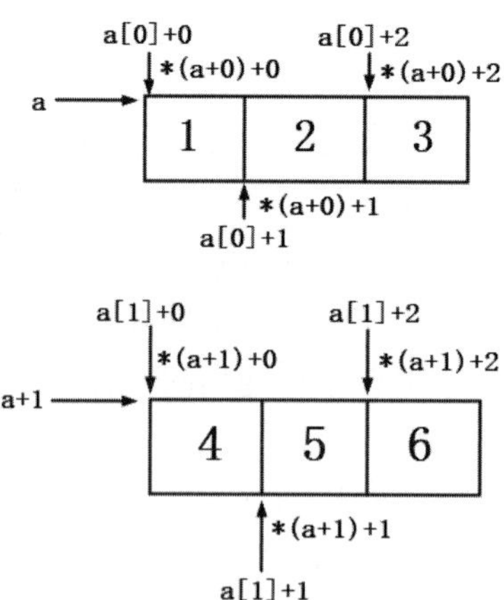

图 9-18　指针表示二维数组元素

2. 指向多维数组元素的指针变量

实例 9-14：输出二维数组中的元素(源代码\ch09\9.14.txt)

编写程序，定义一个二维数组 a 以及一个指针变量 p，将二维数组 a 的首地址赋予指针变量 p，通过指针变量输出数组 a 中的元素。

```
#include <stdio.h>
    int main()
    {
          /* 定义二维数组 a */
          int a[3][4], i, j;
          /* 定义指针变量 p */
          int* p;
          printf("请输入二维数组 a 中的元素：\n");
          for (i = 0; i < 3; i++)
          {
               for (j = 0; j < 4; j++)
               {
                    scanf_s("%d", &a[i][j]);
               }
          }
          /* 输出数组 a 元素值 */
          printf("输出二维数组 a 中的元素值：\n");
          for (p = a[0]; p < a[0] + 12; p++)
          {
               printf("%d ", *p);
          }
          printf("\n");
          return 0;
}
```

程序运行结果如图 9-19 所示。

```
Microsoft Visual Studio 调试控制台
请输入二维数组a中的元素:
1 2 4 5 8 9 10 11 13 14 18 20
输出二维数组a中的元素值:
1 2 4 5 8 9 10 11 13 14 18 20
```

图 9-19　实例 9-14 的程序运行结果

在代码中首先定义二维数组 a 以及指针变量 p，通过输入端输入数组 a 中的元素，然后利用指针变量以及 for 循环输出数组 a 中的元素。这里需要注意的是将二维数组 a 的首地址赋予指针变量时尽量使用“p=a[0]”来表示，因为有些编译器可能不接受“p=a”这类的写法。

3. 指向由若干元素组成的一维数组的指针变量

C 语言中，可以通过定义一个指针变量，来指向二维数组中包含若干元素的某一行一维数组。语法格式如下：

```
数据类型 (*指针名)[一维数组维数];
```

例如：

```
int a[2][3];
int (*p)[3];
```

其中，指针变量 p 指向一个包含有 3 个 int 型数据的一维数组的首地址，该指针变量为行指针。

实例 9-15：通过指针变量输出二维数组的元素(源代码\ch09\9.15.txt)

编写程序，定义一个二维数组 a 和一个指针变量，该指针变量指向了二维数组 a 的某一行，并通过指针变量输出数组 a 的元素。

```
#include <stdio.h>
    int main()
    {
        /* 定义二维数组 a */
        int a[3][4],i,j;
        /* 定义指针变量 */
        int (*p)[4];
        /* 将数组 a 的首地址赋予 p */
        p=a;
        printf("请输入数组 a 中的元素：\n");
        for(i=0;i<3;i++)
        {
            for(j=0;j<4;j++)
            {
                scanf_s("%d",*(p+i)+j);
            }
        }
        /* 通过指针变量输出 */
        printf("数组 a 中的元素为：\n");
        for(i=0;i<3;i++)
        {
            for(j=0;j<4;j++)
            {
                printf("%d ",*(*(p+i)+j));
            }
            printf("\n");
        }
        printf("\n");
        return 0;
    }
```

程序运行结果如图 9-20 所示。

```
Microsoft Visual Studio 调试控制台
请输入数组a中的元素:
11 12 10 25 35 14 18 20 21 22 23 28
数组a中的元素为:
11 12 10 25
35 14 18 20
21 22 23 28
```

图 9-20　实例 9-15 的程序运行结果

在代码中，首先定义二维数组 a 以及指向一维数组的指针变量 p，然后将数组 a 的首地址赋予 p，通过 for 循环以及指针变量 p 获取输入端输入的元素数值，最后再通过该指针变量将数组 a 中的元素输出。这里注意“*(p+i)+j”是通过首地址加上偏移量来获取数组 a 中的每一个元素地址，而“*(*(p+i)+j)”则为它们的具体数据。

4. 指向二维数组的指针作为函数的参数

实例 9-16：计算平均成绩并查询第 n 个学生的成绩(源代码\ch09\9.16.txt)

编写程序，定义一个二维数组 a，用于存放 3 个学生的 4 门功课成绩，然后定义两个函数 f1()和 f2()，用于计算平均成绩以及查询第 n 个学生的成绩。

```
#include <stdio.h>
/* 声明函数 */
void f1();
void f2();
int main()
{
    /* 定义数组 a */
    float a[3][4];
    int i, j, b;
    printf("请录入学生的成绩：\n");
    for (i = 0; i < 3; i++)
    {
        for (j = 0; j < 4; j++)
        {
            scanf_s("%f", &a[i][j]);
        }
    }
    fflush(stdin);
    /* 调用函数 */
    f1(*a, 12);
    printf("请输入需要查找的学生编号：\n");
    scanf_s("%d", &b);
    if (b < 1 || b>2)
    {
        printf("输入有误! \n");
        return 0;
    }
    else
    {
        f2(a, b);
    }
    return 0;
}
/* 定义函数 */
void f1(float* p, int n)
```

```
{
    float* pe;
    float sum, ave;
    sum = 0;
    pe = p + n - 1;
    for (; p <= pe; p++)
    {
        sum = sum + (*p);
        ave = sum / n;
    }
    printf("平均成绩为：%.2f\n", ave);
}
void f2(float(*p)[4], int n)
{
    int i;
    printf("%d 号学生的成绩为：\n", n);
    for (i = 0; i < 4; i++)
    {
        printf("%.2f ", *(*(p + n) + i));
    }
    printf("\n");
}
```

程序运行结果如图 9-21 所示。

```
Microsoft Visual Studio 调试控制台
请录入学生的成绩:
89 75 98 85 78 86 69 74 89 95 78 74
平均成绩为: 82.50
请输入需要查找的学生编号:
2
2号学生的成绩为:
89.00 95.00 78.00 74.00
```

图 9-21　实例 9-16 的程序运行结果

在代码中，首先声明函数 f1()和 f2()，函数 f1()用于计算学生的总成绩，函数 f2()用于查找其中一个学生的成绩并输出。在 main()函数中，定义数组 a 并通过输入端输入数组 a 中元素的值，然后调用函数 f1()输出总平均成绩，再通过提示输出需要查找的学生编号，通过 if...else 语句判断输入的正误，若正确则调用函数 f2()，输出该学生的 4 门功课成绩。这里需要注意的是在函数 f2()中，定义了一个指向二维数组某一行的一个指针变量，并通过“(*(p+n)+i)”来访问这一行的 4 个元素地址，然后输出。

9.4　指针与字符串

C 语言中，字符串在内存中以数组的形式进行存储，并且字符串数组在内存中占有一段连续的内存空间，最后以'\0'来结束。而字符指针则为指向字符串的指针变量，虽然它在定义时并不是以字符数组形式定义，但在内存中依然是以数组形式存放。

9.4.1　字符指针

C 语言中，定义一个指向字符串的指针变量，语法格式如下：

```
char *指针变量= "字符串内容";
```

例如：

```
char *string;
string= "I love C!";
```

赋值操作“string= "I love C!";”只是将字符串的首地址赋予指针变量 string，而并不是将字符串赋予指针变量 string，而且 string 只能存放一个地址，不能够用于存储一个字符串内容，如图 9-22 所示。

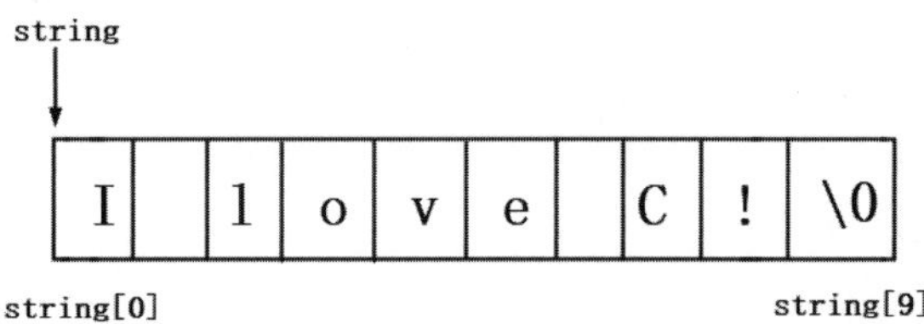

图 9-22　字符指针

C 语言输出字符串可以使用字符串数组实现，也可以使用字符指针。

1. 使用字符数组输出

实例 9-17：输出字符数组中的元素(源代码\ch09\9.17.txt)

编写程序，定义一个字符数组，并进行初始化操作，然后输出该字符串。

```
#include <stdio.h>
int main()
{
    /* 定义字符数组并初始化 */
    char string[]="I love C!";
    printf("%s\n",string);
    return 0;
}
```

程序运行结果如图 9-23 所示。

图 9-23　实例 9-17 的程序运行结果

在代码中，首先定义一个字符数组 string 并进行初始化操作，然后再通过格式控制符“%s”将该字符数组输出。

2. 使用字符指针输出

实例 9-18：通过指针变量访问字符数组(源代码\ch09\9.18.txt)

编写程序，定义指针变量，并通过指针变量访问字符数组 a 和 b 的不同地址，最终完成复制的操作。

```
#include <stdio.h>
    int main()
    {
        char a[]="apple",b[10];
        /* 定义字符指针 */
        char *p1,*p2;
        int i;
        /* 将数组 a 和 b 的首地址赋予指针变量 */
```

```
    p1=a;
    p2=b;
    /* 通过指针变量进行复制 */
    for(;*p1!='\0';p1++,p2++)
    {
       *p2=*p1;
    }
    *p2='\0';
    printf("字符串 a 为：%s\n",a);
    printf("字符串 b 为：");
    for(i=0;b[i]!='\0';i++)
    {
       printf("%c",b[i]);
    }
    printf("\n");
    return 0;
}
```

程序运行结果如图 9-24 所示。

```
Microsoft Visual Studio 调试控制台
字符串a为：apple
字符串b为：apple
```

图 9-24　实例 9-18 的程序运行结果

9.4.2　使用字符指针做函数参数

C 语言中，字符指针同样也能够作为函数的参数进行传递。接下来通过实例演示字符数组与字符指针作为参数传递的方式。

1. 字符数组做参数

实例 9-19： 通过字符数组做参数进行复制字符串(源代码\ch09\9.19.txt)

编写程序，定义字符数组 a 和字符数组 b 并对它们分别进行初始化操作，定义一个函数 f()，该函数用于将字符数组 a 复制到字符数组 b 中，调用该函数完成复制操作，最后输出字符串 a 和 b。

```
#include <stdio.h>
/* 声明函数 */
void f();
int main()
{
   /* 定义并初始化字符数组 */
   char a[]="pen";
   char b[]="apple";
   printf("字符串 a 为：%s\n",a);
   printf("字符串 b 为：%s\n",b);
   /* 调用函数*/
   f(a,b);
   printf("字符串 a 为：%s\n",a);
   printf("字符串 b 为：%s\n",b);
   return 0;
}
/* 定义函数 */
```

```
void f(char a1[],char b1[])
{
    int i;
    for(i=0;a1[i]!='\0';i++)
    {
        b1[i]=a1[i];
    }
    b1[i]='\0';
    }
```

程序运行结果如图 9-25 所示。

图 9-25　实例 9-19 的程序运行结果

在代码中，首先声明函数 f()，该函数用于将字符数组 a 中的字符串复制到字符数组 b 中。在 main()函数中首先定义字符数组 a 和字符数组 b，然后对它们分别进行初始化操作，并输出它们存储的字符串内容，然后调用函数 f()，通过数组下标访问字符元素将字符数组 a 中的字符串复制到字符数组 b 中，如图 9-26 所示，最后输出复制后的数组 a 与数组 b。

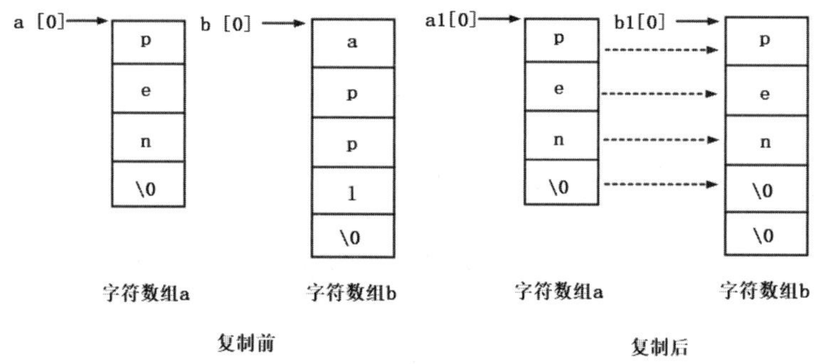

图 9-26　复制字符串的过程

2. 字符指针做函数参数

实例 9-20：通过字符指针做参数进行复制字符串(源代码\ch09\9.20.txt)

编写程序，定义字符数组 a 和字符数组 b 并对它们分别进行初始化操作，使用字符指针作为函数参数进行传递，将字符数组 a 复制到字符数组 b 中。

```
#include <stdio.h>
/* 声明函数 */
void f();
int main()
{
    /* 定义并初始化字符指针变量 */
    char *a="pen";
    char b[]="apple";
    char *p=b;
    printf("字符串 a 为: %s\n",a);
    printf("字符串 b 为: %s\n",p);
    /* 调用函数 */
    f(a,p);
    printf("字符串 a 为: %s\n",a);
    printf("字符串 b 为: %s\n",b);
    return 0;
```

```
}
/* 定义函数 */
void f(char *a1,char *b1)
{
    for(;*a1!='\0';a1++,b1++)
    {
        *b1=*a1;
    }
    *b1='\0';
}
```

程序运行结果如图 9-27 所示。

在代码中，首先声明函数 f()，该函数使用字符指针作为函数的形参，利用 for 循环通过对指针变量做自增运算访问字符元素来完成复制操作。在 mian()函数中，定义并初始化字符指针变量 a 以及字符数组 b，然后定义一个字符指针变量 p，并将字符数组 b 首地址赋予 p，然后调用函数 f()，通过指针变量完成字符数组间的复制操作。

```
Microsoft Visual Studio 调试控制台
字符串a为: pen
字符串b为: apple
字符串a为: pen
字符串b为: pen
```

图 9-27　实例 9-20 的程序运行结果

9.4.3　字符数组与字符指针变量的区别

C 语言中，字符数组与字符指针变量在使用中有很大的区别。

1. 存储方式不同

字符数组由若干个元素组成，每个元素中存放了一个字符；而字符指针变量中存放的则是字符串中的第 1 个字符的地址，并非是将整个字符串存放于字符指针变量中。例如：

```
char a[]="apple";
char *b="apple";
```

其中，数组 a 中存放的是字符串中的字符与“\0”，而指针变量 b 中存放的则是字符串的首地址。

2. 赋值方式不同

字符数组在复制的时候只能对其中每个元素分别进行赋值，而不能直接将字符串赋值给字符数组。例如：

```
char a[10],b[]="pen";
a="apple";
a[10]="apple";
```

其中，“b[]="pen";”为初始化，合法，而“a="apple";”和“a[10]="apple";”不合法，不能使用赋值语句进行赋值。

字符指针变量可以使用赋值语句进行赋值。例如：

```
char *p;
p="apple";
```

3. 初始化不同

字符数组在定义时可以直接初始化其字符串的内容，但是在定义之后再初始化则不能直接将字符串的内容赋予字符数组。例如：

```
/* 合法 */
char a[]="apple";
/* 不合法 */
char a[10];
a[]="apple";
```

字符指针变量在定义时初始化和定义之后再赋初值都是合法的。例如：

```
char *a="apple";
```

等价于：

```
char *a;
a="apple";
```

4. 存储单元不同

C 语言中，定义一个字符数组时编译器会为该数组分配一片连续的存储单元；而定义一个字符指针变量时，只会给该指针变量分配一个存储单元。

5. 指针变量的指向可以改变

在使用字符指针变量时，可以对指针变量进行加减运算，使得指针变量的指向发生改变，从而指向其他字符元素。例如：

```
int main()
{
    char *a;
    a="apple pen";
    a+=6;
    printf("%s",a);
    return 0;
}
```

运行后输出的结果为“pen”，通过增加偏移量来使得指针变量指向发生改变，从而输出以指向元素为起始地址的字符串。

6. “再赋值”不相同

字符数组字符串中的字符可以通过再赋值来改变，而字符指针变量所指向的字符串中的字符不可进行再赋值。例如：

```
char a[]="apple";
char *b="pen";
/* 合法 字符 p 被字符 b 取代 */
a[2]='b';
/* 不合法 不能进行赋值 */
b[1]='b';
```

9.5 指针数组和多重指针

本节是指针的进阶内容，在本节中将对指针数组与多重指针进行详细讲解。

9.5.1　指针数组

在 C 语言中，若一个数组中的元素均是指针类型的数据，那么这个数组被称为指针数组，指针数组中的每一个元素都是一个指针变量。

以一维数组为例，指针数组的定义语法格式如下：

```
数据类型 *数组名[数组长度];
```

例如：

```
int *p[3];
```

实例 9-21：排序指针数组中的字符串(源代码\ch09\9.21.txt)

编写程序，定义一个指针数组 string 以及一个函数 fun()，该函数用于对指针数组存放的字符串进行排序。调用函数，将指针数组 string 中存放的字符串按照由大到小进行排序，最后输出排序前后的字符串。

```
#include <stdio.h>
/* 添加 string 头文件 用于调用函数 */
#include <string.h>
/* 声明函数 */
void fun();
int main()
{
    /* 定义指针数组 */
    char *a[]={"a","b","c","d","e"};
    int i,j;
    j=5;
    printf("排序前的指针数组 a 为：\n");
    for(i=0;i<j;i++)
    {
        printf("%s\n",a[i]);
    }
    /* 调用函数 */
    fun(a,j);
    printf("排序后的指针数组 a 为：\n");
    for(i=0;i<j;i++)
    {
        printf("%s\n",a[i]);
    }
    return 0;
}
/* 定义函数 */
void fun(char *a1[],int m)
{
    char *t;
    int i,j,k,n;
    n=m-1;
    for(i=0;i<n;i++)
    {
        k=i;
        for(j=i+1;j<m;j++)
        {
            if(strcmp(a1[k],a1[j])<0)
            {
```

```
                k=j;
            }
            if(k!=i)
            {
                t=a1[i];
                a1[i]=a1[k];
                a1[k]=t;
            }
        }
    }
}
```

程序运行结果如图 9-28 所示。

Microsoft Visual Studio 调试控制台
排序前的指针数组a为:
a b c d e
排序后的指针数组a为:
e d c b a

图 9-28　利用指针数组对字符串进行排序

9.5.2　指向指针的指针

C 语言中，有一种特殊指针，这种指针指向了指针数据的指针，这种形式的指针称为多重指针。

指向指针数据的指针变量的定义语法如下：

```
数据类型 **指针变量;
```

例如：

```
int **a;
```

在指针变量 a 的前面有两个“*”号，因为“*”运算符的结合性是从右到左的，所以**a 等价于*(*a)，这样一来，就可以很清楚地看出*a 是一个指针变量的定义格式，它是指向一个整型数据的指针变量，那么在前面又加上一个“*”，就表示指针变量 a 也是指向另一个整型数据的指针变量。

为了更清晰地理解多重指针，引入了一级指针和二级指针的概念。

(1) 一级指针就是之前常用的指针变量，在该指针变量中存放着目标变量的地址。例如：

```
int *a;
int b=3;
a=&b;
*a=3;
```

指针变量 a 中存放了变量 b 的地址，*a 的值就是变量 b 的值，a 就属于一级指针，如图 9-29 所示。

(2) 二级指针是说指针变量中存放的是一级指针变量的地址，也就是指针的指针。二级指针需要通过一级指针作为桥梁来间接地指向目标变量。例如：

```
int *a;
int **b;
int c=2;
a=&c;
b=&a;
**b=2;
```

其中，二级指针 b 指向了一级指针 a，而一级指针中又存放了变量 c 的地址，所以**b 的值即为变量 b 的值，如图 9-30 所示。

图 9-29　一级指针　　　　图 9-30　二级指针

二级指针不能使用变量的地址对其进行赋值。

实例 9-22：二级指针的交换操作(源代码\ch09\9.22.txt)

编写程序，使用二级指针作为函数 fun()的形参，在函数中对一级指针的地址进行交换，输出并观察 main()函数中实参的值是否发生改变。

```
#include <stdio.h>
   /* 声明函数 */
   void fun();
   int main()
   {
      /* 定义一级指针变量 */
      int *p1,*p2;
      int a,b;
      /* 将变量地址赋予指针 */
      p1=&a;
      p2=&b;
      printf("请输出需要交换的两个整数：\n");
      scanf_s("%d%d",p1,p2);
      /* 调用函数 */
      fun(p1,p2);
      printf("a=%d\nb=%d\n",*p1,*p2);
      return ;
   }
   /* 定义函数 使用二级指针作为形参 */
   void fun(int **q1,int **q2)
   {
      int *temp;
      temp=*q1;
      *q1=*q2;
      *q2=temp;
   }
```

程序运行结果如图 9-31 所示。

```
Microsoft Visual Studio 调试控制台
请输出需要交换的两个整数：
89 65
a=65
b=89
```

图 9-31　实例 9-22 的程序运行结果

9.6 就业面试问题解答

问题 1：怎么理解指向函数的指针？

答：函数指针是指向函数的指针变量。所以“函数指针”本身首先应是指针变量，只不过该指针变量的指向是函数。这就好比使用指针变量可指向整型变量、字符型、数组一样，只不过这里是指向函数。

C 语言在编译时，每一个函数都有一个入口地址，该入口地址就是函数指针所指向的地址。有了指向函数的指针变量后，就可以使用该指针变量调用函数，就如同用指针变量可引用其他类型变量一样，在这些概念上大体是一致的。函数指针有两个用途：调用函数和做函数的参数。

问题 2：二级指针与指针数组间有什么关系？

答：可以通过实例进行说明：

假设有二级指针：

```
int **p;
```

和指针数组：

```
int *q[5];
```

其中指针数组的数组名 q 就是二级指针的常量，p=q，并且 p+i 就是 q[i]的地址。当指针数组作为函数的形参时，int *p[]与 int **p 等价；但是作为变量定义时则含义不同。二级指针与指针数组在内存上不同，程序在运行时，只会给二级指针 p 分配一个指针值的内存单元，而分给指针数组 5 个单位的内存，其中每个内存区存放一个指针值。二级指针可以指向指针数组的首地址(指针)，而指针数组中的指针再指向其他变量。

9.7 上机练练手

上机练习 1：检索一维数组中某个元素的下标和地址

编写程序，定义一个数组 a 并进行初始化操作，然后通过调用指针作为参数以及返回指针的函数，来对一维数组中某个元素的下标和地址进行检索。程序运行结果如图 9-32 所示。

```
Microsoft Visual Studio 调试控制台
数组元素为:
50 70 60 80 90 10 30 40 10 9 8 7 6 5 12 15 17 1 2 3
数组元素a[0]的地址为：10788920.
请输入需要寻找的值:
90
您要寻找的90，数组下标为：4.
您要寻找的90在数组中的地址（指针）为：10788936.
按任意键结束程序...
```

图 9-32 检索元素的下标和地址

上机练习 2：利用指针变量排序二维字符数组

编写程序，定义一个 char 型指针数组以及一个二维数组，将二维数组每行首地址赋予指针数组中的指针，输入字符串存于二维数组中，利用指针变量完成对二维数组中字符串的比较，并按照由小到大的顺序输出。程序运行结果如图 9-33 所示。

上机练习 3：查找成绩不及格的学生信息

编写程序，定义数组 a 并通过输入端录入学生的成绩存于数组 a 中，然后使用指针变量指向二维数组中的某一行，利用 for 循环嵌套在每一行中对成绩进行筛查，若有学生的某门课程不及格，则输出该学生的所有成绩。程序运行结果如图 9-34 所示。

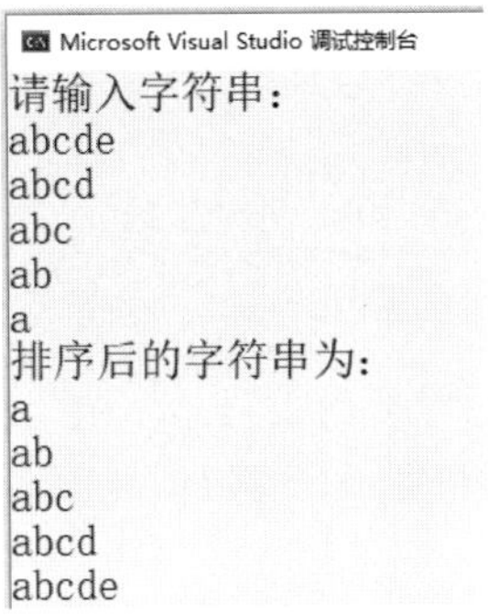

```
Microsoft Visual Studio 调试控制台
请输入字符串：
abcde
abcd
abc
ab
a
排序后的字符串为：
a
ab
abc
abcd
abcde
```

图 9-33　字符串排序

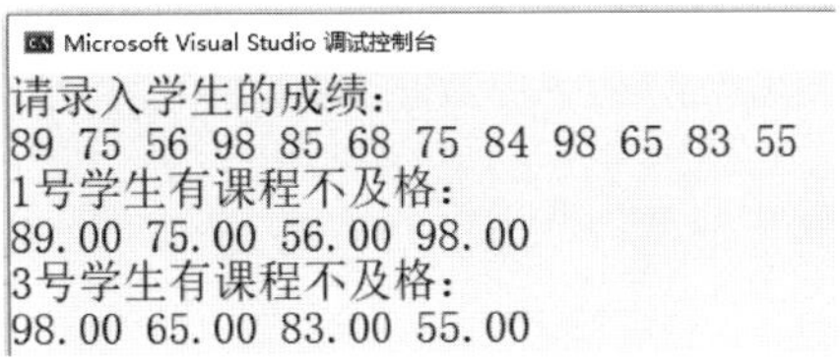

```
Microsoft Visual Studio 调试控制台
请录入学生的成绩：
89 75 56 98 85 68 75 84 98 65 83 55
1号学生有课程不及格：
89.00 75.00 56.00 98.00
3号学生有课程不及格：
98.00 65.00 83.00 55.00
```

图 9-34　查找成绩不及格的学生信息

第 10 章

结构体、共用体和枚举

在对一个复杂程序进行开发时，简单的变量类型有时候可能不能够满足该程序中各种复杂数据的需求，所以 C 语言专门提供了一种可以由用户进行自定义的数据类型，并存储不同类型的数据项的一种构造数据类型，即结构体与共同体。本章就来介绍结构体、共用体以及枚举的应用。

10.1 结构体概述

结构体不同于一般的基本类型，它根据具体情况以及程序的需要来构造数据类型，与变量相似，结构体也是先进行定义，然后再使用。

10.1.1 结构体类型

结构体属于构造类型，由若干成员组成，其中的成员可以为基本数据类型，也可以是另一个构造类型。使用结构体类型前，首先需要对结构体进行定义，语法格式如下：

```
struct 结构体名称
{
    数据类型 成员 1;
    数据类型 成员 2;
    …
    数据类型 成员 n;
};
```

其中，struct 为声明结构体时的关键字，结构体名称表示该结构的类型名，命名时遵循标识符的命名规则，并且命名时尽可能做到见名知义，大括号中为成员列表，可以为一般变量或是数组等。

例如，定义一个图书相关的结构体：

```
struct Books
{
    char title[50];  /*书名*/
    char author[50];  /*作者*/
    char subject[100];  /*主题*/
    int book_id;    /*编号 */
};
```

其中，Books 为结构体名称，该结构中包含 4 个成员，即 3 个数组和 1 个普通变量，它们分别表示书籍的书名、作者、主题以及书的编号。

在定义结构体时，后面的大括号外面要添加“;”，这不同于一般的语句块。

除了数组以及一般的变量之外，结构体成员也可以是另一个已经定义的结构体，这称为嵌套定义，例如：

```
struct person
{
    char name[20];
    char sex;
    int age;
};
struct Books
{
    char title[50];
    char subject[100];
    int book_id;
```

```
    struct person author;
};
```

其中，先定义结构体类型 struct person，接着在图书相关的结构体中将其成员 author 定义为 struct person 的结构体类型。

(1) 定义结构体成员时，成员名称可以与其他已经定义的变量名相同，并且两个结构体中的成员名也可以相同，因为它们属于不同的结构体，之间不存在冲突。

(2) 若是一个结构体定义在了函数的内部，那么该结构体的使用范围仅限于该函数；若是结构体定义在函数的外部，那么该结构体的使用范围为整个程序。

10.1.2　定义结构体变量

结构体定义完毕后，就可以像 C 语言中所提供的基本数据类型一样来定义变量或数组等，在定义结构体变量或结构体数组之后，系统就会为该变量或者数组来分配对应的存储空间。定义一个结构体变量有 3 种语法格式。

1. 先定义结构体类型，再定义结构体变量

例如，定义一个学生相关结构体类型：

```
struct student
{
    char name[20];  /* 姓名 */
    char sex;  /* 性别 */
    int age;  /* 年龄 */
    char sid[10];  /* 学号 */
    float score;  /* 成绩 */
};
```

定义好结构体类型 struct student 之后就可以使用该结构体来定义一个学生相关信息的结构体变量了，语法格式如下：

```
struct student stu[10];
struct student stu1;
```

其中，第一句定义了一个包含 10 个学生信息的数组，第二句为定义一个结构体类型的变量，表示一个学生的信息。

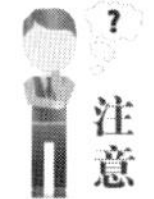

定义结构体变量时需要指定其结构体类型，如 struct student。

2. 在定义结构体类型的同时定义结构体变量

定义结构体类型的同时定义结构体变量，语法格式如下：

```
struct 结构体名称
{
    数据类型 成员1;
    数据类型 成员2;
```

```
    …
    数据类型 成员 n;
}变量名 1,变量名 2,…,变量名 n;
```

其中，变量名 1，变量名 2，…，变量名 n 即为该结构体类型的结构体变量，它们之间使用逗号分隔，最后添加分号“;”。例如：

```
struct student
{
    char name[20];
    char sex;
    int age;
    char sid[10];
    float score;
}stu1,stu2,stu3;
```

这种定义结构体类型的同时定义结构体变量的方法一般用于定义局部结构体变量。

3. 直接定义结构体类型变量

直接定义结构体类型变量，语法格式如下：

```
struct
{
    数据类型 成员 1;
    数据类型 成员 2;
    …
    数据类型 成员 n;
}变量名 1,变量名 2,…,变量名 n;
```

与第二种定义方法不同的是这里不必指出结构体的名称，直接定义结构体类型的成员以及变量，例如：

```
struct
{
    char name[20];
    char sex;
    int age;
    char sid[10];
    float score;
}stu1,stu2,stu3;
```

因为该结构体没有结构体名称，所以不能通过第一种方法来定义结构体变量，一般情况下，这种方法只用于临时定义局部结构体成员变量。

10.1.3 初始化结构体变量

与初始化数组的操作相似，结构体变量的初始化是在定义结构体变量的同时，对结构体的成员进行逐一赋值操作，语法格式如下：

```
struct 结构体名称
{
    数据类型 成员 1;
```

```
    数据类型 成员 2;
    …
    数据类型 成员 n;
}变量名={初值 1,初值 2,…,初值 n};
```

其中，每个变量的初始化使用大括号括起来，相互之间使用逗号进行分隔。例如：

```
struct student
{
    char name[20];
    char sex;
    int age;
    char sid[10];
    float score;
} stu1={"李阳", 'f',21, "2022011023",90},stu2,stu3;
```

表示在定义结构体的同时对变量 stu1 的成员进行初始化：该学生姓名为“李阳”，性别为“f”，年龄为 21，学号为“2022011023”，成绩为 90。

10.1.4　结构体变量的引用

对结构体变量的引用一般语法如下：

```
结构体变量名.成员名
```

其中“.”属于高级运算符，用于将结构体变量名与其成员进行连接，例如：

```
stu1.name="李阳";
stu2.sex='f';
```

表示对结构体变量 stu1 的成员 name 和 sex 进行赋值操作。如果结构体成员也属于一个结构体类型，那么就要使用两级“.”进行连接访问。例如，有如下结构体：

```
struct person
{
    char name[20];
    char sex;
    int age;
};
struct Books
{
    char title[50];
    char subject[100];
    int book_id;
    struct person author;
}book1;
```

那么对结构体变量 book1 的成员 author 进行访问可以写为：

```
book1.author.name= "李阳";
book1.author.sex= 'f';
book1.author.age=21;
```

表示对结构体变量 book1 中的作者信息进行赋值操作。

结构体变量同普通变量一样，可以进行相应的赋值以及运算操作，例如：

```
stu1.score=stu1.score+5;
struct student stu1={"李阳",'f',21, "2022011023",90};
stu2=stu1;
```

其中，第一句表示将学生 1 的成绩加 5 分，第二三句表示将学生 1 的信息“复制”到学生 2 中，也就是将结构体变量 stu1 中的成员逐一赋值给结构体变量 stu2 中的成员。

同时，C 语言也允许对结构体变量的成员地址进行引用，例如：

```
scanf_s("%f",&stu1.score);
scanf_s("%s",&stu1,name);
```

表示通过输入端输入结构体变量 stu1 的成员 score 以及 name 的值。

实例 10-1：输出结构体变量的成员(源代码\ch10\10.1.txt)

编写程序，定义一个结构体类型，并使用该结构体定义两个结构体变量，然后为结构体变量赋值，最后输出这两个结构体变量的成员。

```
#include <stdio.h>
#include <string.h>
struct Students
{
    char name[20];
    char sex[10];
        int age;
        char sid[30];
        float score;
    };
    int main()
    {
        struct Students Stu1;        /* 声明 Stu1，类型为 Students */
        struct Students Stu2;        /* 声明 Stu2，类型为 Students */
        /* Stu1 详述 */
        strcpy_s(Stu1.name, sizeof(Stu1.name), "李阳");
        strcpy_s(Stu1.sex, sizeof(Stu1.sex), "男");
        Stu1.age = 21;
        strcpy_s(Stu1.sid, sizeof(Stu1.sid), "2022011023");
        Stu1.score = 90;
        /* Stu2 详述 */
        strcpy_s(Stu2.name, sizeof(Stu1.name), "张燕");
        strcpy_s(Stu2.sex, sizeof(Stu1.sex), "女");
        Stu2.age = 22;
        strcpy_s(Stu2.sid, sizeof(Stu1.sid), "2022011024");
        Stu2.score = 89;
        /* 输出信息*/
        printf("输出学生信息：\n");
        printf("姓名\t 性别\t 年龄\t 学号\t\t 成绩\n");
        printf("%s\t%s\t%d\t%s\t%.2f\t\n", Stu1.name, Stu1.sex, Stu1.age,
Stu1.sid, Stu1.score);
        printf("%s\t%s\t%d\t%s\t%.2f\t\n", Stu2.name, Stu2.sex, Stu2.age,
Stu2.sid, Stu2.score);
        return 0;
}
```

程序运行结果如图 10-1 所示。

```
Microsoft Visual Studio 调试控制台
输出学生信息:
姓名    性别    年龄    学号            成绩
李阳    男      21      2022011023      90.00
张燕    女      22      2022011024      89.00
```

图 10-1　实例 10-1 的程序运行结果

10.2　结构体数组

C 语言中，可以使用数组来表示一组具有相同数据类型的数据，那么同样地，也可以使用数组来表示一组具有相同结构体类型的数据，这样的数组称为结构体数组。

10.2.1　定义结构体数组

定义结构体数组与定义结构体变量的方法相似，只需将结构体变量换成数组即可。定义结构体数组有 3 种语法格式。

1. 先定义结构体，然后定义结构体数组

定义一个结构体数组的语法如下：

```
struct 结构体名称 数组名[数组长度];
```

例如，有以下结构体：

```
struct student
{
    char name[20];
    char sex;
    int age;
    char sid[10];
    float score;
};
```

那么，定义该结构体的结构体数组语法格式如下：

```
struct student stu[10];
```

表示定义了一个有关学生信息的结构体数组，其中包含了 10 个学生的基本信息。

2. 定义结构体的同时，定义结构体数组

例如：

```
struct student
{
    char name[20];
    char sex;
    int age;
    char sid[10];
    float score;
}stu[10];
```

3. 直接定义结构体数组

例如：

```
struct
{
    char name[20];
    char sex;
    int age;
    char sid[10];
```

```
    float score;
}stu[10];
```

结构体数组在定义完成后，系统就会为其分配内存空间，以 stu[10]为例，如图 10-2 所示。

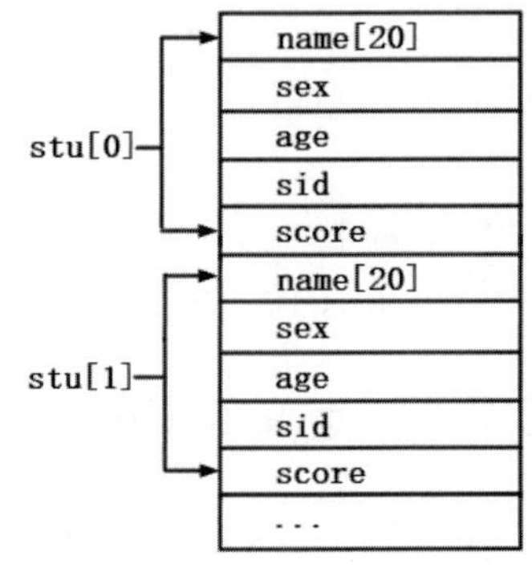

图 10-2　结构体数组在内存中的存放

10.2.2　结构体数组的初始化

初始化结构体数组的语法格式与初始化结构体变量十分相似，只不过初始化结构体数组是相当于对每一个结构体变量进行赋值操作。

初始化结构体数组的语法如下：

```
struct 结构体名称
{
    数据类型 成员 1;
    数据类型 成员 2;
    …
    数据类型 成员 n;
}数组名={初值列表};
```

例如：

```
struct student
{
    char name[20];
    char sex[10];
    int age;
    char sid[20];
    float score;
}stu[3]={{"张三",'男',21,"2022011001",90},
        {"李四",'男',22,"2022011002",91},
        {"王五",'男',21,"2022011003",95}};
```

表示定义长度为 3 的结构体数组 stu，并对该结构体数组进行初始化，每个元素为结构体类型，分别使用大括号括起来，每个元素之间使用逗号分隔。

与数组的初始化相同，结构体数组初始化时，可以不必指定数组长度，C 编译器会自动计算出其元素的个数，所以上述结构体数组的初始化也可以写为：

```
stu[]={{…},{…},{…}};
```

对结构体数组进行初始化操作时，也可以先定义结构体，再进行结构体数组的初始化。例如：

```
struct student
{
    char name[20];
    char sex;
    int age;
    char sid[10];
    float score;
};
…
struct student stu[3]={{"张三",'男',21,"2022011001",90},
                        {"李四",'男',22,"2022011002",91},
                        {"王五",'男',21,"2022011003",95}};
```

10.2.3 结构体数组元素的引用

引用结构体数组中的元素与引用普通数组元素相同，只不过这里的元素是结构体类型的，引用语法格式如下：

```
数组名[数组下标];
```

其中，数组下标取值范围与普通数组的下标取值范围相同，若 n 为数组长度，则取值范围为 0～n-1。

实例 10-2： 输出结构体数组的元素(源代码\ch10\10.2.txt)

编写程序，定义一个结构体数组并初始化，然后输出该结构体数组的元素。

```
#include <stdio.h>
/* 定义结构体 */
struct student
    {
         char name[20];
         char sex[10];
         int age;
         char sid[20];
         float score;
    };
    int main()
    {
         /* 定义结构体数组并初始化 */
         struct student stu[3] = { {"张三","男",21,"2022011001",90},
                                   {"李四","男",22,"2022011002",91},
                                   {"王五","男",21,"2022011003",95} };
         int i;
         printf("姓名\t\t 性别\t 年龄\t 学号\t\t 成绩\n");
         for (i = 0; i < 3; i++)
         {
              printf("%s\t\t%s\t%d\t%s\t%.2f\t\n", stu[i].name, stu[i].sex,
stu[i].age, stu[i].sid, stu[i].score);
         }
         return 0;
}
```

运行结果如图 10-3 所示。在代码中，首先定义结构体 student，接着在 main()函数中，定义一个长度为 3 的结构体数组 stu，并对该数组进行初始化操作，最后通过 for 循环，对结构体数组中的元素进行引用，输出每个元素中成员的值。

Microsoft Visual Studio 调试控制台

姓名	性别	年龄	学号	成绩
张三	男	21	2022011001	90.00
李四	男	22	2022011002	91.00
王五	男	21	2022011003	95.00

图 10-3 实例 10-2 的程序运行结果

10.3 结构体指针

C 语言中，指针变量可以指向基本类型的变量以及数组在内存中的起始地址，同样

地，也可以使用指针变量指向结构体类型的变量以及数组。

10.3.1 指向结构体变量的指针

在使用结构体变量的指针之前，首先要对结构体指针变量进行定义，语法格式如下：

```
struct 结构体名称 *指针变量;
```

例如：

```
struct student *p;
```

表示定义了一个指向 struct student 结构体类型的指针变量 p。

使用结构体变量的指针对结构体中的成员进行访问可以使用两种方式。

1. 通过“.”运算符访问

使用“.”运算符可以对结构体成员进行引用，语法格式如下：

```
(*指针变量).结构体成员
```

例如：

```
(*p).name= "lili";
```

表示引用结构体成员 name，并对该成员进行赋值操作。

注意　由于“.”运算符的优先级最高，所以必须要在*p 的外面使用括号。

实例 10-3： 使用“.”运算符访问结构体成员(源代码\ch10\10.3.txt)

编写程序，定义一个指向结构体变量的指针，使用该指针以及“.”运算符对结构体成员进行访问。

```
#include <stdio.h>
/* 定义结构体 */
struct student
{
        char name[20];
        char sex[10];
        int age;
        char sid[15];
        float score;
    };
    int main()
    {
        /* 定义结构体变量并初始化 */
        struct student stu={"李阳","男",21,"202201101",90};
        /* 定义结构体类型指针 */
        struct student *p;
        /* 将结构体变量首地址赋予指针*/
        p=&stu;
        /* 通过结构体变量指针访问成员*/
        printf("姓名: %s\n",(*p).name);
        printf("性别: %s\n",(*p).sex);
```

```
        printf("年龄: %d\n",(*p).age);
        printf("学号: %s\n",(*p).sid);
        printf("成绩: %.2f\n",(*p).score);
        return 0;
}
```

程序运行结果如图 10-4 所示。在代码中，首先定义结构体 student，接着在 main()函数中，定义一个结构体变量 stu 并进行初始化操作，定义一个结构体类型指针 p 并将结构体变量 stu 的首地址赋予该指针，最后通过结构体类型指针 p 对结构体变量 stu 中的成员进行访问，输出它们的值。

```
Microsoft Visual Studio 调试控制台
姓名: 李阳
性别: 男
年龄: 21
学号: 202201101
成绩: 90.00
```

图 10-4　实例 10-3 的程序运行结果

注意　在使用结构体指针对结构体变量成员进行访问前，首先要对结构体指针变量进行初始化，也就是将结构体变量的首地址赋予该指针变量。

2. 通过“->”运算符访问

使用“->”运算符对结构体成员进行访问，语法格式如下：

```
指针变量->结构体成员
```

例如：

```
p->name= "lili";
```

表示引用结构体成员 name，并对该成员进行赋值操作。

实例 10-4： 使用“->”运算符访问结构体成员(源代码\ch10\10.4.txt)

编写程序，定义一个指向结构体变量的指针，使用该指针以及“->”运算符对结构体成员进行访问。

```
#include <stdio.h>
/* 定义结构体 */
struct student
{
    char name[20];
    char sex[6];
    int age;
    char sid[10];
        float score;
        };
        int main()
        {
        /* 定义结构体变量并初始化 */
        struct student stu = { "李阳","男",21,"202201101",90 };
        /* 定义结构体类型指针 */
        struct student* p;
        /* 将结构体变量首地址赋予指针 */
        p = &stu;
        /* 通过结构体变量指针访问成员 */
        printf("姓名: %s\n", p->name);
        printf("性别: %s\n", p->sex);
        printf("年龄: %d\n", p->age);
```

```
        printf("学号：%s\n", p->sid);
    printf("成绩：%.2f\n", p->score);
    return 0;
}
```

程序运行结果如图 10-5 所示。

在代码中，首先定义结构体 student，接着在 main()函数中，定义一个结构体变量 stu 并进行初始化操作，定义一个结构体类型指针 p 并将结构体变量 stu 的首地址赋予该指针，最后通过结构体类型指针 p 对结构体变量 stu 中的成员进行访问，输出它们的值。

```
Microsoft Visual Studio 调试控制台
姓名：李阳
性别：男
年龄：21
学号：202201101
成绩：90.00
```

图 10-5　实例 10-4 的程序运行结果

10.3.2　指向结构体数组的指针

既然结构体指针可以指向一个结构体变量，那么同样地，也可以使用结构体指针指向一个结构体数组。与指向普通数组的指针相似，指向结构体数组的指针变量表示的是该结构体数组元素的首地址。例如：

```
/* 定义结构体数组 */
struct student stu[3];
/* 定义结构体指针 */
struct student *p;
/* 将结构体数组首地址赋予指针 */
p=stu;
```

由于数组名可以直接表示数组中第一个元素的地址，所以若是将结构体数组首地址赋予一个结构体指针可以直接写为“指针变量=结构体数组名”。

注意

若想让结构体指针指向该数组的下一个元素，可对结构体指针做加 1 运算，此时该结构体指针变量地址值的增量为该结构体类型的字节数。

实例 10-5： 通过指针访问结构体数组元素(源代码\ch10\10.5.txt)

编写程序，定义一个指向结构体数组的指针，通过该指针访问结构体数组元素。

```
#include <stdio.h>
/* 定义结构体 */
struct student
{
        char name[20];
        char sex[6];
        int age;
        char sid[15];
        float score;
    };
    int main()
    {
        /* 定义结构体数组并初始化 */
        struct student stu[3]={{"张宇","男",21,"202201101",90},
                               {"张倩","女",22,"202201102",91},
                               {"李煜","男",21,"202201103",95}};
        /* 定义结构体指针 */
```

```
        struct student *p;
        int i;
        /* 将结构体数组首地址赋予结构体指针 */
        p=stu;
        printf("姓名\t 性别\t 年龄\t 学号\t\t 成绩\n");
        for(i=0;i<3;i++,p++)
        {
            printf("%s\t%s\t%d\t%s\t%.2f\t\n",(*p).name,p->sex,p->age,p->sid,p->score);
        }
        return 0;
}
```

程序运行结果如图 10-6 所示。在代码中，首先定义结构体 student，接着在 main()函数中，定义一个结构体数组 stu 并进行初始化操作，然后定义一个结构体指针并将结构体数组 stu 的首地址赋予该指针，通过 for 循环以及结构体指针 p 循环访问每个元素的成员并输出。

```
Microsoft Visual Studio 调试控制台
姓名    性别    年龄    学号            成绩
张宇    男      21      202201101       90.00
张倩    女      22      202201102       91.00
李煜    男      21      202201103       95.00
```

图 10-6　实例 10-5 的程序运行结果

10.3.3　结构体变量作为函数参数

C 语言中，可以使用结构体变量作为函数的参数进行传递。当使用结构体变量作为函数的实参进行传递时，其形参也必须是该结构体类型的变量，此时实参会将结构体变量在内存中存储的内容按顺序传递给形参。

使用结构体变量作为函数参数传递属于值传递，改变函数体内变量成员的值不会对主调函数中的变量造成影响。

实例 10-6： 使用结构体变量作为函数的参数进行传递(源代码\ch10\10.6.txt)

```
#include <stdio.h>
/* 定义结构体 */
struct student
{
        char name[20];
        char sex[10];
        int age;
        char sid[10];
        float score;
    };
    /* 声明函数 */
    void f();
    int main()
    {
        /* 定义结构体变量并初始化 */
        struct student stu={"赵顺","男",21,"202201101",90};
        /* 调用函数 */
        f(stu);
        return 0;
```

```
}
/* 定义函数 */
void f(struct student stu)
{
    printf("学生信息: \n");
    printf("姓名: %s\n",stu.name);
    printf("性别: %s\n",stu.sex);
    printf("年龄: %d\n",stu.age);
    printf("学号: %s\n",stu.sid);
    printf("成绩: %.2f\n",stu.score);
}
```

程序运行结果如图 10-7 所示。在代码中，首先定义结构体 student，并声明一个函数 f()，该函数实现将结构体变量成员输出的功能，接着在 main()函数中，定义一个结构体变量 stu 并进行初始化操作，然后调用函数 f()，将结构体变量 stu 作为实参进行传递，输出 stu 成员信息。

```
Microsoft Visual Studio 调试控制台
学生信息:
姓名: 赵顺
性别: 男
年龄: 21
学号: 202201101
成绩: 90.00
```

图 10-7　实例 10-6 的程序运行结果

使用结构体变量作为函数参数传递时，调用函数会为形参也开辟内存空间，所以内存开销比较大。

10.3.4　指向结构体变量的指针作为函数参数

使用指向结构体变量的指针作为函数参数传递时不会将整个结构体变量的内容进行传递，而只是将该结构体变量的首地址传给形参，属于地址传递方式，这样就避免了过大的内存开销。

实例 10-7：使用指向结构体变量的指针作为函数的参数进行传递(源代码\oh10\10.7.txt)

```
#include <stdio.h>
/* 定义结构体 */
struct student
{
        char name[20];
        char sex[10];
        int age;
        char sid[10];
        float score;
    };
    /* 声明函数 */
    void f();
    int main()
    {
        /* 定义结构体变量并初始化 */
        struct student stu={"陈玉","女",21,"202201108",90};
        /* 定义结构体指针 */
        struct student *p;
        /* 将结构体变量首地址赋予指针 */
        p=&stu;
        /* 调用函数 */
```

```
        f(p);
        printf("修改后的成绩为: %.2f\n",p->score);
        return 0;
    }
    /* 定义函数 */
    void f(struct student *p)
    {
        printf("学生信息: \n");
        printf("姓名: %s\n",p->name);
        printf("性别: %s\n",p->sex);
        printf("年龄: %d\n",p->age);
        printf("学号: %s\n",p->sid);
        printf("成绩: %.2f\n",p->score);
        p->score=91.5;
}
```

程序运行结果如图 10-8 所示。

```
Microsoft Visual Studio 调试控制台
学生信息:
姓名: 陈玉
性别: 女
年龄: 21
学号: 202201108
成绩: 90.00
修改后的成绩为: 91.50
```

图 10-8　实例 10-7 的程序运行结果

10.3.5　结构体作为函数的返回值

结构体可以使函数带回多个返回值，只需将函数类型定义为结构体类型，然后使用 return 语句返回一个结构体类型的数据结果即可。

实例 10-8： 使用结构体类型的函数返回多个值(源代码\ch10\10.8.txt)

```
#include <stdio.h>
#define PI 3.14
/* 定义结构体 */
struct Round
{
        double l;
        double s;
    };
    /* 声明函数 */
    struct Round f();
    int main()
    {
        double r;
        /* 定义结构体变量 */
        struct Round round;
        printf("请输入圆的半径: \n");
        scanf("%lf",&r);
        /* 调用函数 */
        round=f(r);
        printf("圆的周长为: %.2lf\n",round.l);
        printf("圆的面积为: %.2lf\n",round.s);
```

```
        return 0;
    }
    /* 定义函数 */
    struct Round f(double r)
    {
        /* 定义结构体变量 */
        struct Round rou;
        rou.l=2*PI*r;
        rou.s=PI*r*r;
        return rou;
}
```

程序运行结果如图 10-9 所示。在代码中，首先定义结构体 Round，并声明函数 f()，该函数类型为结构体类型，实现对圆的周长以及面积的求解，并返回一个结构体类型的变量 rou。在 main()函数中，定义 double 类型变量 r 与结构体变量 round，并通过输入端输入半径 r 的值，接着调用函数 f()，计算圆的面积以及周长，将返回值赋予结构体变量 round，最后输出周长以及面积。

```
Microsoft Visual Studio 调试控制台
请输入圆的半径:
10
圆的周长为: 62.80
圆的面积为: 314.00
```

图 10-9　实例 10-8 的程序运行结果

10.4　共　用　体

在处理某些 C 语言编程的算法时，可能需要将几种不同类型的变量存放到同一段内存单元之中，这几种不同类型变量共同占有一段内存的结构，称之为共用体类型结构，也叫联合体。

10.4.1　共用体的定义

与结构体类型相似，共用体也可以包含不同类型的数据，它们是组成共用体的成员，唯一不同的是共用体中所有成员共用一段内存，这样就节省了内存空间。C 语言使用覆盖技术，使得共用体的所有成员都具有相同的首地址，并且能够进行覆盖，也就是说，最后存储到共用体内存单元的数据才是有效的。共用体类型定义的语法格式如下：

```
union 共用体名
{
    数据类型 成员 1;
    数据类型 成员 2;
    …
    数据类型 成员 n;
};
```

其中，union 为定义共用体的关键字，与结构体不同的是共用体成员可以定义为任何 C 语言中合法的数据类型。例如：

```
union test
{
    int a;
    char b;
    float c;
};
```

表示定义了一个共用体 test，包含有 int 型、char 型以及 float 型 3 个成员。

10.4.2　共用体变量的定义

在完成共用体类型的定义后，就可以通过该类型来定义共用体变量了。定义共用体变量与定义结构体变量十分相似，有以下 3 种语法格式。

1. 先定义共用体类型，再定义共用体变量

语法格式如下：

```
union 共用体名
{
    数据类型 成员 1;
    数据类型 成员 2;
    …
    数据类型 成员 n;
};
union 共用体名 变量 1,变量 2,…,变量 n;
```

例如：

```
union test
{
    int a;
    char b;
    float c;
};
union test t1,t2,t3;
```

2. 定义共用体类型的同时定义共用体变量

语法格式如下：

```
union 共用体名
{
    数据类型 成员 1;
    数据类型 成员 2;
    …
    数据类型 成员 n;
}变量 1,变量 2,…,变量 n;
```

例如：

```
union test
{
    int a;
    char b;
    float c;
}t1,t2,t3;
```

注意　此方法适用于在定义局部使用的共用体变量时使用，如在函数内部进行定义。

3. 直接定义共用体变量

语法格式如下：

```
union
{
    数据类型 成员 1;
    数据类型 成员 2;
    …
    数据类型 成员 n;
}变量 1,变量 2,…,变量 n;
```

例如：

```
union
{
    int a;
    char b;
    float c;
}t1,t2,t3;
```

使用此方法定义共用体变量不需要给出共用体名，属于匿名共用体，适用于临时定义的局部共用体变量。

(1) 在一个共用体类型的变量定义完成后，系统会按照该共用体类型成员中占用的最大内存单元为其分配存储空间。

(2) 同结构体类型一样，共用体类型也可以进行嵌套定义，即共用体中的成员为另一个共用体变量。

(3) 共用体与结构体可以进行相互嵌套。

10.4.3 共用体变量的初始化

对共用体变量进行初始化操作，就是在定义该变量的同时对其进行赋值，与结构体不同的是，共用体中的成员公用一个首地址，共占一段内存空间，所以在初始化时，是对该共用体中的第一个成员进行赋值操作。例如：

```
union test
{
    int a;
    char b;
    float c;
}t1={10};
```

若写为：

```
union test
{
    int a;
    char b;
    float c;
}t1={10, 'a'};
```

则会出现错误，在同一时间只能存放一个成员的值。

10.4.4 共用体变量的引用

引用共用体变量的方法与结构体变量相似，可以使用运算符“.”以及“->”来进行访问。例如：

```
union test
{
    int a;
    char b;
    float c;
};
union test t1;
*p=&t1;
/* 引用共用体成员 */
t1.a=10;
(*p).b= 'a';
p->c=2.5;
```

实例 10-9： 输出共用体变量的数值(源代码\ch10\10.9.txt)

编写程序，定义一个共用体类型变量，并对其成员进行赋值，最后输出赋值结果。

```
#include <stdio.h>
#include <string.h>
/* 定义共用体 */
union test
{
    int i;
    float f;
    char str[20];
};
int main( )
{
    /* 定义共用体变量 */
    union test t;
    /* 引用共用体变量成员 */
    t.i = 10;
    printf("t.i: %d\n",t.i);
    t.f = 2.5;
    printf("t.f: %.2f\n",t.f);
    strcpy(t.str,"Apple");
    printf("t.str: %s\n",t.str);
    return 0;
}
```

程序运行结果如图 10-10 所示。在代码中，首先定义共用体 test，接着在 main()函数中定义共用体变量 t，然后通过共用体变量 t 对该共用体成员进行访问并赋值，最后分别输出每次赋值后的结果。

```
Microsoft Visual Studio 调试控制台
t.i: 10
t.f: 2.50
t.str: Apple
```

图 10-10　实例 10-9 的程序运行结果

10.5　枚　　举

在编写程序的过程中，有时定义一个变量，可能会有不同的取值，如人的性别有男女的取值，星期有星期一到星期日的取值，对于这样的变量表示以往可能需要使用预处理指令#define 来进行定义，实际上 C 语言中，可以通过一种枚举数据类型来实现。

10.5.1 定义枚举类型

枚举类型在定义时使用关键字 enum，语法格式如下：

```
enum 标识符
{
    枚举数据列表
};
```

其中，关键字 enum 用于表示枚举类型，枚举数据列表中的数据值必须为整数。枚举中的数据之间使用逗号分隔，末尾不需要添加“;”。例如：

```
enum Day
{
    MON=1, TUE, WED, THU, FRI, SAT, SUN
};
```

注意　枚举元素为常量，若是定义时没有指明数值，则从 0 开始，后续元素分别加 1；若是指明其中一个的数值，则后续元素分别加 1。

10.5.2 定义枚举类型变量

枚举类型作为一种数据类型，在定义完成后，就可以使用它来进行变量的定义了，定义枚举类型变量有 3 种语法格式。

1. 先定义枚举类型，再定义枚举变量

例如：

```
enum Day
{
    MON=1, TUE, WED, THU, FRI, SAT, SUN
};
enum Day today;
enum Day tomorrow;
```

2. 定义枚举类型的同时定义枚举变量

```
enum Day
{
    saturday,
    sunday = 0,
    monday,
    tuesday,
    wednesday,
    thursday,
    friday
}day;
```

其中 day 为枚举 enum Day 类型的变量。

3. 使用 typedef 关键字将枚举类型定义为别名，通过别名定义枚举变量

```
typedef enum Day
{
```

```
    saturday,
    sunday = 0,
    monday,
    tuesday,
    wednesday,
    thursday,
    friday
} Day; /* 这里的 Day 为枚举型 enum Day 的别名 */
Day today;
```

注意　在同一个程序中不允许定义同名的枚举类型，不同的枚举类型中也不允许定义同名的枚举成员。

实例 10-10：输出枚举类型变量的数值(源代码\ch10\10.10.txt)

编写程序，定义一个枚举型类型 Day，用于表示星期，然后再定义枚举变量 yesterday、today 以及 tomorrow，进行变量赋值操作，最后输出赋值结果。

```
#include<stdio.h>
/* 定义枚举类型 */
enum Day{MON=1,TUE,WED,THU,FRI,SAT,SUN};
int main()
{
    /* 使用枚举类型声明变量，再对枚举类型变量赋值 */
    enum Day yesterday, today, tomorrow;
    yesterday = MON;
    today = TUE;
    tomorrow = WED;
    printf("yesterday:%d\n", yesterday);
    printf("today:%d\n",today);
    printf("tomorrow:%d\n",tomorrow);
    /* 类型转换 */
    tomorrow=(enum Day)(today+1);
    printf("tomorrow:%d\n",tomorrow);
    return 0;
}
```

程序运行结果如图 10-11 所示。

```
Microsoft Visual Studio 调试控制台
yesterday:1
today:2
tomorrow:3
tomorrow:3
```

图 10-11　实例 10-10 的程序运行结果

在代码中，首先定义枚举类型 Day，然后通过该枚举类型声明变量 yesterday、today 以及 tomorrow，接着对枚举类型变量进行赋值操作，最后输出赋值结果。这里需要提到“tomorrow=(enum Day)(today+1)”，若是对枚举类型变量赋整数值时，需要使用枚举类型来进行转换。

10.6　就业面试问题解答

问题 1：当定义一个结构体变量时，系统是如何分配空间的？

答：可以把结构体理解为一个特殊的数组，可以把任意类型的数据放在一起。每种类型的数据都是真实存在于内存中的。所以，为了存储这些数据，必须为每种类型都分配内存空间。而一个结构体的内存空间就是它包含的所有成员的内存之和。

问题 2：在使用枚举类型时有什么需要注意的？

答：使用枚举类型时需要注意以下几点。

(1) 枚举元素不是变量，而是常数，因此枚举元素又称为枚举常量。因为是常量，所以不能对枚举元素进行赋值。

(2) 枚举元素作为常量，它们是有值的，C 语言在编译时按定义的顺序使它们的值为 0、1、2、…、n。

(3) 枚举值可以用来作比较判断，比较规则是：按其在声明时的顺序号比较，如果声明时没有人为指定，则第一个枚举元素的值被认作 0。

10.7 上机练练手

上机练习 1：排序学生成绩，并求出平均成绩

编写程序，定义一个学生信息结构体，包含学生的学号以及分数，在 main()函数中实现对学生成绩的排序，然后将排序结果输出。程序运行结果如图 10-12 所示。

上机练习 2：统计投票数值

编写程序，使用结构体数组实现投票功能，假设有 3 位候选人：张三、李四、王五，有 6 人参与投票，计算投票结果并输出。程序运行结果如图 10-13 所示。

上机练习 3：输入水果信息，最后打印出来

编写程序，定义一个水果结构体，根据提示输入水果名称、产地以及价格，最后将输入的水果信息打印出来。程序运行结果如图 10-14 所示。

```
Microsoft Visual Studio 调试控制台
请录入第1个学生学号以及成绩:
101 98
请录入第2个学生学号以及成绩:
102 89
请录入第3个学生学号以及成绩:
103 92
请录入第4个学生学号以及成绩:
104 95
请录入第5个学生学号以及成绩:
105 86
按成绩排序后结果为:
学号    成绩
101     98
104     95
103     92
102     89
105     86
平均成绩为: 92
```

图 10-12 成绩排序

图 10-13 统计投票数值

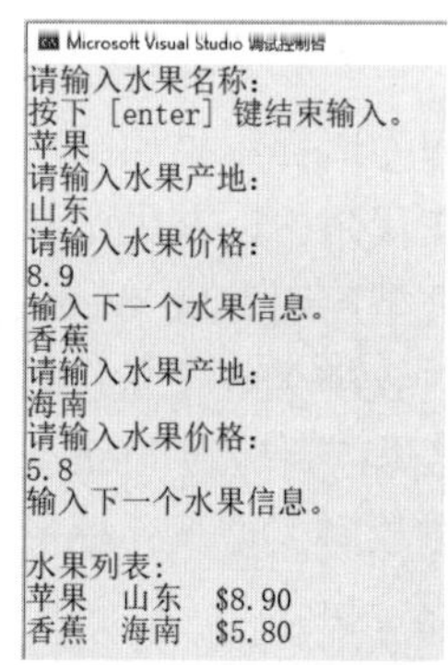

图 10-14 输出水果信息

第 11 章

操作文件

C 语言中的文件是存储在外部存储器上的一组数据的有序集合，通过使用文件可以解决数据的存储问题，它能将数据存储于磁盘文件中，使其得到长时间的保存。本章就来介绍 C 语言文件的操作。

11.1 文件的基本操作

C 语言对文件的操作一般分为 3 个步骤，分别是打开文件、读或写文件、关闭文件。而所有的文件操作都是利用 C 语言编译系统所提供的 I/O 库函数来完成的。

11.1.1 文件类型指针

在 C 语言中，不论是磁盘文件还是设备文件，都能够通过文件结构类型的数据集合进行相应的输入输出的操作。文件结构由系统进行定义，名为 FILE。在使用 FILE 时需要添加头文件“stdio.h”，因为 FILE 结构被定义在该头文件之中。

FILE 文件结构在“stdio.h”头文件中的文件类型声明为：

```
typedef struct
{
    /* 缓冲区“满”或“空”的程度*/
    short level;
    /* 文件状态标志 */
    unsigned flags;
    /* 文件描述符 */
    char fd;
    /* 如无缓冲区不读取字符 */
    unsigned char hold;
    /* 缓冲区的大小 */
    short bsize;
    /* 数据缓冲区的位置 */
    unsigned char *buffer;
    /* 指针，当前的指向 */
    unsigned char *curp;
    /* 临时文件，指示器 */
    unsigned istemp;
    /* 有效性检查 */
    short token;
}FILE;
```

C 语言中，若是使用一个指针变量指向一个文件，那么这个指针就被称为文件类型指针。并且利用这个文件类型指针就能够对它所指向的文件进行相关的操作以及处理了。

由于 FILE 结构体类型已经由系统完成了声明，所以在编写程序时可以直接使用 FILE 类型对指针变量进行定义，故而文件指针的定义语法格式如下：

```
FILE *指针变量;
```

例如：

```
FILE *fp;
```

其中 fp 为一个指向 FILE 类型结构体的指针变量，通过该指针变量可以实现对文件的相关访问操作。

在定义文件指针时，其中“FILE”必须全部为大写字母。并且使用 FILE 类型定义指针变量时不需要将结构体内容全部写出。

11.1.2　打开文件

使用 fopen()函数可以实现对文件的打开操作，此函数的声明在头文件 stdio.h 中，其一般的调用方式如下：

```
fopen(文件名,文件使用方式);
```

参数说明如下。

(1)　文件名：指将被打开的文件的文件名，可以是字符串常量或字符串数组，一般要求为文件全名，该全名由文件所在的路径及文件名构成。

(2)　文件使用方式：指对文件的操作模式，当正常打开该文件时，返回值为该文件的首地址；若打开该文件失败，则返回值为 NULL。

例如将 C 盘根目录下的文本文件 student.txt 以“只读”的方式打开，其语句如下：

```
FILE *fp;
fp=fopen("C:\\student.txt";"r");
```

该语句的含义是使用 fopen()函数带回指向 student.txt 文件的指针并赋给 fp，fp 就指向了 student.txt 文件。

路径连接符一定要用“\\”，不能用“\”。

C 语言中，使用文件的方式共有 12 种，它们的符号和含义如表 11-1 所示。

表 11-1　文件相关的使用方式以及说明

使用方式	说　明
r	以只读方式打开一个文本文件
w	以只写方式打开一个文本文件
a	以追加方式打开一个文本文件
r+	以读写方式打开一个文本文件
w+	以读写方式建立一个新的文本文件
a+	以读取/追加方式建立一个新的文本文件
rb	以只读方式打开一个二进制文件
wb	以只写方式打开一个二进制文件
ab	以追加方式打开一个二进制文件
rb+	以读写方式打开一个二进制文件
wb+	以读写方式建立一个新的二进制文件
ab+	以读取/追加方式建立一个新的二进制文件

对于一个文件打开与否，可以使用语句进行判断，例如：

```
FILE *fp;
if((fp=fopen("D:\\test\\test.txt";"r"))==NULL)
```

```
{
    printf("文件打开失败！\n");
    exit(1);
}
```

运行程序后若是提示“文件打开失败！”，则说明文件打开出错，这时就会执行exit(1);语句退出程序。一般情况下，文件打开失败的原因有以下几种可能。

(1) 指定盘符或者路径不存在。

(2) 文件名中含有无效字符。

(3) 将要打开的文件不存在。

11.1.3 关闭文件

文件在使用完毕后应进行关闭操作，以免出现未知错误或是被再次误用。关闭文件可以完成以下两个操作。

(1) 清除文件缓冲区，将缓冲区中的数据输出到磁盘文件中，保证数据不丢失。

(2) 释放文件指针变量，使文件指针变量不再指向该文件。

使用 fclose()函数可以对文件执行关闭操作，调用该函数的一般形式为：

```
fclose(文件指针);
```

例如：

```
FILE *fp
fp=fopen("C:\\student.txt";"r");
/* 关闭文件 */
fclose(fp);
```

其中，指针变量 fp 为使用函数 fopen()打开文件时的指针，现在通过 fclose()函数将该指针指向的文件进行关闭，此时文件指针变量不再指向该文件。若是文件关闭成功，则 fclose()函数的返回值为 0；否则返回非 0 值。

11.2 文件的读写操作

文件的读和写是最常用的文件操作，文件打开后就可以进行读写操作了。常用的读写函数的说明包含在头文件 stdio.h 中，主要包含 4 类函数。

11.2.1 字符的读/写

字符读/写函数以字符(字节)为读写基本单位，包括 fgetc()函数与 fputc()函数。

1. 字符输出函数 fputc()

函数 fputc()的作用是把一个字符写入磁盘文件中。一般形式为：

```
fputc(ch,fp);
```

参数说明如下。

(1) fputc(ch,fp)函数的作用是将字符(ch 的值)输出到指针 fp 所指向的文件。fputc()函数若输出成功则返回输出字符；若输出失败，则返回 EOF。EOF 是在 stdio.h 文件中定义的符号常量，值为-1。

(2) 使用 fputc()函数时所操作的文件必须以写、读写或追加方式打开。

(3) 文件内部有一个位置指针，用来指向文件的当前读写字节。在文件打开时，该指针指向文件的第一个字节。使用 fputc()函数后，该位置指针将向后移动一个字节，因此可以连续多次使用 fputc()函数写入多个字符。

举例说明，例如：

```
fputc("a",fp);
char c='b';
fputc(c,fp);
```

其中，“fputc("a",fp);”是将字符 a 的 ASCII 码值写入到指针变量 fp 所指向的磁盘文件中，而“fputc(c,fp);”则是将变量 c 中存放的字符的 ASCII 码值写入到指针变量 fp 所指向的文件中。

2. 字符输入函数 fgetc()

从指定的文件中读入一个字符，前提是该文件必须是通过“读”或者是“读写”方式打开的。一般形式为：

```
ch=fgetc(fp);
```

该语句的含义是从 fp 所指的文件中读取一个字符并赋值给变量 ch，如果在执行 fgetc()读字符时遇到文件结束符，函数返回一个文件结束标志 EOF(即-1)。

例如，通过指针变量 fp 指向的文件中读取出一个字符并赋予字符变量 c，代码如下：

```
char c;
c=fgetc(fp);
```

如果想从一个磁盘文件顺序读取全部字符并在屏幕上显示出来，可以采用如下循环结构程序。

```
ch=fgetc(fp);
while(ch!=EOF)
{
   putchar(ch);
   ch=fgetc(fp);
}
```

实例 11-1： 字符读/写函数的应用(源代码\ch11\11.1.txt)

编写程序，从输入端输入一个字符串，使用 fputc()函数写入到文件“11-1-1.txt”中，接着再使用 fgetc()函数将该文件中的字符串读出并显示在屏幕上以便验证。

```
#include <stdio.h>
/* 添加头文件 stdlib.h 以使用退出函数 exit() */
    #include <stdlib.h>
    int main()
    {
        /* 定义文件指针变量 */
        FILE* fp;
        int i;
```

```
        char c;
        errno_t err;
    /* 打开文件 */
    if ((err=fopen_s(&fp,"11-1-1.txt", "w"))!= 0)
    {
        printf("文件打开失败!\n");
        exit(0);
    }
    /* 写入字符串 */
    printf("请输入要写入的字符：\n");
        while ((c = getchar()) != '\n')
        {
            fputc(c, fp);
        }
        /* 关闭文件 */
        fclose(fp);
    /* 打开文件 */
    if ((err = fopen_s(&fp,"11-1-1.txt", "r"))!=0)
    {
        printf("文件打开失败!\n");
        exit(0);
    }
    printf("\n");
    /* 使用 fgetc()函数读取字符*/
    printf("文件“11-1-1.txt”中的字符串为：\n");
    while ((c = fgetc(fp)) != EOF)
    {
        putchar(c);
    }
    /* 关闭文件 */
    fclose(fp);
        printf("\n");
        printf("按任意键结束...\n");
    getch();
    return 0;
}
```

程序运行结果如图 11-1 所示。本实例中的两次操作分别为“只写”与“只读”，并且在关闭文件后，指针变量 fp 被释放，想要继续使用该指针变量对文件进行相关操作，必须使用该指针变量指向该文件。

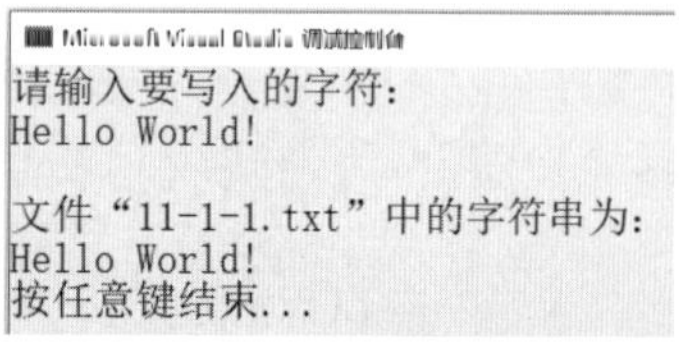

```
Microsoft Visual Studio 调试控制台
请输入要写入的字符：
Hello World!

文件“11-1-1.txt”中的字符串为：
Hello World!
按任意键结束...
```

图 11-1　字符读/写函数的应用

实例中的文件“11-1-1.txt”位于程序目录下，所以可以直接写成文件名的形式，若文件不在程序目录下存放，则需要将文件的完整路径写出来。

11.2.2　字符串的读/写

使用字符读写函数对字符进行处理时，效率很低。因此，C 语言中引入了字符串读写函数以便于处理文件中的字符串。

1. 写字符串函数 fputs()

fputs()函数的功能是向指定的文件写入一个字符串。一般形式为：

```
fputs(字符串, 文件指针);
```

表示将字符串写入到文件指针指向的文件中，其中的字符串可以为普通字符串，也可以是字符数组或者指向字符的指针变量。例如：

```
char a[5]="apple";
fputs(a,fp);
```

表示将字符数组 a 中的字符串写入到指针变量 fp 所指向的文件中。

注意　使用 fputs()函数执行写入字符串操作时，字符串的结束符“\0”不会被写入。

2. 读字符串函数 fgets()

fgets()函数的功能是从指定的文件中读入一个字符串，并将该字符串存储于内存中的变量。该文件必须是通过指令“读”或“读写”的方式打开的。一般形式为：

```
fgets(字符数组,字符个数 n,文件指针);
```

表示从文件指针所指向的文件中读取 n-1 个字符，并将这些字符存放到内存中的字符数组中，并在读入完毕后在字符串的末尾由系统自动添加字符串的结束标志“\0”。

注意　调用 fgets()函数时的一般形式中字符数组为一个数组名，也可以使用字符指针来表示。

若是字符串读取成功则函数 fgets()返回字符数组的首地址；若是字符串读取失败，则函数 fgets()将返回一个空指针。例如：

```
fgets(str,n,fp);
```

表示从文件指针 fp 所指向的文件中读取 n-1 个字符，并将它们存放到数组 str 中。在使用 fgets()函数读出 n-1 个字符之前，如果遇到换行符或 EOF，则读出结束。fgets()函数也有返回值，其返回值是字符数组的首地址。

实例 11-2： 字符串读写函数的应用(源代码\ch11\11.2.txt)

编写程序，定义文件指针 fp1、fp2 以及字符数组 str1、str2，使用 fputs 将输入的字符串 str1 写入到“11-2-1.txt”文件中，然后将该文件中的字符串复制到文件“11-2-2.txt”中，再使用 fgets 读取该文件中的字符串，存储于字符数组 str2 中，最后输出到屏幕上查看字符串内容。

```
#include <stdio.h>
/* 添加头文件 stdlib.h 以使用退出函数 exit() */
#include <stdlib.h>
int main()
{
    /* 定义文件指针 */
    FILE *fp1,*fp2;
    char str1[30],str2[30];
    errno_t err;
    /* 打开文件 */
```

```
    if((err =fopen_s(&fp1,"11-2-1.txt","w"))!=0)
    {
        printf("文件打开失败!\n");
        exit(0);
    }
    printf("请输入一个字符串: \n");
    gets(str1);
    while(strlen(str1)>0)
    {
        /* 使用 fputs()函数将字符串写入文件 */
        fputs(str1,fp1);
        /* 换行输入 */
        fputs("\n",fp1);
        gets(str1);
    }
    /* 关闭文件 */
    fclose(fp1);
    /* 打开文件 */
    if((err =fopen_s (&fp1,"11-2-1.txt","r"))!=0)
    {
        printf("文件打开失败!\n");
        exit(0);
    }
    if((err =fopen_s(&fp2,"11-2-2.txt","w"))!=0)
    {
        printf("文件打开失败!\n");
        exit(0);
    }
    /* 进行复制操作，并输出 */
    printf("执行复制操作后，文件“11-2-2.txt”中的字符串为: \n");
    while(fgets(str2,30,fp1)!=NULL)
    {
        fputs(str2,fp2);
        printf("%s",str2);
    }
    printf("\n");
    /* 关闭文件 */
    fclose(fp1);
    fclose(fp2);
    return 0;
}
```

程序运行结果如图 11-2 所示。

```
C:\Users\Administrator\source\repos\HelloWorld\Debug\HelloWorld.exe
请输入一个字符串:
受得了万丈孤独，藏得下星辰大海!
Hello World!

执行复制操作后，文件“11-2-2.txt”中的字符串为:
受得了万丈孤独，藏得下星辰大海!
Hello World!
```

图 11-2　实例 11-2 的程序运行结果

11.2.3　数据块的读/写

C 语言还提供了用于整块数据读写的函数，用来读写一组数据，如多个数据元素或一个结构体变量的值。

1. 写数据块函数 fwrite()

函数 fwrite()用于向二进制文件中写入一个数据块。该函数的使用语法格式如下：

```
fwrite(buffer,size,count,fp);
```

参数说明：

(1) buffer：指针，表示存放数据的首地址。

(2) size：表示数据块的字节数。

(3) count：表示要写入的数据块块数。

(4) fp：文件指针。

例如：

```
fwrite(&a, sizeof(a), 1, fp);
```

表示向文件指针 fp 指向的文件中写入一个字节数为“sizeof(a)”的数据块，将要写入的数据首地址为 a。

实例 11-3： fwrite()函数的应用(源代码\ch11\11.3.txt)

编写程序，使用 fwrite()函数将 3 个学生的基本信息转存到磁盘文件“11-3-1.txt”中。

```
#include <stdio.h>
/* 添加头文件 stdlib.h 以使用退出函数 exit() */
#include <string.h>
#include <stdlib.h>
    /* 定义结构类型 */
    typedef struct
    {
        int age;
        char name[30];
    }student;
    int main ()
    {
        /* 定义文件指针 */
        FILE * fp;
        int i;
        student stu[3];
        errno_t err;
        /* 学生基本信息 */
        stu[0].age=20;
        strcpy_s (stu[0].name,10,"张帅");
        stu[1].age=19;
        strcpy_s (stu[1].name,10,"李阳");
        stu[2].age=21;
        strcpy_s (stu[2].name,10,"高娟");
        /* 打开文件 */
        if((err=fopen_s(&fp,"11-3-1.txt","wb"))!=0)
        {
            printf("打开文件失败! \n");
            exit(0);
        }
        /* 将数据写入文件 */
        printf("写入学生基本信息\n");
        printf("学生张帅的年龄: 20 岁\n");
        printf("学生李阳的年龄: 19 岁\n");
        printf("学生高娟的年龄: 21 岁\n");
```

```
        for(i=0;i<3;i++)
        {
            if(fwrite(&stu[i],sizeof(student),1,fp)!=1)
            {
                printf("写入失败！\n");
            }
        }
        printf("写入成功！\n");
        fclose(fp);
        return 0;
}
```

程序运行结果如图 11-3 所示。

Microsoft Visual Studio 调试控制台

```
写入学生基本信息
学生张帅的年龄：20岁
学生李阳的年龄：19岁
学生高娟的年龄：21岁
写入成功！
```

图 11-3　写入学生信息

2. 读数据块函数 fread()

函数 fread()用于从二进制文件中读入一个数据块存放于变量中。该函数的使用语法格式如下：

```
fread(buffer,size,count,fp);
```

参数说明。

(1)　buffer：表示用于接收数据的内存地址。

(2)　size：表示要读取的每个数据项相应的字节数。

(3)　count：表示要读取数据项的个数，每个数据项占用 size 个字节。

(4)　fp：文件指针。

该函数表示从一个文件流中读取数据，并最多读取 count 个元素，每个元素为 size 字节。若是函数调用成功则返回实际读取到的元素的个数；若是函数调用失败或是读取到文件末尾则返回 0。

每次进行读写操作后一定要关闭文件，否则每次读或者写数据以后，文件指针都会指向下一个待写或者读数据位置的指针。

实例 11-4：fread()函数的应用(源代码\ch11\11.4.txt)

编写程序，使用 fread()函数将实例 3 写入文件“11-3-1.txt”中的数据读取出来。

```
#include <stdio.h>
/* 添加头文件 stdlib.h 以使用退出函数 exit() */
#include <stdlib.h>
    /* 定义结构类型 */
    typedef struct
    {
    int age;
    char name[30];
    }student;
    int main ()
    {
    /* 定义文件指针 */
    FILE * fp;
    student stu;
    errno_t err;
/* 打开文件 */
```

```
if((err = fopen_s(&fp, "11-3-1.txt", "rb")) != 0)
{
printf("打开文件失败！");
exit(0);
}
/* 读取学生信息 */
printf("学生信息：\n");
printf("年龄\t 姓名\n");
while(fread(&stu,sizeof(student),1,fp)==1)
    {
    printf(" %d\t%s\n",stu.age,stu.name);
    }
    /* 关闭文件 */
fclose(fp);
return 0;
}
```

程序运行结果如图 11-4 所示。

```
Microsoft Visual Studio 调试控制台
学生信息:
年龄    姓名
 20     张帅
 19     李阳
 21     高娟
```

图 11-4　读取学生信息

11.2.4　格式化的读/写

C 语言中，fprintf()函数、fscanf_s()函数与前面介绍的printf()函数、scanf_s()函数的功能相似，都是格式化读写函数。两者的区别在于，fprintf()函数和 fscanf_s()函数的读者对象不是键盘和显示器，而是磁盘文件。

1. 格式化输出函数 fprintf()

fprintf()函数的调用语法格式如下：

```
fprintf(文件指针,格式控制串,输出列表);
```

其中，文件指针指向了将要写入的文件，格式控制串中包含常用的格式控制符与输入数据相应的类型符，输入列表中为将要写入的变量或常量。

若是函数调用成功，则返回输出的数据个数；若是函数调用失败，则返回负数。例如：

```
fprintf(fp,"%d",a);
```

表示将变量 a 按照整型数据的形式写入到文件指针 fp 指向的文件中。

2. 格式化输入函数 fscanf_s()

fscanf_s()函数调用的语法格式如下：

```
fscanf_s(文件指针,格式控制串,输入列表);
```

其中，文件指针指向了将要读取的文件，格式控制串中包含常用格式控制符与输入数据相应类型符，输入列表中为将要读取出来数据并赋值的变量地址。

若是函数调用成功，则返回已经输入的数据个数；若是函数调用失败，则返回 0。例如：

```
fscanf_s(fp,"%-2d,%.2f",&a,&b);
```

表示从文件指针 fp 所指向的文件中，按照格式控制串中的控制符来读取相应的数据，并将这些数据赋予给变量 a 以及变量 b 的地址。

实例 11-5：格式化读/写函数的应用(源代码\ch11\11.5.txt)

编写程序，通过输入端输入待办事项，使用 fprintf()函数将待办事项输出到“11-5-1.txt”文件中去。

```
#include <stdio.h>
/* 添加头文件 stdlib.h 以使用退出函数 exit() */
#include <stdlib.h>
int main()
    {
        /* 定义文件指针 */
        FILE *fp;
        char item[30],a;
        int i;
        errno_t err;
        /* 打开文件 */
        if((err=fopen_s(&fp,"11-5-1.txt","w"))!=0)
        {
            printf("打开文件失败！\n");
            getch();
            exit(0);
        }
        /* 输出到文件 */
        fprintf(fp,"%s\t%s\n","序号","事项");
        printf("请输入待办事项：\n");
        for(i=0;i<10;i++)
        {
            /* 循环记录 */
            gets(item);
            fprintf(fp,"%d\t%s\n",i+1,item);
            printf("继续输入? y/n\n");
            a=getchar();
            if(a=='n'||a=='N')
            {
                break;
            }
            fflush(stdin);
        }
        /* 关闭文件 */
        fclose(fp);
        printf("按任意键结束...\n");
        getch();
        return 0;
}
```

程序运行结果如图 11-5 和图 11-6 所示。本实例代码中定义了文件指针 fp 以及字符数组 item，然后打开文件，使用 fprintf()函数向文件中先输出 1 行标题，接着通过 for 循环，从输入端输入待办事项，再通过 fprintf()函数将这些备忘内容转存到磁盘文件中去，在 for 循环中使用 if 判断语句对结束输入做判断，完成输入后将文件关闭。

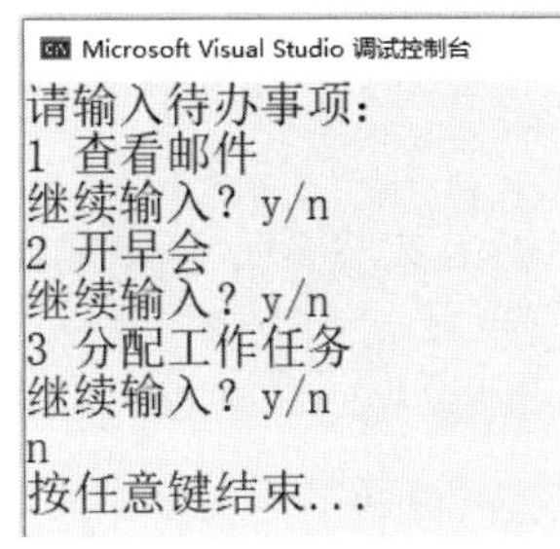

图 11-5　输入待办事项

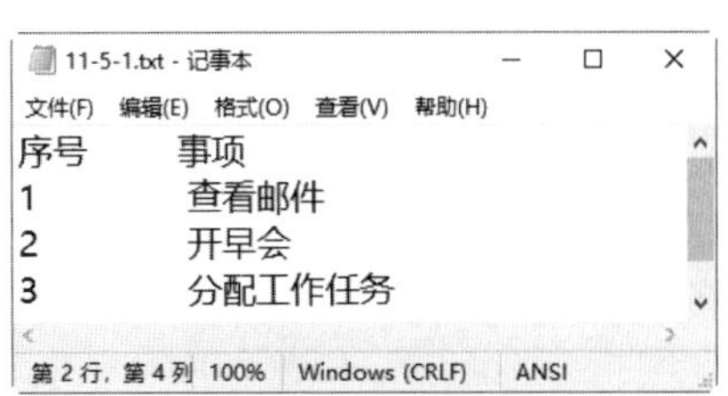

图 11-6　文件“11-5-1.txt”

11.3　文件的定位操作

C 语言中，对文件内容进行读写时，并非一定要按照顺序进行。文件指针能够定位当前对文件进行读写操作时数据所处的位置。为此，C 语言提供了文件定位函数，使用这些函数可以对文件中数据位置进行定位，并对这些位置的数据进行读写操作。

11.3.1　文件头定位

rewind()函数能够将文件内部的位置指针指向文件的开头，该函数没有任何返回值。语法格式如下：

```
rewind(文件指针);
```

功能是把文件的位置指针移到文件开始的位置。

11.3.2　随机定位

使用随机定位函数 fseek()，可以将文件指针所指向的位置移动到指定的地方，然后再从该位置进行相应的读写操作，以此实现文件的随机读写功能。语法格式如下：

```
fseek(文件指针,位移量,起始点);
```

表示将文件指针所指向的文件中的位置指针移动到以起始点为基准、以位移量为移动长度的位置。其中位移量是一个长整型(long)，若是它的值为负数，表示指针向文件头部方向进行移动。

其中起始点表示文件位置指针起始的计算位置，在 C 语言中规定的表示方法有 3 种：文件首部、当前位置以及文件尾部，如表 11-2 所示。

表 11-2　函数 fseek()的参数起始点的表示方法

数　字	符号常量	起 始 点
0	SEEK_SET	文件开头
1	SEEK_CUR	文件当前指针位置
2	SEEK_END	文件末尾

例如：

```
/* 表示将文件指针移动到距离文件头 100 个字节处 */
fseek(fp,100L,SEEK_SET);
/* 表示将文件指针移动到文件末尾 */
fseek(fp,0L,SEEK_END);
/* 表示将文件指针从文件末尾处向后退 10 个字节 */
fseek(fp,-10L,2);
/* 表示将文件指针移动到距离当前位置 50 个字节处 */
fseek(fp,50L,1);
```

注意

fseek()函数一般用于对二进制文件进行相应的操作。

11.3.3 当前位置定位

ftell()函数的作用是获取文件中的当前位置，用相对于文件开头的位移量来表示，如果ftell()函数的返回值为-1L，表示出错。语法格式如下：

```
ftell(文件指针);
```

其中文件指针指向一个正在进行读写操作的文件。

实例 11-6： 输出字符串中指定的字符(源代码\ch11\11.6.txt)

编写程序，写一个字符串到文件中，并在屏幕上输出该字符串的前 10 个字符。

```
#include <stdio.h>
/* 添加头文件 stdlib.h 以使用退出函数 exit() */
void main()
{
    /* 定义文件指针 */
    FILE* fp;
    char ch, st[80];
    errno_t err;
    /* 打开文件 */
    if ((err = fopen_s(&fp, "11-6-1.txt", "w+")) != 0)
    {
        printf("打开文件失败！\n");
        exit(1);
    }
    /* 输出到文件 */
    printf("请输入一串字符：\n");
    gets(st);
    fputs(st, fp);
    rewind(fp);
    fgets(st, 10, fp);
    puts(st);
    fclose(fp);
}
```

程序运行结果如图 11-7 所示。本实例代码中以“w+(读写)”方式打开一个文件，然后使用 fputs 函数向该文件写入一个字符串，再用 rewind()函数把文件位置指针移到文件首，最后用 fgets()函数从文件中读出前 10 个字符，然后显示在屏幕上。

```
Microsoft Visual Studio 调试控制台
请输入一串字符:
Hello World
Hello Worl
```

图 11-7　实例 11-6 的程序运行结果

11.4　文件的检测操作

在对文件进行操作时，常常需要对操作的正确性做出判断，除了可以利用文件操作函数的返回值判断外，C 语言还提供了一些文件检测函数。

11.4.1　文件结束检测

文件结束判断函数 feof()用于检测文件指针在文件中的位置是否到达了文件的结尾。语法格式如下：

```
feof(文件指针);
```

若是该函数返回一个非 0 值，则表示该函数检测到文件指针已经到达了文件的结尾；若是该函数返回一个 0 值，则表示文件指针未到文件结尾处。

实例 11-7： 复制文本中的字符串(源代码\ch11\11.7.txt)

编写程序，实现将文件“11-7-1.txt”中的字符串内容复制到文件“11-7-2.txt”中去，在复制的过程中使用 feof()函数对文件是否读取到末尾进行判断，并将复制的字符串内容输出。

```
#include <stdio.h>
/* 添加头文件 stdlib.h 以使用退出函数 exit() */
    #include <stdlib.h>
    int main()
    {
     /* 定义文件指针 */
     FILE* fp1, * fp2;
     char ch;
     errno_t err;
     /* 打开文件 */
     if ((err = fopen_s(&fp1,"11-7-1.txt", "r"))!=0)
     {
         printf("文件打开失败! \n");
         getch();
         exit(0);
     }
     if ((err = fopen_s(&fp2,"11-7-2.txt", "w"))!=0)
     {
         printf("文件打开失败! \n");
         getch();
         exit(0);
     }
     /* 使用 feof()函数判断文件是否结束 */
         printf("复制的内容为: \n");
```

```
        while (!feof(fp1))
        {
            ch = fgetc(fp1);
            fputc(ch, fp2);
            printf("%c", ch);
        }
        printf("\n");
        /* 关闭文件 */
        fclose(fp1);
        fclose(fp2);
        printf("\n 按任意键结束...\n");
    getch();
    return 0;
}
```

程序运行结果如图 11-8 所示。

```
C:\Users\Administrator\source\repos
复制的内容为:
I am Tom!
Nice to meet you!
```

图 11-8　实例 11-7 的程序运行结果

11.4.2　文件读写错误检测

在对文件调用各种输入输出函数 fgetc()、fputc()、fread()、fwrite()等时，若是出现错误，那么除了函数的返回值会有所表示外，还可以通过调用 ferror()函数来进行检测。其调用格式如下：

```
ferror(文件指针);
```

若是函数 ferror()的返回值为 0，则表示正常，未出现错误；若是函数 ferror()的返回值为一个非 0 值，则表示出现错误。当执行 fopen()函数打开某个文件时，ferror()函数的初始值会自动重置为 0。

11.4.3　文件错误标志清除

文件错误标志清除函数 clearerr()能够将文件的错误标志以及文件的结束标志重置为 0。例如，在调用一个输入输出函数对文件进行相应的读写操作时，出现了错误，那么使用 ferror()函数就会返回一个非 0 值，此时调用 clearerr()函数，ferror()函数的返回值就会被重置为 0。

其调用格式如下：

```
clearerr(文件指针);
```

不论是调用 feof()函数，还是调用 ferror()函数，若是出现错误，那么该错误标志在对同一个文件进行下一次的输入输出操作前会一直保留，直到对该文件调用 clearerr()函数。

实例 11-8： 使用 clearerr()函数清除错误标志(源代码\ch11\11.8.txt)

编写程序，使用“只读”命令打开文件“11.1.txt”，接着使用 fputc()函数向该文件进行写入字符的操作，调用 ferror()函数判断返回值，并输出错误提示。接着使用 clearerr()函数清除错误标志，再通过 fgetc()函数对文件进行读取操作，判断函数 ferror()返回值输出提示信息，最后关闭文件。

```
#include <stdio.h>
/* 添加头文件 stdlib.h 以使用退出函数 exit() */
#include <stdlib.h>
int main()
{
    /* 定义文件指针 */
    FILE* fp;
    char c;
    errno_t err;
    /* 打开文件 */
    if ((err = fopen_s(&fp, "11.1.txt", "r")) != 0)
    {
        printf("文件打开失败! \n");
        getch();
        exit(0);
    }
    /* 使用 fputc()函数进行写入操作*/
    fputc('a', fp);
    if (ferror(fp))
    {
        printf("写入文件“11.1.txt”失败! \n");
        /* 清除错误标志 */
        clearerr(fp);
    }
    /* 使用 fgetc()函数读取*/
    c = fgetc(fp);
    if (!ferror(fp))
    {
        printf("读取文件内容成功! \n");
    }
    /* 关闭文件 */
    fclose(fp);
    printf("按任意键结束...\n");
    getch();
    return 0;
}
```

程序运行结果如图 11-9 所示。

```
C:\Users\Administrator\source\repos\HelloWorld\Debug\HelloWorld.exe
写入文件“11.1.txt”失败!
读取文件内容成功!
按任意键结束...
```

图 11-9　实例 11-8 的程序运行结果

11.5　就业面试问题解答

问题 1： feof()与 EOF 有什么区别？

答： EOF 实际上是个宏。定义为“#define EOF (-1)”，所以 EOF 是一个常量，即-1。feof()是个函数，用于判断是否读到文件结束位置，如果是就返回-1，否则就返回 0，所以读文件是否结束不能用 EOF 去判断，但是可以用 feof()和 EOF 去比较，如果相等，那么就是结束了。例如：if(feof(fp) == EOF)。

问题 2： C 语言中 fgetc()和 getc()与 fputc()和 putc()的区别是什么？

答：fgetc 是从数据流中读取一个字符，比如从一个打开的文件中读取一个字符；fputc 是将一个字符写入到一个数据流中，比如向一个打开的文件中写入一个字符；getc 是从键盘中获取一个字符；putc 是往屏幕输出一个字符。

11.6 上机练练手

上机练习 1：输出文件中的内容

编写程序，通过文件内容的读取操作，同时对两个文件进行读取，并将这个两个文件按照一左一右的形式输出在屏幕上。程序运行结果如图 11-10 所示。

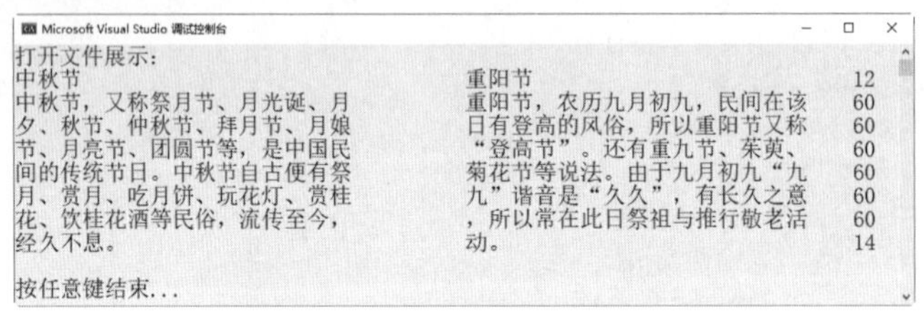

图 11-10　同时打开两个文件

上机练习 2：通过输入端输入某学期的课程表，然后将课程表输出到屏幕上

编写程序，通过输入端输入某学期的课程表，并通过相应的输出函数将课程表写入到文件“11-22.txt”中，然后再通过输入函数读入该文件中的课程表，将该课程表输出在屏幕上。程序运行结果如图 11-11 和图 11-12 所示。

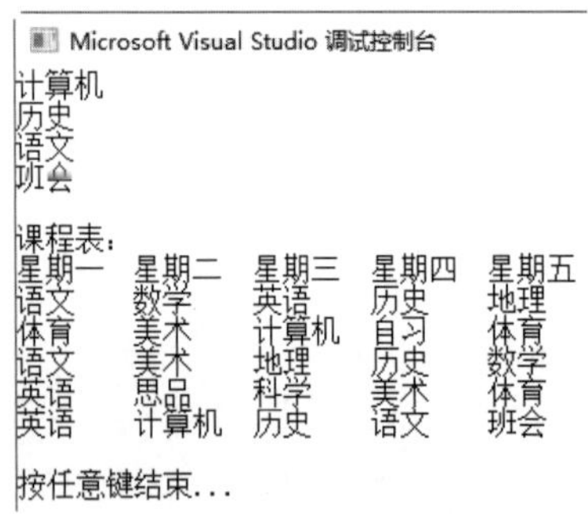

图 11-11　输出课程表

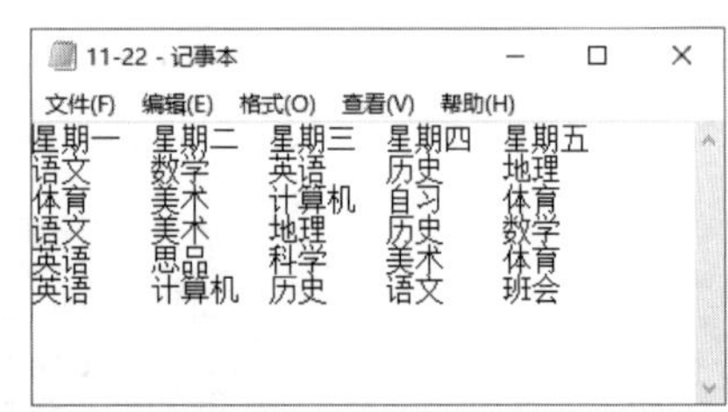

图 11-12　文件“11-22.txt”的写入情况

上机练习 3：通过输入端输入学生的基本信息，将文件指针定位在文件起始位置，将学生信息输出在屏幕上

编写程序，通过输入端输入学生的基本信息，使用 fwrite()函数将这些数据写入到文件“11-16.txt”中，然后以“只读”形式打开该文件，将文件指针定位在文件起始位置，使用 fread()函数读取文件中的学生的基本信息，并将它们输出在屏幕上。程序运行结果如图 11-13 和图 11-14 所示。

```
Microsoft Visual Studio 调试控制台
请录入学生信息：
(姓名-性别-年龄-成绩)
第1个学生：
张三
男
18
89.5

第2个学生：
李四
女
19
86.6

第3个学生：
王五
男
```

图 11-13　输入学生信息

```
Microsoft Visual Studio 调试控制台
18
86.5

第4个学生：
赵四
男
18
94

姓名    性别    年龄    成绩：
张三    男      18      89.50
李四    女      19      86.60
王五    男      18      86.50
赵四    男      18      94.00
按任意键结束...
```

图 11-14　输出学生信息表

第12章

使用排序整理数据

排序是计算机程序设计中的一种重要操作，通过排序操作能够将一组数据元素或者记录的任意序列，重新排列成一个具有规律的有序序列。本章就来介绍C语言中常用的排序方法。

12.1　排序的概述

C 语言中，将排序分为内部排序与外部排序。内部排序就是指数据记录在内存中进行排序；而外部排序是指由于进行排序的数据比较大，一次不能容纳全部的排序记录，在排序过程中需要访问外存。排序的分类如图 12-1 所示。

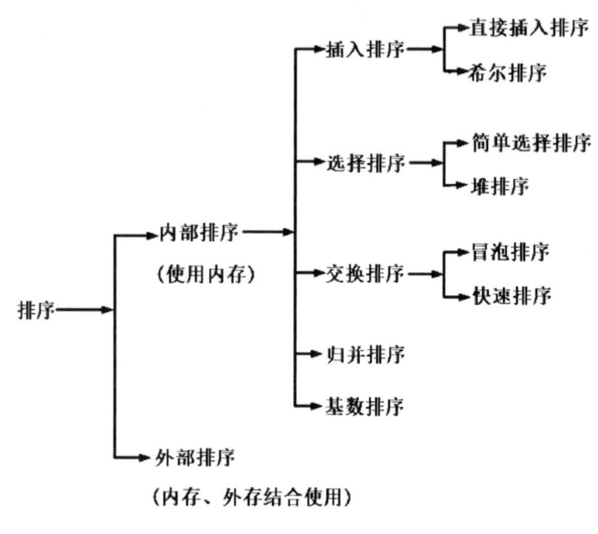

图 12-1　排序的分类

12.2　插 入 排 序

插入排序分为直接插入排序与希尔排序，本节将对这两种排序方法进行详细讲解。

12.2.1　直接插入排序

插入排序是一种简单直观的排序算法。它的工作原理是通过构建有序序列，对于未排序数据，在已排序序列中从后向前扫描，找到相应位置并插入。若是遇到一个和插入元素相等的元素，那么将插入的元素放在该元素的后面。

实例 12-1： 使用直接插入排序方法进行排序(源代码\ch12\12.1.txt)

```
#include <stdio.h>
#define N 5
/* 定义直接插入排序函数 */
void InsertSort(int a[], int n)
{
    int i,j,t;
    for(i=1;i<n;i++)
    {
        if(a[i]<a[i-1])
        {
            j=i-1;
```

```
            t=a[i];
            a[i]=a[i-1];
            while(j>=0 && t<a[j])
            {
                /* 查找插入位置 */
                a[j+1]=a[j];
                j--;
            }
            /* 插入元素 */
            a[j+1]=t;
        }
    }
}
int main()
{
    int i,j;
    int a[N];
    printf("请输入数组元素：\n");
    for(i=0;i<N;i++)
    {
        scanf_s("%d",&a[i]);
    }
    /* 插入排序 */
    InsertSort(a,N);
    printf("进行插入排序后为：\n");
    for(j=0;j<N;j++)
    {
        printf("%d ",a[j]);
    }
    printf("\n");
    return 0;
}
```

程序运行结果如图 12-2 所示。

```
Microsoft Visual Studio 调试控制台
请输入数组元素:
15 20 12 14 35
进行插入排序后为:
12 14 15 20 35
```

图 12-2　进行直接插入排序

12.2.2　希尔排序

希尔排序也称递减增量排序算法，是插入排序的一种更高效的改进版本。它的主要思想是先将整个待排序的记录序列分割成为若干的子序列分别进行直接插入排序，待整个序列中的记录“基本有序”时，再对全体记录依次执行直接插入排序。

实例 12-2： 使用希尔排序方法进行排序(源代码\ch12\12.2.txt)

```
#include <stdio.h>
#define N 6
/* 定义函数 */
void ShellSort(int a[], int length)
{
    int d;
    int i,j;
    int temp;
    /* 用来控制步长,最后递减到 1 */
    for(d=length/2;d>0;d/=2)
    {
        /* 从第二个开始排序 */
        for(i=d;i<length;i++)
```

```
        {
            temp=a[i];
            for(j=i-d;j>=0 && temp<a[j];j-=d)
            {
                a[j+d]=a[j];
            }
            a[j+d]=temp;
        }
    }
}
int main()
{
    int i,j;
    int a[N];
    printf("请输入数组元素：\n");
    for(i=0;i<N;i++)
    {
        scanf_s("%d",&a[i]);
    }
    /* 调用希尔排序函数 */
    ShellSort(a,N);
    printf("进行希尔排序后为：\n");
    for(j=0;j<N;j++)
    {
        printf("%d ",a[j]);
    }
    printf("\n");
    return 0;
}
```

运行上述程序，结果如图 12-3 所示。本实例代码中定义了函数 ShellSort()，通过嵌套 for 循环完成先按增量分组，再分别排序的功能，最后实现希尔排序。

```
Microsoft Visual Studio 调试控制台
请输入数组元素:
15 20 11 35 9 12
进行希尔排序后为:
9 11 12 15 20 35
```

图 12-3　希尔排序

12.3　选 择 排 序

选择排序分为简单选择排序以及堆排序，本节将对这两种排序方法进行详细讲解。

12.3.1　简单选择排序

选择排序(Selection sort)是一种简单直观的排序算法。它的工作原理是首先在未排序序列中找到最小(大)元素，存放到排序序列的起始位置，然后，再从剩余未排序元素中继续寻找最小(大)元素，放到已排序序列的末尾。以此类推，直到所有元素均排序完毕。

实例 12-3：使用简单选择排序方法进行排序(源代码\ch12\12.3.txt)

```
#include <stdio.h>
#define N 6
/* 定义函数 */
void SelectSort(int a[], int n)
{
```

```
    int i,j,k,min,temp;
    for(i=0;i<n-1;++i)
    {
        min=i;
        for(j=i+1;j<n;++j)
        {
            /* min 为最小元素下标 */
            if(a[j] < a[min])
            {
                min=j;
            }
        }
        /* min 发生改变 */
        if(min!=i)
        {
            temp = a[i];
            a[i] = a[min];
            a[min] = temp;
        }
        printf("第 %d 趟排序结果：",i+1);
        for(k=0;k<n;k++)
        {
            printf("%d ",a[k]);
        }
        printf("\n");
    }
}
int main()
{
    int i,j;
    int a[N];
    printf("请输入待排序数据：\n");
    for(i=0;i<N;i++)
    {
        scanf_s("%d",&a[i]);
    }
    printf("简单选择排序过程：\n");
    /* 调用简单选择排序函数 */
    SelectSort(a,N);
    return 0;
}
```

程序运行结果如图 12-4 所示。本实例定义了函数 SelectSort()，通过 for 循环，分别将第一个数据与其他数据进行比较，把最小的数据与第一个数据交换，然后将第二个数据与剩余其他数据进行比较，把最小数据与第二个数据交换……依次类推，并分别输出每次排序的结果。

```
Microsoft Visual Studio 调试控制台
请输入待排序数据：
15 20 11 13 152 45
简单选择排序过程：
第 1 趟排序结果：11 20 15 13 152 45
第 2 趟排序结果：11 13 15 20 152 45
第 3 趟排序结果：11 13 15 20 152 45
第 4 趟排序结果：11 13 15 20 152 45
第 5 趟排序结果：11 13 15 20 45 152
```

图 12-4　简单选择排序

12.3.2　堆排序

堆排序是对选择排序的改进，其中“堆”表示一棵顺序存储的完全二叉树。当每个结点的数据都不大于其子结点的数据时，称此堆为小根堆；当每个结点的数据都不小于其子结点的数据时，称此堆为大根堆。

使用堆排序方法的主要思想就是根据待排序数组元素来构造初始堆(构造为小根堆或者大根堆)，然后将堆顶元素输出，得到这组元素中最小或者最大元素，接着再将剩余的元素重新构造成小根堆或者大根堆，再将堆顶元素输出，以此类推，直到输出最后一个元素就完成了按从小到大或从大到小的排序了。

实例 12-4： 使用堆排序方法进行排序(源代码\ch12\12.4.txt)

```
#include <stdio.h>
#define N 7
/* 定义函数 */
void HeapAdjust(int a[],int n2,int n1)
{
    /* 调整为小根堆 */
    int i,j=a[n2];
    for(i=2*n2;i<=n1;i*=2)
    {
        /* 判断左右子数大小 */
        if(i<n1 && a[i]>a[i+1])
        {
            i++;
        }
        if(j<=a[i])
        {
            break;
        }
        a[n2]=a[i];
        n2=i;
    }
    a[n2]=j;
}
void HeapSort(int a[],int n)
{
    int i,t;
    /* 构造小根堆 */
    for(i=n/2;i>0;i--)
    {
        HeapAdjust(a,i,n);
    }
    for(i=n;i>1;i--)
    {
        /* 堆顶与最后一个元素互换 */
        t=a[1];
        a[1]=a[i];
        a[i]=t;
        HeapAdjust(a,1,i-1);
    }
}
int main()
{
    int i,j;
```

```
    int a[N+1];
    printf("请输入待排序数据：\n");
    /* 从下标 1 开始存储 */
    for(i=1;i<N;i++)
    {
        scanf_s("%d",&a[i]);
    }
    /* 调用堆排序函数 */
    HeapSort(a,N);
    printf("进行堆排序后为：\n");
    for(j=1;j<N;j++)
    {
        printf("%d ",a[j]);
    }
    printf("\n");
    return 0;
}
```

程序运行结果如图 12-5 所示。本实例代码中定义了函数 HeapAdjust()，该函数用于将堆调整为小根堆，又定义了函数 HeapSort()，该函数首先构造一个小根堆，然后再使用 for 循环，先调整元素，再重新构造小根堆，直到排序完成。

```
Microsoft Visual Studio 调试控制台
请输入待排序数据:
15 12 11 18 20 45
进行堆排序后为:
45 20 18 15 12 11
```

图 12-5　进行堆排序

12.4　交 换 排 序

交换排序分为冒泡排序与快速排序，本节将对这两种排序方法进行详细讲解。

12.4.1　冒泡排序

冒泡排序是一种简单的排序算法。它重复地走访要排序的数列，一次比较两个元素，如果它们的顺序(如从大到小、首字母从 A 到 Z)错误就把它们交换过来。

实例 12-5： 使用冒泡排序方法进行排序(源代码\ch12\12.5.txt)

```
#include <stdio.h>
#define N 6
/* 定义函数 */
void swap(int *a, int *b)
{
    int temp;
    temp=*a;
    *a=*b;
    *b=temp;
}
int main()
{
    int a[N];
```

```
    int i, j;
    printf("请输入待排序数据: \n");
    for(i=0;i<N;i++)
    {
        scanf_s("%d",&a[i]);
    }
    for (i=0;i<N;i++)
    {
        /* 由后向前比较 */
        for (j=N-1;j>i;j--)
        {
            if (a[j] < a[j-1])
            {
                /* 调用函数 交换两数 */
                swap(&a[j], &a[j-1]);
            }
        }
    }
    printf("冒泡排序后为: ");
    for(i=0;i<N;i++)
    {
        printf("%d ", a[i]);
    }
    printf("\n");
    return 0;
}
```

程序运行结果如图 12-6 所示。本实例代码中，首先定义了函数 swap()，用于将两数进行交换，接着在 main()函数中，通过输入端输入待排序的数据，然后通过嵌套 for 循环，依次对未排序的数据进行两两比较，若是前数大于后数，则调用函数 swap()将两数交换，接着继续循环，直到排序完成，最后输出排序结果。

```
Microsoft Visual Studio 调试控制台
请输入待排序数据:
15 20 13 12 11 98
冒泡排序后为: 11 12 13 15 20 98
```

图 12-6　进行冒泡排序

12.4.2　快速排序

快速排序属于一种划分交换排序方法，其排序思想如下。

(1)　首先从待排序数据中取一个数作为基准数，一般为第一个数或最后一个数。

(2)　通过分区，将比基准数小的数全部放在它的左边，比基准数大的全部放在右边。

(3)　对左右分区重复第二步，直到完成排序。

实例 12-6: 使用快速排序方法进行排序(源代码\ch12\12.6.txt)

```
#include <stdio.h>
#define N 6
int s=1;
void QuikSort(int a[],int low,int high)
{
    int k;
    int i=low;
```

```
    int j=high;
    /* 基准数 */
    int temp=a[i];
    if(low<high)
    {
        while(i<j)
        {
            /* 处理右边 */
            while((a[j] >= temp) && (i < j))
            {
                j--;
            }
            a[i]=a[j];
            /* 处理左边 */
            while((a[i] <= temp) && (i < j))
            {
                i++;
            }
            a[j]=a[i];
        }
        a[i]=temp;
        printf("第 %d 趟: \n",s);
        for(k=0;k<N;k++)
        {
            printf("%d ",a[k]);
        }
        printf("\n\n");
        s++;
        /* 递归 处理左边 */
        QuikSort(a,low,i-1);
        /* 递归 处理右边 */
        QuikSort(a,j+1,high);
    }
    else
    {
        return;
    }
}
int main()
{
    int i;
    int a[N];
    printf("请输入待排序数据: \n");
    for(i=0;i<N;i++)
    {
        scanf_s("%d",&a[i]);
    }
    printf("排序过程: \n");
    /* 调用快速排序 */
    QuikSort(a,0,N-1);
    return 0;
}
```

运行上述程序，结果如图 12-7 所示。本实例代码中，首先定义了全局变量 s 和函数 QuikSort()，该函数用于确定基准数 temp，使用快速排序方法进行分区与交换排序处理，并输出每一趟排序后的结果。

```
Microsoft Visual Studio 调试控制台
请输入待排序数据:
15 20 11 35 24 38
排序过程:
第 1 趟:
11 15 20 35 24 38

第 2 趟:
11 15 20 35 24 38

第 3 趟:
11 15 20 24 35 38
```

图 12-7　实例 12-6 的程序运行结果

12.5　归 并 排 序

归并排序方法是将两个或两个以上的有序表合并成一个新的有序表，也就是说，可以将待排序的数据分成若干个子序列，每个子序列看成是有序序列，然后将这些有序序列合并成一个整体有序序列。

实例 12-7：使用归并排序方法进行排序(源代码\ch12\12.7.txt)

```
#include <stdio.h>
#include <stdlib.h>
#define N 6
/* 定义函数 */
void Merge(int a[],int Temp[],int L,int R,int RightEnd)
{
    /* 合并两个有序序列 */
    int LeftEnd=R-1;
    int p=L,i;
    int num=RightEnd-L+1;
    /* 合并元素 */
    while(L<=LeftEnd && R<=RightEnd)
    {
        if(a[L]<=a[R])
        {
            Temp[p++]=a[L++];
        }
        else
        {
            Temp[p++]=a[R++];
        }
    }
    while(L<=LeftEnd)
    {
        Temp[p++]=a[L++];
    }
    while(R<=RightEnd)
    {
        Temp[p++]=a[R++];
    }
    for(i=0;i<num;i++,RightEnd--)
    {
        a[RightEnd]=Temp[RightEnd];
    }
```

```
}
void MSort(int a[],int Temp[],int L,int RightEnd)
{
    int center;
    if(L<RightEnd)
    {
        /* 将数组一分为二 */
        center=(L+RightEnd)/2;
        /* 处理前一部分 */
        MSort(a,Temp,L,center);
        /* 处理后一部分 */
        MSort(a,Temp,center+1,RightEnd);
        /* 合并两部分 */
        Merge(a,Temp,L,center+1,RightEnd);
    }
}
void MergeSort(int a[],int n)
{
    int *Temp=(int *)malloc(n*sizeof(int));
    if(Temp)
    {
        MSort(a,Temp,0,n-1);
        free(Temp);
    }
    else
    {
        printf("分配空间失败!\n");
    }
}
int main()
{
    int a[N],i;
    printf("请输入待排序数据：\n");
    for(i=0;i<N;i++)
    {
        scanf_s("%d",&a[i]);
    }
    /* 调用归并排序函数 */
    MergeSort(a,N);
    printf("归并排序后为：\n");
    for(i=0;i<N;++i)
    {
        printf("%d ",a[i]);
    }
    printf("\n");
    return 0;
}
```

程序运行结果如图 12-8 所示。本实例代码中，首先定义了函数 Merge()、MSort()以及 MergeSort()，其中 Merge()函数用于合并两个有序的序列；MSort()函数将序列一分为二分别处理前后部分，最后将处理过的两部分序列合并；MergeSort()函数用于调用 MSort()处理序列，并做动态分配空间与释放的操作。在 main()函数中，首先通过输入端输入待排序数据，调用 MergeSort()函数使用归并排序方法对数据进行排序，最后输出排序结果。

```
Microsoft Visual Studio 调试控制台
请输入待排序数据:
15 20 11 23 24 35
归并排序后为:
11 15 20 23 24 35
```

图 12-8　进行归并排序

12.6 基数排序

基数排序的基本思想是对一组数据的每一位进行分别排序，排序的顺序是：个位、十位、百位……。

实例 12-8： 使用基数排序方法进行排序(源代码\ch12\12.8.txt)

```
#include <stdio.h>
#define N 10
/* 声明函数 */
/* a 为待排序数组 b 为排序好的数组 c 为中间数组 temp 为原始数组 */
void RadixSort(int a[],int b[],int c[],int temp[]);
int main()
{
    int i;
    int a[10] = {84,15,57,45,19,22,12,1,5,9};
    int temp[10];
    int b[10];
    int c[10];
    printf("待排序数组元素为: \n");
    for (i = 0;i < N;i++)
    {
        printf("%d ",a[i]);
    }
    printf("\n");
    /* 个位排序 */
    for (i = 0;i < N;i++)
    {
        temp[i] = a[i] % 10;
    }
    RadixSort(temp,b,c,a);
    for (i = 0;i < N;i++)
    {
        a[i] = b[i];
    }
    /* 十位排序 */
    for (i = 0;i < N;i++)
    {
        temp[i] = a[i] / 10 % 10;
    }
    RadixSort(temp,b,c,a);
    for (i = 0;i < N;i++)
    {
        a[i] = b[i];
    }
    /* 百位排序 */
    for (i = 0;i < N;i++)
    {
        temp[i] = a[i] / 100 % 10;
    }
    RadixSort(temp,b,c,a);
    printf("排序后的数组元素为: \n");
    for (i = 0;i < N;i++)
    {
        printf("%d ",b[i]);
    }
```

```
    printf("\n");
    return 0;
}
/* 定义函数 */
void RadixSort(int a[],int b[],int c[],int temp[])
{
    int i,j;
    for (i = 0;i < N;i++)
    {
        c[i] = 0;
    }
    for (j = 0;j < N;j++)
    {
        c[a[j]] += 1;
    }
    for (i = 1;i < N;i++)
    {
        c[i] = c[i] + c[i-1];
    }
    for (j = 9;j >= 0;j--)
    {
        b[c[a[j]] - 1] = temp[j];
        c[a[j]] -= 1;
    }
}
```

运行上述程序，结果如图 12-9 所示。本实例代码中，首先声明函数 RadixSort()，该函数主要功能为计数排序，此方法排序比较稳定，适用于基数排序，通过比较，将待排序的数组元素按照位置进行排序，存放到数组 b 中。接着在 main()函数中，分别取出每个数据中的个位、十位以及百位，再调用函数 RadixSort()对它们进行排序，从而实现对每个数据按照每位上的数进行排序，最终得出排序后的有序序列。

```
Microsoft Visual Studio 调试控制台
待排序数组元素为:
89 11 52 33 20 55 66 18 7 2
排序后的数组元素为:
2 7 11 18 20 33 52 55 66 89
```

图 12-9　实例 12-8 的程序运行结果

12.7　就业面试问题解答

问题 1：排序算法是如何分类的?

答：所谓排序，就是使一串记录按照其中的某个或某些关键字的大小递增或递减的方式排列起来的操作。排序算法通常分为以下几类。

(1) 计算的复杂度(最差、平均和最好性能)，依据列表(list)的大小(n)。一般而言，好的性能是 O(nlogn)，坏的性能是 O(n^2)。对于一个排序理想的性能是 O(n)。而仅使用一个抽象关键比较运算的排序算法总平均上总是至少需要 O(nlogn)。

(2) 稳定度：稳定的排序算法会依照相等的关键(换言之就是值)维持记录的相对次序。

(3) 一般的方法包括插入、交换、选择、归并等。交换排序包含冒泡排序和快速排序。插入排序包含希尔排序，选择排序包括堆排序等。

问题 2：排序算法的稳定性对代码有什么影响?

答：排序算法的稳定性是指如果在待排序的序列中存在若干具有相同关键字的记录，经过排序操作后，若这些记录的相对次序不发生变化，则称该算法是稳定的；如果经过排序之后，记录的相对次序发生了变化，则称该算法是不稳定的。

稳定性的好处为：排序算法如果是稳定的，那么从一个键上排序，然后再从另一个键上排序，第一个键排序的结果可以为第二个键排序所用。基数排序就是这样，先按低位排序，逐次按高位排序，低位相同的元素其顺序在高位也相同时是不会改变的。另外，如果排序算法稳定，可以避免多余的比较。

12.8 上机练练手

上机练习 1：解决《算经》中张丘建曾提出过的一个“百鸡问题”

编写程序，这里假设公鸡一只值五块，母鸡一只值三块，小鸡三只值一块。用一百块钱买一百只鸡，问公鸡、母鸡、小鸡各买多少只？程序运行结果如图 12-10 所示。

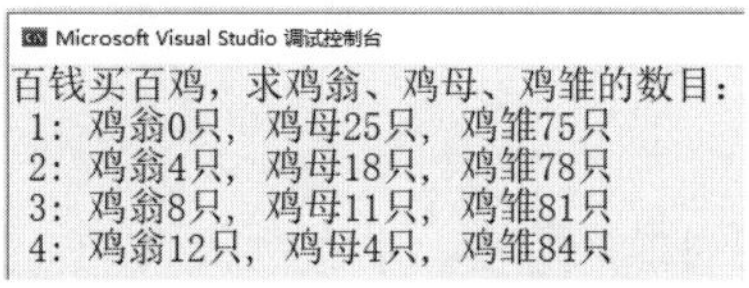

```
Microsoft Visual Studio 调试控制台
百钱买百鸡，求鸡翁、鸡母、鸡雏的数目：
 1: 鸡翁0只, 鸡母25只, 鸡雏75只
 2: 鸡翁4只, 鸡母18只, 鸡雏78只
 3: 鸡翁8只, 鸡母11只, 鸡雏81只
 4: 鸡翁12只, 鸡母4只, 鸡雏84只
```

图 12-10　百鸡问题解决结果

上机练习 2：求 Fibonacci 数列(斐波那契数列)

编写程序，输出前 n 项的 Fibonacci 数列，这里加入 n 的值为 10。斐波那契数列指的是这样一个数列 0、1、1、2、3、5、8、13、21、34、55、89......这个数列从第 3 项开始，每一项都等于前两项数值之和。程序运行结果如图 12-11 所示。

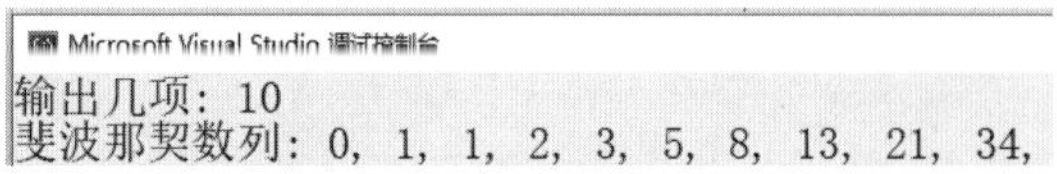

```
Microsoft Visual Studio 调试控制台
输出几项: 10
斐波那契数列: 0, 1, 1, 2, 3, 5, 8, 13, 21, 34,
```

图 12-11　输出 Fibonacci 数列前 10 个数

上机练习 3：解决五人分鱼问题

编写程序，这里假设 A、B、C、D、E 五人在某天夜里合伙去捕鱼，到第二天凌晨时都疲惫不堪，于是各自找地方睡觉。日上三杆，A 第一个醒来，他将鱼分为五份，把多余的一条鱼扔掉，拿走自己的一份。B 第二个醒来，也将鱼分为五份，把多余的一条鱼扔掉拿走自己的一份。C、D、E 依次醒来，也按同样的方法拿鱼。那么他们合伙至少捕了多少条鱼？以及每个人醒来时见到了多少鱼？程序运行结果如图 12-12 所示。

```
Microsoft Visual Studio 调试控制台
至少合伙捕鱼: 3121条
B醒来见到鱼的条数: 2496
C醒来见到鱼的条数: 1996
D醒来见到鱼的条数: 1596
E醒来见到鱼的条数: 1276
```

图 12-12　五人分鱼问题解答

第 13 章

编译与预处理指令

C 语言较其他语言而言，比较独特的地方就是具有预处理功能，在之前使用到的实例中，带有“#”的语句就属于预处理指令。使用预处理指令能够提高 C 语言的编程效率，并且增加程序的可移植性。本章就来介绍 C 语言的编译与预处理指令的应用。

13.1 预处理命令

所谓预处理就是指源程序被正式编译之前所进行的处理工作，这是 C 语言和其他高级语言之间的一个重要区别。预处理命令的作用不是实现程序的功能，它们是发布给编译系统的信息，即告诉编译系统，在对源程序进行编译之前应该做些什么，所以称这类语句为编译预处理命令。

在 C 语言中，所有的预处理命令均以“#”开头，在它前面不能出现空格以外的字符，而且在行结尾处没有分号。C 语言中的预处理命令主要有 3 类，分别是宏定义、文件包含和条件编译。

13.2 宏　定　义

在 C 语言中，通过使用一个标识符来表示一个字符串，就称为宏，标识符称为宏名。在编译预处理过程中，将宏名替换成它所代表的字符串，这一过程也称宏代换或宏展开。宏定义主要通过#define 和#undef 命令来实现。

13.2.1 不带参数的宏定义

#define 是宏定义命令，它的语法格式一般有 2 种形式，分别是不带参数和带参数。在程序中使用不带参数的宏定义，其语法格式如下：

```
#define 标识符 字符串
```

例如：

```
#define PI 3.14
```

此为使用变量 PI 来表示圆周率。

实例 13-1： 计算半径为 5 的圆的周长(源代码\ch13\13.1.txt)

```
#include <stdio.h>
/* 宏定义 */
#define PI 3.14
#define R 5
int main()
    {
        float c;
        printf("计算半径为%d 的圆的周长：\n",R);
        c=2*PI*R;
        printf("该圆的周长是%.2f\n",c);
        return 0;
    }
```

程序运行结果如图 13-1 所示。本案例代码中通过宏定义使用变量 PI 表示圆周率，使用 R 表示圆的半径，接着在 main()函数中，通过公式对圆的半径进行计算，这里将 3.14 和

5 分别代入公式，完成周长的求解。

```
Microsoft Visual Studio 调试控制台
计算半径为5的圆的周长:
该圆的周长是31.40
```

图 13-1　实例 13-1 的程序运行结果

上例中“PI”与“R”称为宏定义的宏名，宏名的命名规范与标识符命名规范相同，并且要使用大写字母便于与普通变量进行区分。另外，宏定义只在程序中起到替换的作用，不会为其分配内存空间。

13.2.2　宏定义的嵌套

C 语言中，宏也可以像变量一样，进行嵌套定义，例如：

```
#define A 3
#define B (A+2)
#define C (B+3)
```

首先定义 A，然后嵌套定义 B，最后嵌套定义 C，将它们进行展开为：

```
#define A 3
#define B (3+2)
#define C ((3+2)+3)
```

实例 13-2：计算圆的周长与面积(源代码\ch13\13.2.txt)

```
#include <stdio.h>
/* 嵌套宏定义 */
#define R 5
#define PI 3.14
#define C (2*PI*R)
#define S (PI*R*R)
int main()
{
    /* 使用宏 */
    printf("计算半径为%d 的圆周长与面积：\n",R);
    printf("周长 2*PI*R=%.2f\n",C);
    printf("面积 PI*R*R=%.2f\n",S);
    return 0;
}
```

程序运行结果如图 13-2 所示。本实例在代码中，首先定义宏 R 表示圆的半径，然后定义宏 PI 表示圆周率，接着进行嵌套定义宏 C，在宏 C 中使用了宏 R 与 PI，对圆的周长进行求解，最后进行嵌套定义宏 S，在宏 S 中使用了宏 R 与 PI，对圆的面积进行求解，然后再分别输出求解的结果。

```
Microsoft Visual Studio 调试控制台
计算半径为5的圆周长与面积:
周长2*PI*R=31.40
面积PI*R*R=78.50
```

图 13-2　实例 13-2 的程序运行结果

13.2.3 带参数的宏定义

除了不带参数的宏定义外，实际上，宏也可以定义为带参数的形式。语法格式如下：

```
#define 宏名(参数列表) 字符串
```

带参数的宏定义进行调用时，语法格式如下：

```
宏名(实参列表);
```

例如：

```
#define PI 3.14
#define C(r) 2*PI*r
#define S(r) PI*r*r
...
int r;
C(r);
S(r);
```

此为将圆的半径作为参数进行传递，通过调用宏，计算圆的周长与面积。

实例 13-3： 判断传递的参数值的大小(源代码\ch13\13.3.txt)

编写程序，定义一个宏 MIN，用于判断传递的参数值的大小，并返回较小的值。

```
#include <stdio.h>
/* 宏定义 */
    #define MIN(x,y)  (x<y) ? x : y
    int main()
    {
        int a,b,min;
        printf("请输入两个整数用于比较大小: \n");
        scanf_s("%d%d",&a,&b);
        /* 调用宏 */
        min MIN(a,b),
        printf("两数中较小的数为 %d\n",min);
        return 0;
    }
```

程序运行结果如图 13-3 所示。本例代码中首先对带参数的宏 MIN 进行定义，其中包含两个形参 x 与 y。在 main()函数中，通过输入端输入两个整数 a 与 b，再调用宏 MIN，将变量 a 与 b 作为实参进行传递，此时宏展开后为“min=(a<b)?a:b”，最后输出两数中较小数的值。

```
Microsoft Visual Studio 调试控制台
请输入两个整数用于比较大小:
15 20
两数中较小的数为 15
```

图 13-3 实例 13-3 的程序运行结果

使用带参数的宏定义时，需要注意以下几点。

(1) 在定义带参数的宏时，宏名与形参列表之间不可出现空格。

例如将：

```
#define MIN(x,y) (x<y)?x:y
```

写为：

```
#define MIN (x,y) (x<y)?x:y
```

是不合法的，此时的宏将被看作无参数的定义形式，若对宏进行调用：

```
min=MIN(a,b);
```

展开后为：

```
min=(a,b) (a<b)?a:b;
```

无法进行计算，此为错误宏定义。

(2) 与函数定义时的参数不同，在定义宏时不需要对形参的数据类型进行说明，而调用时与函数一样需要分配内存，就需要指明实参的数据类型。

(3) 宏定义中的字符串内形参需要使用括号括起来以免出错。

13.2.4　宏定义的多行表示

C 语言中，宏定义通常情况下是单行完成的，但也有特例，若是需要使用多行定义一个宏，则必须使用反斜杠“\”。

例如：

```
/* 多行宏定义 */
#define F(n) \
((n)*(n))
```

多行宏定义的反斜杠书写位置在第一行的末尾，然后换行输入第二行。

实例 13-4：将小写字母转换为大写字母(源代码\ch13\13.4.txt)

```
#include <stdio.h>
/* 多行宏定义 */
#define UP(c) \
    (((c)>='a' && (c)<='z') ? ((c)-32):(c))
int main()
   {
       char ch;
       printf("请输入一个字符：\n");
       ch=getc(stdin);
       printf("%c 转换为大写字符为：%c\n",ch,UP(ch));
       return 0;
   }
```

程序运行结果如图 13-4 所示。在本实例代码中，首先定义了一个多行的宏，该宏用于将传递的参数字符小写形式转换为大写，然后在 main()函数中，定义一个 char 变量 ch，通过输入端输入一个字符，最后调用宏输出这个字符的大写形式。

```
Microsoft Visual Studio 调试控制台
请输入一个字符：
a
a 转换为大写字符为：A
```

图 13-4　实例 13-4 的程序运行结果

13.2.5　解除宏定义

使用#undef 命令可以解除宏定义，其语法格式如下：

```
#undef 宏名
```

例如：

```
#undef PI
```

实例 13-5： 宏定义的作用范围(源代码\ch13\13.5.txt)

```
#include <stdio.h>
/* 宏定义 */
#define PI 3.1416
void f();
void main()
{
        printf("PI=%f\n",PI);
           f();
    }
#undef PI
#define PI 3+5
#define T 2*PI
void f()
{
   printf("PI=%d,T=%d\n",PI,T);
}
```

程序运行结果如图 13-5 所示。本实例中第一次出现的 PI 被替换成了 3.1416，由于遇到了#undef PI 语句，因此解除了宏定义。第二次的 PI 被重新宏定义，即替换为新的字符串“3+5”，因此第二次输出的 PI 值为 8。

```
Microsoft Visual Studio 调试控制台
PI=3.141600
PI=8,T=11
```

图 13-5　实例 13-5 的程序运行结果

13.3　文 件 包 含

#include 被称为预包含命令，通常有两种语法形式，如下：

```
#include <文件名>
```

或者写为：

```
#include "文件名"
```

<文件名>和"文件名"的不同在于定位文件的方式，<文件名>是直接到系统指定的目录内查找文件；"文件名"是按照源程序所在路径查找文件，如果找不到就再到系统指定的目录查找。

系统所指定的目录可以通过设置编译器选项 include 的目录确定，其目录下有大家已经熟悉的 stdio.h、math.h 等。

如果文件定位不成功，就会显示编译错误，预处理器会用该文件的内容替换#include 命令所在的行，替换后的代码再被编译器编译。

实例 13-6： 实现两个数的交换(源代码\ch13\13.6.txt)

编写程序，新建“main.c”以及“Swap.h”两个文件，通过使用文件包含完成两数的交换功能。

文件“main.c”具体代码：

```
#include <stdio.h>
/* 添加头文件 */
   #include <Swap.h>
   int main()
   {
      int a,b;
      printf("请输入两个整数：\n");
      scanf_s("%d%d",&a,&b);
      /* 使用文件中的宏 */
      SWAP(a,b);
      printf("交换后 a=%d,b=%d\n",a,b);
      return 0;
}
```

文件“Swap.h”具体代码：

```
/* 多行宏定义 */
#define SWAP(a,b){ \
   int temp;\
   temp=a;\
   a=b;\
   b=temp;}
```

程序运行结果如图 13-6 所示。本实例在文件“Swap.h”中，定义了一个多行的宏，用于将参数进行交换。接着在“main.c”文件中，将文件“Swap.h”添加进来，然后通过输入端输入两个整数，使用文件中的宏 SWAP，将这两个数进行交换并输出交换结果。

```
Microsoft Visual Studio 调试控制台
请输入两个整数：
1
3
交换后a=3, b=1
```

图 13-6　实例 13-6 的程序运行结果

注意　一个文件要使用多个文件包含，则需通过若干 include 指令添加，一个 include 指令对应一个文件。

13.4　条 件 编 译

预处理命令具有裁剪源程序代码的功能，使得某些代码仅在特定的条件成立时才会被编译并执行，预处理命令的功能就是借助条件编译来实现的。C 语言中使用条件编译有 3 种常用的命令，分别是#if、#ifdef 和#ifndef。

13.4.1　#if 命令

使用#if 命令的一般形式如下：

```
#if 表达式
…语句段 1;
#else
…语句段 2;
#endif
```

表示若是#if 指令后表达式为真，则编译语句段 1，否则编译语句段 2。

实例 13-7：计算三角形的面积(源代码\ch13\13.7.txt)

编写程序，使用#if 命令演示条件编译，计算三角形的面积。

```
#include <stdio.h>
/* 宏定义 */
#define FLAG1 0
#define FLAG2 0
#define FLAG3 1
int main()
{
    #if FLAG1
        {
            float r;
            printf("请输入圆的半径 r: \n");
            scanf_s("%f",&r);
            printf("该圆的面积为: %.2f\n",3.14*r*r);
        }
    #endif
    #if FLAG2
        {
            float a,b;
            printf("请输入矩形的长和宽: \n");
            scanf_s("%f%f",&a,&b);
            printf("矩形的面积为: %.2f\n",a*b);
        }
    #endif
    #if FLAG3
        {
            float x,y;
            printf("请输入三角形的底和高: \n");
            scanf_s("%f%f",&x,&y);
            printf("三角形的面积为: %.2f\n",x*y/2);
        }
    #endif
        return 0;
}
```

程序运行结果如图 13-7 所示。本实例代码中，首先定义 3 个宏 FLAG，通过这 3 个宏来分别控制程序求解不同的面积。当宏 FLAG1 的值为 1 时，对圆的面积进行求解；当 FALG2 的值为 1 时，对矩形的面积进行求解；当 FLAG3 的值为 1 时，对三角形的面积进行求解。

```
Microsoft Visual Studio 调试控制台
请输入三角形的底和高:
10 8
三角形的面积为: 40.00
```

图 13-7　实例 13-7 的程序运行结果

13.4.2　#ifdef 命令

使用#ifdef 命令的一般形式如下：

```
#ifdef 宏替换名
...语句段 1
#else
...语句段 2
#endif
```

表示若是宏替换名已经被定义，则编译语句段 1；否则编译语句段 2。

其中，若是没有语句段 2，则可以省略#else，写为：

```
#ifdef 宏替换名
...语句段
#endif
```

实例 13-8： 计算圆的面积(源代码\ch13\13.8.txt)

编写程序，使用#ifdef 命令演示条件编译，计算圆的面积。

```
#include <stdio.h>
/* 宏定义 */
#define PI 3.14
#define S(r) PI*r*r
int main()
{
#ifdef S
    {
        float r,s;
        printf("请输入圆的半径：\n");
        scanf_s("%f",&r);
        /* 使用宏 */
        s=S(r);
        printf("该圆的面积为：%.2f\n",s);
    }
#endif
    return 0;
}
```

程序运行结果如图 13-8 所示。本实例代码中，首先定义宏 PI 和 S(r)，接着在 main()函数中使用#ifdef 命令对圆的面积进行求解，由于宏 S(r)在头文件中被定义了，所以可以编译代码块中的内容，输入半径，使用宏求解圆的面积并输出。若是该宏没有被定义，则不会进行编译。

```
Microsoft Visual Studio 调试控制台
请输入圆的半径：
5
该圆的面积为：78.50
```

图 13-8　实例 13-8 的程序运行结果

13.4.3　#ifndef 命令

使用#ifndef 命令的一般形式如下：

```
#ifndef 宏替换名
...语句段 1
#else
...语句段 2
#endif
```

它的功能与#ifdef 命令正好相反，若是宏替换名未被定义，则编译语句段 1；否则编译语句段 2。

同样，#else 可以省略，写为：

```
#ifndef 宏替换名
...语句段
#endif
```

实例 13-9： 计算三角形的面积(源代码\ch13\13.9.txt)

编写程序，使用#ifndef 命令进行条件编译，计算三角形的面积。

```
#include <stdio.h>
/* 宏定义 */
#define S(a,b) (a)*(b)/2
int main()
{
#ifndef FLAG
    {
        float a,b,s;
        printf("请输入三角形的底和高: \n");
        scanf_s("%f%f",&a,&b);
        /* 使用宏 */
        s=S(a,b);
        printf("三角形的面积为: %.2f\n",s);
    }
#endif
    return 0;
}
```

程序运行结果如图 13-9 所示。本实例代码中，首先进行宏定义，用于计算三角形的面积，接着在 main()函数中，使用#ifndef 命令对三角形面积进行求解，注意这里的宏替换名为 FLAG，但是在头文件中并未对该宏进行定义，所以可以对代码块中的内容进行编译。

```
Microsoft Visual Studio 调试控制台
请输入三角形的底和高:
10 8
三角形的面积为: 40.00
```

图 13-9 实例 13-9 的程序运行结果

13.4.4 使用 DEBUG 宏

开发人员在程序的调试过程中，需要反复地修改完善，修改的过程中就需要对程序的某个功能进行反复地调试。在 C 语言中，有一种专门的 DEBUG 宏，能够将调试过程中参数的值进行输出，从而发现问题的出处，在调试完成后，只需将其删除即可，十分方便。

使用 DEBUG 宏的语法如下：

```
/* 宏定义 */
#define DEBUG
...语句段
#ifdef DEBUG
    printf("输出参数值%d",x);
#endif
```

其中需要先对宏进行定义，然后使用#ifdef 命令进行条件编译，输出具体程序中参数的值。

实例 13-10： 使用 DEBUG 宏演示程序的调试过程(源代码\ch13\13.10.txt)

```
#include <stdio.h>
/* DEBUG 宏 */
#define DEBUG
/* 声明函数 */
long f();
int main()
{
    int n;
    printf("输入一个整数n: \n");
    while(scanf_s("%d",&n)!=EOF)
    {
```

```
        printf("%d的阶乘为 %ld \n",n,f(n));
    }
    return 0;
}
/* 定义函数 */
long f(int n)
{
    int i;
    long s=1;
    for(i=1;i<=n;i++)
    {
        s=s*i;
    #ifdef DEBUG
        printf("调试信息%d!=%ld\n",i,s);
#endif
    }
    return s;
}
```

程序运行结果如图 13-10 所示。在代码中，首先对 DEBUG 宏进行定义，然后在 main()函数中使用 while 语句输入整数 n，调用函数 f()对 n 的阶乘进行求解，同时通过使用#ifdef 命令进行条件编译，输出每次求解的相关参数，观察程序中可能出现的 bug。

```
C:\Users\Administrator\source\repos\Project1\Debug\Project1.exe
输入一个整数n:
2
调试信息1!=1
调试信息2!=2
2的阶乘为 2
3
调试信息1!=1
调试信息2!=2
调试信息3!=6
3的阶乘为 6
```

图 13-10　实例 13-10 的程序运行结果

13.5　就业面试问题解答

问题 1：在写 C 语言的时候，头文件后面用“<>”和用“" "”有什么区别吗？

答：一般用“< >”括起来的是标准 C 语言函数，是编译系统默认路径下可找到的定义文件。

如果在需要编写自己用的头文件或其他文件需要引用时，通常不会存放在 C 语言编译环境的目录中，这时需要在编译选项中添加搜索路径，并在程序中用“" "”括起来文件名，这样编译程序除了在标准系统目录中搜索外，还到你指定的路径中搜索。由此，在用“<>”能编译通过的地方可以全都换成“" "”也没有问题。

问题 2：在代码中使用宏定义有哪些优点？

答：(1) 方便程序修改。使用宏定义的程序，只需要对宏定义的字符串进行修改，而不需要对程序进行大规模的改造。

(2) 提高运行效率。使用带参数的宏定义可以完成函数调用的功能，减少系统开销，提高了程序的运行效率。

13.6 上机练练手

上机练习 1：使用不同的命令，求解圆、矩形以及三角形的面积

编写程序，使用不同的命令进行条件编译，以求解圆、矩形以及三角形的面积。程序运行结果如图 13-11 所示。

上机练习 2：编写程序，判断年份是否为闰年

闰年的规则为：4 年一闰，百年不闰，四百年再闰。这里对 2020 年到 2050 进行遍历，最后判断输出哪些年份是闰年。程序运行结果如图 13-12 所示。

```
Microsoft Visual Studio 调试控制台
请输入圆的半径r:
5
该圆的面积为: 78.50
请输入矩形的长和宽:
10 8
矩形的面积为: 80.00
请输入三角形的底和高:
8 6
三角形的面积为: 24.00
```

图 13-11 面积求解

```
Microsoft Visual Studio 调试控制台
2020
2024
2028
2032
2036
2040
2044
2048
```

图 13-12 输出闰年的年份

上机练习 3：根据输入的数值，按照从大到小的顺序排列

编写程序，输入 5 个范围 1 到 9 的整数，如果输入的数字超出范围，则提示重新输入，输入完毕，按照从大到小的关系排序后输出。程序运行结果如图 13-13 所示。

```
Microsoft Visual Studio 调试控制台
请输入5个范围1到9之间的数据，否则将提示重新输入。
请输入数据: 1
请输入数据: 2
请输入数据: 3
请输入数据: 4
请输入数据: 5
按照从大到小输出如下:
5  4  3  2  1
```

图 13-13 排列数值的大小

第 14 章

高级存储管理

计算机存储、组织数据的方式称为数据结构。数据结构是数据对象，以及存在于该对象的实例与组成该实例的数据元素之间的各种联系。通常情况下，精心选择的数据结构可以带来更高的运行或者存储效率。本章就来介绍 C 语言的栈、队列与链表。

14.1　数据结构概述

数据结构指的是相互之间存在一种或者多种特定关系的数据元素的集合，也就是带有结构的数据对象，它包含一个具有共同特性的数据元素的集合，也就是数据对象；还包含一个定义在这个集合上的一组关系，也就是数据元素间的结构。

数据的逻辑结构可以分为以下四类。

1. 集合结构

此结构数据元素之间没有任何关系，如图 14-1 所示。

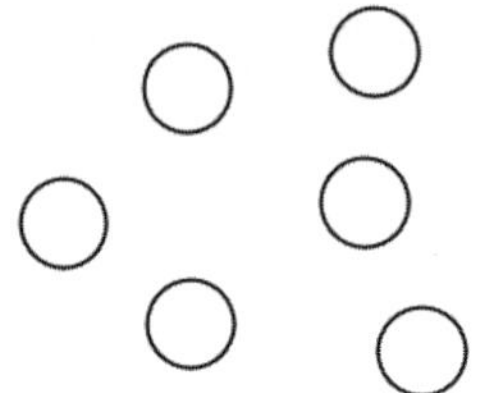

图 14-1　集合结构

2. 线性结构

此结构的数据元素是一对一的关系，一个结点(除尾结点)有且只有一个直接前驱，一个结点(除头结点)有且只有一个直接后驱，如图 14-2 所示。

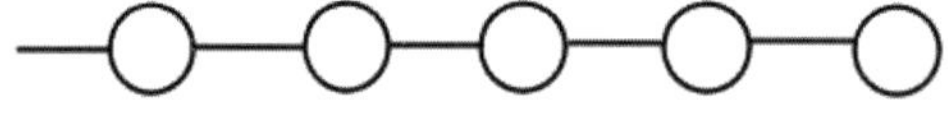

图 14-2　线性结构

3. 树形结构

此结构的数据元素之间是一对多的关系，一个结点可以拥有多个直接后继，但是只有一个直接前驱(除根结点)，如图 14-3 所示。

4. 图状结构

此结构的数据元素之间是多对多的关系，一个结点可以有多个直接后继，也可以有多个直接前驱，如图 14-4 所示。

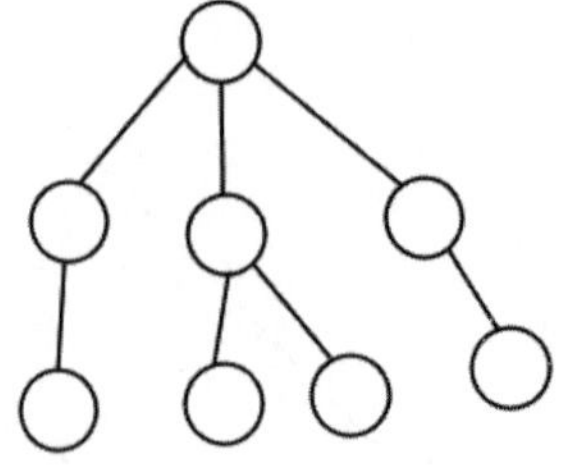

图 14-3　树形结构

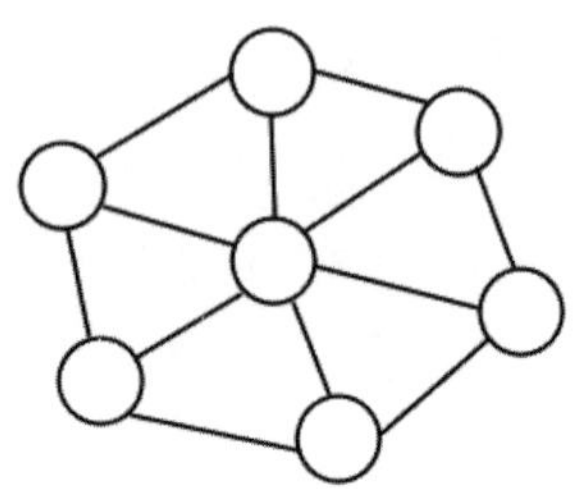

图 14-4　图状结构

14.2 线　性　表

线性表属于典型的线性结构，它是具有相同特性的数据元素的一个有限序列。该序列中所包含的元素的个数称为该线性表的长度，使用 n 来表示，n 大于等于 0。线性表的一般表示形式为：

```
(a1,a2,…an);
```

其中，a_1 表示第一个元素，又称为表头元素，a_n 为最后一个元素，又称为表尾元素。例如：

```
score=(81, 92, 85, 76);
```

线性表的存储方式有两种，一种是顺序存储方式，另一种是链表存储方式。

线性表的顺序存储方式就是将所有的元素按照其逻辑顺序依次存储到从计算机存储器中指定存储位置开始的一块连续存储空间中，此时线性表第 1 个元素的存储位置就是指定的存储位置，第 i+1 个元素的存储位置紧挨着第 i 个元素的存储位置之后。

定义线性表的顺序存储类型(顺序表)时，通常使用数组以及整型变量来进行描述，例如：

```
typedef struct
{
   ElemType data[MaxSize];
   int length;
}Slist;
```

其中，ElemType 为基本数据类型，如 int、float 等，data 数组中存放元素，length 表示存放线性表的实际长度，Slist 为顺序表的类型。

实例 14-1：创建一个简单顺序表(源代码\ch14\14.1.txt)

```
#include <stdio.h>
#include <stdlib.h>
/* 定义线性表的顺序存储类型 */
typedef struct
{
      int data[10];
      int length;
   }Slist;
   /* 声明函数 */
   void creat();
   void print();
   int main()
   {
      Slist *L;
      L=(Slist*)malloc(sizeof(Slist));
      L->length=0;
      /* 调用函数 */
      creat(L);
      print(L);
      return 0;
}
```

```
/* 定义函数 */
void creat(Slist *L)
{
    int a,i;
    printf("请输入要创建的元素的个数：\n");
    scanf_s("%d",&a);
    for(i=0;i<a;i++)
    {
        printf("请输入第%d 个元素：\n",i+1);
        scanf_s("%d",&L->data[i]);
        L->length++;
    }
}
void print(Slist *L)
{
    int i;
    printf("线性表中的元素为：\n");
    for(i=0;i<L->length;i++)
    {
        printf("%d\t",L->data[i]);
    }
    printf("\n");
}
```

程序运行结果如图 14-5 所示。

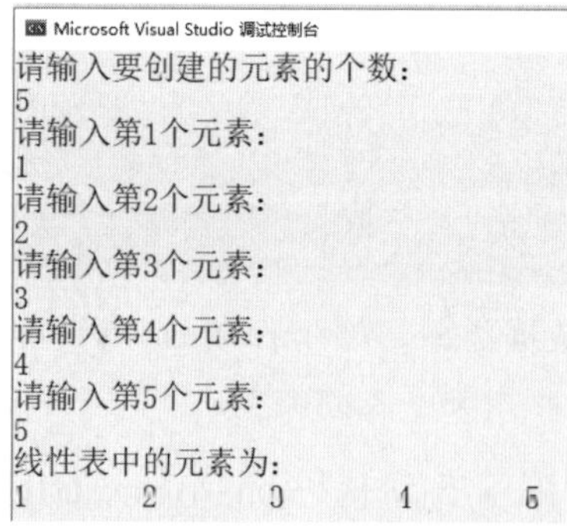

图 14-5　实例 14-1 的程序运行结果

14.3　栈

C 语言中，栈属于一种比较特殊的线性表，因为它在操作数据的插入以及删除时只能在线性表的一端进行。插入元素的操作称为进栈，删除元素称为出栈。进行插入以及删除操作的那一端称为栈顶，另一端称为栈底。处于栈顶位置的数据元素称为栈顶元素，处于栈底位置的元素称为栈底元素。

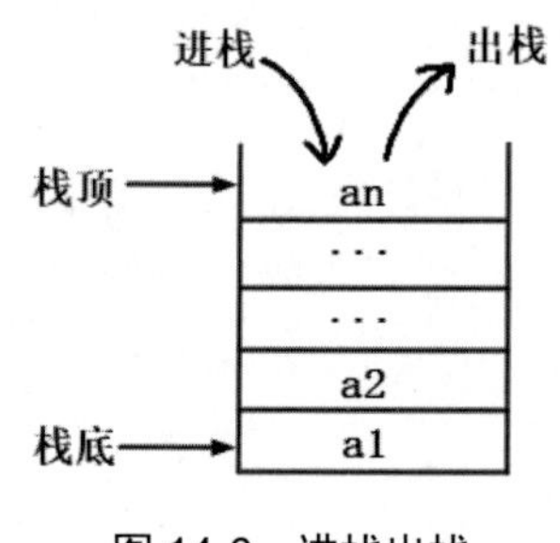

图 14-6　进栈出栈

例如，有一个栈 $a=(a_1,a_2,\ldots,a_n)$，那么按照 $a_1,a_2,\ldots,a_n$ 的顺序进行进栈出栈操作，如图 14-6 所示。

第一个进栈的数据元素会排到栈底，最后进栈的元素会排到栈顶。出栈时，第一个元素为栈顶元素 a_n，其原则为后进先出。就好比摆放砖头时从底向上一块一块堆放，使用时从上往下一块块拿取。

14.3.1　栈的基本操作

栈的基本操作以及说明如表 14-1 所示。

表 14-1　栈的基本操作以及说明

基本操作	说　明
InitStack(S)	构造一个空栈 S
StackEmpty(S)	判栈空。若 S 为空栈，则返回 TRUE，否则返回 FALSE
StackFull(S)	判栈满。若 S 为满栈，则返回 TRUE，否则返回 FALSE
Push(S,x)	进栈。若栈 S 不满，则将元素 x 插入 S 的栈顶
Pop(S)	退栈。若栈 S 非空，则将 S 的栈顶元素删去，并返回该元素
StackTop(S)	取栈顶元素。若栈 S 非空，则返回栈顶元素，但不改变栈的状态

14.3.2　顺序栈

顺序存储结构的栈称为顺序栈，在定义时与顺序表十分相似，使用一个足够长的一维数组以及一个记录栈顶元素位置的变量来实现。语法格式如下：

```
#define StackSize 50
typedef struct
{
   ElemType data[StackSize];
   int top;
}SeqStack;
```

其中，ElemType 为栈元素的基本类型，可以为 int、float 等；data 是一个一维数组，用于存放栈中的数据元素；top 为 int 类型，是一个记录栈顶元素位置的变量。

实例 14-2： 顺序栈的出栈与进栈(源代码\ch14\14.2.txt)

```
#include <stdio.h>
#include <stdlib.h>
/* 定义顺序栈 */
typedef struct _stack
{
       int size;
       int *base;
   int *sp;
   } stack;
   /* 定义函数 */
   void InitStack(stack *s, int n)
   {
       /* 创建长度为 n 的栈 */
       s->base = (int*)malloc(sizeof(int)*n);
       s->size = n;
       s->sp = s->base;
   }
   int push(stack *s, int val)
   {
```

```
        /* 进栈操作 */
        if(s->sp - s->base == s->size)
        {
            puts("栈已满！\n");
            exit(1);
        }
        return *s->sp++ = val;
    }
    int pop(stack *s)
    {
        /* 出栈操作 */
        if(s->sp == s->base)
        {
            puts("栈为空！\n");
            exit(2);
        }
        return *--s->sp;
    }
    int empty(stack *s)
    {
        /* 判断栈是否为空 */
        return s->sp==s->base;
    }
    void clean(stack *s)
    {
        /* 销毁栈 释放内存 */
        if(s->base)
        {
            free(s->base);
        }
}
int main(void)
{
    stack s;
    int i;
    InitStack(&s,100);
    /* 进栈 */
    printf("元素依次进栈：\n");
    for(i=0;i<10;++i)
    {
        printf("%d ", push(&s,i));
    }
    putchar('\n');
    /* 出栈 */
    printf("出栈元素为：\n");
    while(!empty(&s))
    {
        printf("%d ",pop(&s));
    }
    printf("\n");
    /* 销毁栈 */
    clean(&s);
    return 0;
}
```

程序运行结果如图 14-7 所示。

```
Microsoft Visual Studio 调试控制台
元素依次进栈:
0 1 2 3 4 5 6 7 8 9
出栈元素为:
9 8 7 6 5 4 3 2 1 0
```

图 14-7　实例 14-2 的程序运行结果

14.3.3　链式栈

通过链式存储结构定义的栈称为链式栈，链式栈与不带头结点的单链表在形式上十分类似，由于栈主要是对栈顶元素进行相应的插入与删除操作，所以将链表的第一个结点作为栈顶十分方便。链式栈的表示，如图 14-8 所示。

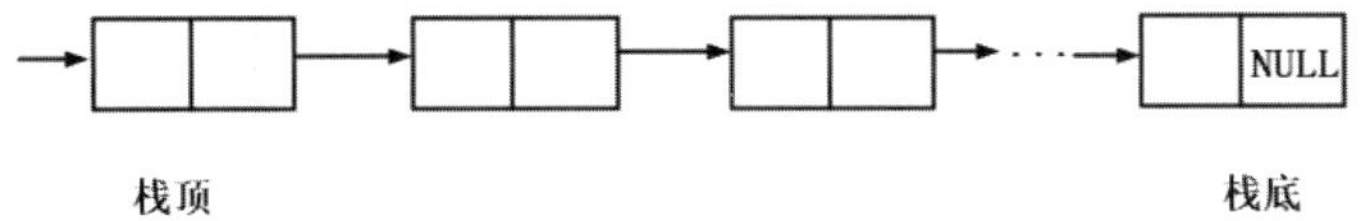

图 14-8　链式栈

链式栈的类型定义语法如下：

```
typedef struct stacknode
{
   ElemType data;
   struct stacknode *next;
}StackNode;
typedef struct
{
   StackNode *top;
}LinkStack;
```

其中，ElemType 为链式栈元素的基本类型，可以为 int、float 等，top 为栈顶指针。

实例 14-3： 链式栈的出栈与进栈(源代码\ch14\14.3.txt)

```
#include <stdio.h>
#include <stdlib.h>
/* 定义结构体 */
typedef struct node
{
      char name;
      struct node *next;
   }StackNode;
   /* 建立空栈 */
   void InitStack(StackNode *s)
   {
      s->next=NULL;
   }
   void push(StackNode *s,char *ch)
   {
      /* 进栈 */
      StackNode *p;
      if((p=(StackNode *)malloc(sizeof(StackNode)))==NULL)
      {
         printf("无法分配内存空间\n");
         exit(0);
      }
      p->name=*ch;
      p->next=s->next;
      s->next=p;
   }
   char pop(StackNode *s,char *ch)
   {
      /* 出栈 */
      StackNode *p;
      if(s->next==NULL)
      {
```

```
        printf("栈为空! \n");
    return 0;
    }
    p=s->next;
    *ch=p->name;
    s->next=p->next;
    free(p);
    p=NULL;
    return *ch;
}
int main()
{
    /* 定义结构体指针 */
    StackNode *s;
    char ch,*p=&ch;
    /* 分配动态内存 */
    if((s=(StackNode *)malloc(sizeof(StackNode)))==NULL)
    {
    printf("无法分配内存空间! \n");
    exit(0);
}
/* 调用函数 */
InitStack(s);
printf("请输入入栈元素: \n");
scanf_s("%c",p);
/* 当输入值不为 0 时元素依次入栈 */
while(ch!='0')
{
    push(s,p);
    scanf_s("%c",p);
}
printf("出栈元素为: \n ");
while(s->next!=NULL)
{
    ch=pop(s,p);
    printf("%c",ch);
}
printf("\n");
return 0;
}
```

程序运行结果如图 14-9 所示。

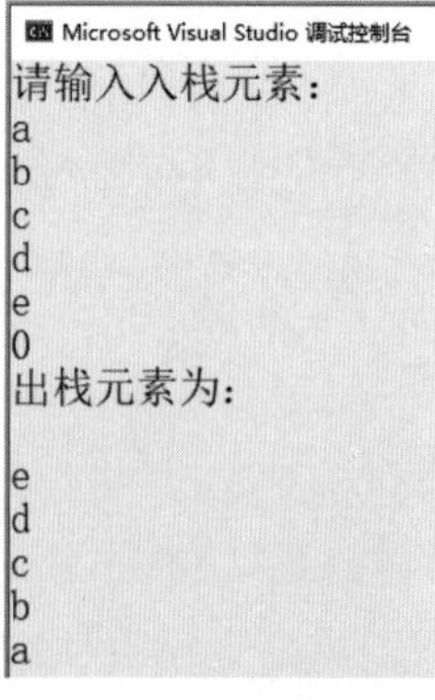

图 14-9　实例 14-3 的程序运行结果

14.4　队　　列

队列与栈一样，也属于一种特殊的线性表，但是与栈有所不同的是，元素的插入操作在线性表一端，而删除操作却在线性表的另一端进行。对队列元素的插入操作称为入队，删除操作称为出队，插入元素的一端为队尾，删除元素的一端为队头。处于队头位置的元素称为队头元素，处于队尾位置的元素称为队尾元素。

例如，有一个队列 $Q=(a_1,a_2,\ldots,a_n)$，那么按照 $a_1,a_2,\ldots,a_n$ 的顺序进行入队出队操作，如图 14-10 所示。

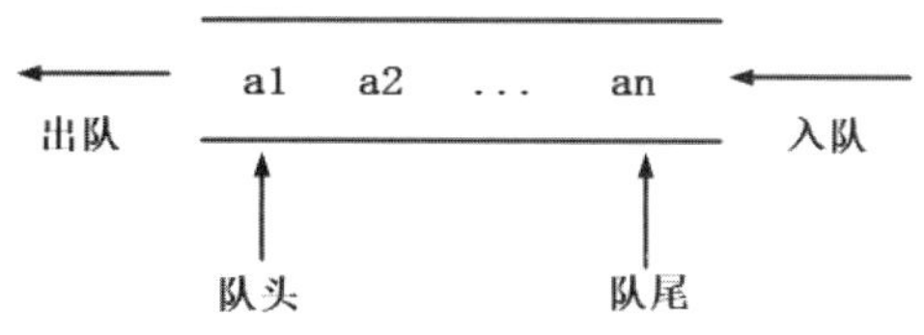

图 14-10　入队出队

队列的入队与出队操作是按照先进先出的原则进行的，就好比排队买票时，先排的人先买到，后排的人后买到一样。

队列属于操作受限制的线性表，与线性表相似，拥有顺序存储结构与链式存储结构。

14.4.1　队列的基本运算

队列的基本操作以及说明如表 14-2 所示。

表 14-2　队列的基本操作以及说明

基本操作	说　明
InitQueue(Q)	置空队。构造一个空队列 Q
QueueEmpty(Q)	判队空。若队列 Q 为空，则返回真值，否则返回假值
QueueFull(Q)	判队满。若队列 Q 为满，则返回真值，否则返回假值
EnQueue(Q,x)	若队列 Q 非满，则将元素 x 插入 Q 的队尾，此操作简称入队
DeQueue(Q)	若队列 Q 非空，则删去 Q 的队头元素，并返回该元素，此操作简称出队
QueueFront(Q)	若队列 Q 非空，则返回队头元素，但不改变队列 Q 的状态

14.4.2　顺序队列

顺序存储结构的队列称为顺序队列，与顺序表的类型定义十分相似，定义顺序队列时使用一个一维数组与两个分别指向队头元素与队尾元素的指针来实现。

顺序队列的类型定义语法如下：

```
typedef struct node
{
```

```
    ElemType data[MaxSize];
    int front;
    int rear;
}Sequeue;
```

其中，ElemType 为队列元素的基本类型，可以为 int、float 等。front 与 rear 为指向队头元素与队尾元素的指针。

实例 14-4： 顺序队列的入队与出队(源代码\ch14\14.4.txt)

```
#include <stdio.h>
#include <stdlib.h>
#define TRUE 1
#define FALSE 0
/* 定义队列元素类型 */
typedef struct coordinate
   {
      int x;
      int y;
      int z;
   }ElemType;
   /* 定义顺序队列 */
   typedef struct
   {
      ElemType **rear;    /* 队尾 */
      ElemType *front;    /* 队头 */
      int len;    /* 队列长度 */
      int size;    /* 队列总容量 */
   }Sequeue;
   /* 定义函数 */
   Sequeue *CreateQueue(int nLen)
   {
      /* 创建初始长度为 nLen 的队列 */
      Sequeue *pQueue = (Sequeue *)malloc( sizeof(Sequeue) );
      pQueue->rear = (ElemType **)calloc( nLen, sizeof(ElemType **) );
      pQueue->front = pQueue->rear[0];
      pQueue->len = 0;
      pQueue->size = nLen;
      return pQueue;
   }
   void DestroyQueue(Sequeue *pQueue)
   {
      /* 销毁队列 释放内存 */
      free( pQueue->rear );
      free( pQueue );
      pQueue = NULL;
   }
   void ClearQueue(Sequeue *pQueue)
   {
      /* 清空队列元素 */
      pQueue->front = pQueue->rear[0];
      pQueue->len = 0;
   }
   int GetLength(Sequeue *pQueue)
   {
      /* 获取队列长度 */
      return pQueue->len;
   }
```

```
    int GetSize(Sequeue *pQueue)
{
        /* 获取队列容量 */
        return pQueue->size;
}
int QueueEmpty(Sequeue *pQueue)
{
        /* 判断队列是否为空 */
        return pQueue->len == 0 ? TRUE : FALSE;
}
int QueueFront(Sequeue *pQueue,ElemType **pe)
    {
        /* 获取队头元素 */
        if( pQueue->len == 0 )
        {
            *pe = NULL;
            return -1;
        }
        *pe = pQueue->rear[pQueue->len-1];
        return pQueue->len-1;
    }
    int EnQueue(Sequeue *pQueue, ElemType *pe)
    {
        /* 入队 */
        int i = 0;
        /* 检测是否需要扩容 */
        if(pQueue->len == pQueue->size)
        {
            /* 扩容 */
            pQueue->rear = realloc( pQueue->rear, 2 * pQueue->size * sizeof(ElemType *) );
            pQueue->size = 2 * pQueue->size;
        }
        for(i=pQueue->len;i>0;--i)
        {
            pQueue->rear[i] = pQueue->rear[i-1];
        }
        pQueue->rear[0] = pe;
        pQueue->front = pQueue->rear[pQueue->len];
        return ++pQueue->len;
    }
    int DeQueue(Sequeue *pQueue, ElemType **pe)
    {
        /* 出队 */
        if( pQueue->len == 0 )
        {
            *pe = NULL;
            return -1;
        }
        *pe = pQueue->front;
        --pQueue->len;
        pQueue->front = pQueue->rear[pQueue->len-1];
        return pQueue->len;
    }
    void ForEachQueue(Sequeue *pQueue, void(*func)(ElemType *pe))
    {
        /* 每个元素执行一次 func */
        int i;
        for( i = 0; i < pQueue->len; ++i )
        {
```

```
            func( pQueue->rear[i] );
        }
    }
    void display(ElemType *pe)
    {
        /* 打印元素 */
        printf("(%d,%d,%d) ", pe->x, pe->y,pe->z);
}
int main()
{
        ElemType *p;
        ElemType e1 = {1,2,1};
        ElemType e2 = {3,4,1};
        ElemType e3 = {5,6,7};
        ElemType e4 = {7,8,9};
        ElemType e5 = {8,9,10};
        /* 创建队列 */
        Sequeue *pque = CreateQueue(3);
        /* 入队 */
        EnQueue(pque,&e1);
        EnQueue(pque,&e2);
        EnQueue(pque,&e3);
        EnQueue(pque,&e4);
        EnQueue(pque,&e5);
        ///测试 ForEachQueue
        ForEachQueue(pque, display);
        /* 获取容量与长度 */
        if(QueueEmpty(pque)!= TRUE)
        {
            printf("\n 队列总容量:%d, 当前长度:%d\n", GetSize(pque), GetLength(pque));
        }
        /* 出队 */
        printf("\n 进行出队操作:\n");
        while(DeQueue(pque, &p) != -1)
        {
            printf( "当前出队:(%d,%d,%d), 剩余队列长为:%d\n",p->x,p->y,p->z,GetLength(pque));
        }
        printf("\n 再次入队 2 元素:\n");
        EnQueue(pque,&e1);
        EnQueue(pque,&e2);
        ForEachQueue(pque,display);
        printf("\n 将队列清空...\n");
        /* 调用函数清空队列 */
        ClearQueue(pque);
        printf("队列总容量:%d, 当前长度:%d\n", GetSize(pque), GetLength(pque));
        printf("\n 再次入队 3 元素:\n");
        EnQueue(pque,&e1);
        EnQueue(pque,&e2);
        EnQueue(pque,&e3);
        ForEachQueue(pque,display);
        /* 获取队头元素 */
        QueueFront(pque, &p);
        printf("\n 获取队头元素:(%d,%d,%d)\n", p->x, p->y,p->z);
        printf("队列总容量:%d, 当前长度:%d\n",GetSize(pque),GetLength(pque));
        /* 销毁队列 */
        DestroyQueue(pque);
        return 0;
}
```

程序运行结果如图 14-11 所示。

```
Microsoft Visual Studio 调试控制台
(8,9,10) (7,8,9) (5,6,7) (3,4,1) (1,2,1)
队列总容量:6, 当前长度:5

进行出队操作:
当前出队:(1,2,1), 剩余队列长为:4
当前出队:(3,4,1), 剩余队列长为:3
当前出队:(5,6,7), 剩余队列长为:2
当前出队:(7,8,9), 剩余队列长为:1
当前出队:(8,9,10), 剩余队列长为:0

再次入队2元素:
(3,4,1) (1,2,1)
将队列清空...
队列总容量:6, 当前长度:0

再次入队3元素:
(5,6,7) (3,4,1) (1,2,1)
获取队头元素:(1,2,1)
队列总容量:6, 当前长度:3
```

图 14-11　实例 14-4 的程序运行结果

执行入队操作时，新元素插入到队尾指针指向的位置，插入后队尾指针加 1 指向下一个待插入的位置；执行出队操作时，将删除队头指针所指的元素，然后队头指针加 1 并返回被删除的元素。

14.4.3　链式队列

链式存储结构的队列为链式队列，与顺序队列一样，链式队列也拥有一个队头指针和一个队尾指针，其元素结构与单链表的结点结构一样。通常情况下，会在队头元素前添加一个头结点，队头指针指向头结点，而队尾指针指向队尾元素，如图 14-12 所示。

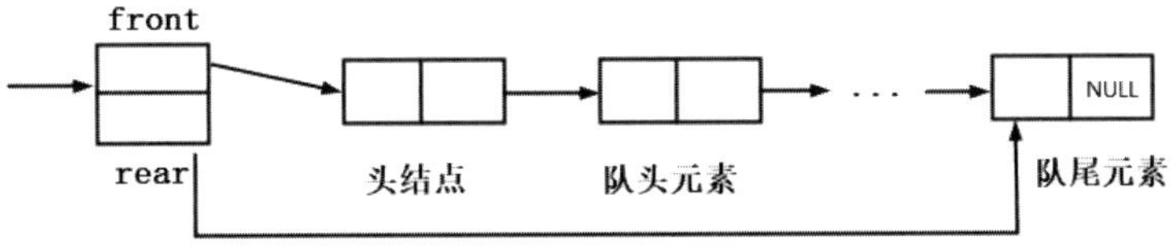

图 14-12　链式队列

链式队列执行删除元素(出队)时将队头元素删除，头结点指向队头元素的下一个元素；执行插入元素(入队)时将新元素添加到队尾元素之后，队尾元素指向新元素，新元素指向 NULL，这与单链表元素的删除、插入操作一样。

空的链式队列队头元素与队尾元素均指向头结点。

链式队列的存储结构定义语法如下：

```
/* 结点结构 */
typedef struct QNode
{
    ElemType data;
    struct QNode *next;
```

```
}QNode;
typedef struct QNode * QueuePtr;
    /* 链表队列结构 */
    typedef struct
{
    QueuePtr front;
    QueuePtr rear;
}LinkQueue;
```

其中，ElemType 为结点元素的基本类型，可以为 int、float 等，front 为队头指针，rear 为队尾指针。

实例 14-5：链式队列的入队与出队(源代码\ch14\14.5.txt)

```
#include <stdio.h>
#include <stdlib.h>
typedef struct
{
     int queue[100];
     int front;
     int rear;
     }LinkQueue;
     int InitQueue(LinkQueue* sp)
     {
          /* 创建空队列 */
          if (sp != NULL)
          {
               sp->front = sp->rear = 0;
               return 1;
          }
          return 0;
     }
     int EnQueue(LinkQueue* sp, int d)
     {
          /* 入队 */
          if (sp == NULL)
          {
               printf("队列未创建，入队失败！\n");
               return 0;
          }
          if (sp->rear >= 100)
          {
               printf("队列已满，入队失败！\n");
               return 0;
          }
          else
          {
               sp->queue[sp->rear] = d;
               sp->rear = sp->rear + 1;
               printf("入队的元素是%d\n", d);
               return 1;
          }
     }
     int DeQueue(LinkQueue* sp, int d)
     {
          /* 出队 */
          if (sp == NULL)
          {
               printf("队列未创建，出队失败！\n");
               return 0;
```

```
    }
    if (sp->front == sp->rear)
    {
        printf("队列为空，出队失败！\n");
        return 0;
    }
    else
    {
        d = sp->queue[sp->front];
        sp->front++;
        printf("出队的元素是%d\n", d);
        return 1;
    }
}
int print(LinkQueue* sp)
{
    /* 遍历元素 */
    int d;
    if (sp == NULL)
    {
        printf("队列未创建，遍历失败！\n");
        return 0;
    }
    if (sp->front == sp->rear)
    {
        printf("队列为空，遍历失败！\n");
        return 0;
    }
    else
    {
        int i = sp->front;
        while (i != sp->rear)
        {
            d = sp->queue[i];
            printf("%d->", d);
            i++;
        }
        return 1;
    }
}
int QueueFront(LinkQueue* sp, int d)
{
    /* 取队头元素 */
    if (sp == NULL)
    {
        printf("队列未创建，遍历失败！\n");
        return 0;
    }
    if (sp->front == sp->rear)
    {
        printf("队列为空，遍历失败！\n");
        return 0;
    }
    d = sp->queue[sp->front];
    printf("%d\n", d);
    printf("取出队头元素成功！\n");
    return 1;
}
int main()
{
    LinkQueue* sp;
```

```
        int choice, data, d = 0;
        sp = (LinkQueue*)malloc(sizeof(LinkQueue));
        if (InitQueue(sp) == 1)
        {
            printf("队列创建成功! \n");
        }
        else
        {
            printf("队列创建失败! \n");
        }
        while (1)
        {
            printf("***********************\n");
            printf("     1、入队\n");
            printf("     2、出队\n");
            printf("     3、遍历队列元素\n");
            printf("     4、取队首元素\n");
            printf("     5、退出\n");
            printf("***********************\n");
            printf("请输入你的选择: \n");
            scanf_s("%d", &choice);
            switch (choice)
            {
            case 1:
                printf("请输入入队元素: \n");
                scanf_s("%d", &data);
                while (data != 0)
                {
                    if (EnQueue(sp, data))
                    {
                        printf("%d 入队成功! \n", data);
                    }
                    scanf_s("%d", &data);
                }
                break;
            case 2:
                if (DeQueue(sp, d))
                    printf("出队成功! \n");
                break;
            case 3:
                if (print(sp))
                    printf("\n 遍历成功! \n");
                break;
            case 4:
                QueueFront(sp, d);
                break;
            case 5:
                return 0;
            default:
                printf("输入有误! \n");
            return 0;
        }
    }
    return 0;
}
```

运行上述程序，结果如图 14-13 和图 14-14 所示。

```
C:\Users\Administrator\source\repos\HelloWorld\Debug
队列创建成功！
************************
        1、入队
        2、出队
        3、遍历队列元素
        4、取队首元素
        5、退出
************************
请输入你的选择：
```

图 14-13　实例 14-5 的程序运行结果

```
C:\Users\Administrator\source\repos\
入队的元素是2
2入队成功！
3
入队的元素是3
3入队成功！
4
入队的元素是4
4入队成功！
```

图 14-14　入队操作

14.5　就业面试问题解答

问题 1：线性表的顺序存储结构和链式存储结构都有哪些特点？

答：顺序存储结构的主要特点如下。

(1) 结点中只有自身的信息域，没有关联信息域。因此，顺序存储结构的存储密度大、存储空间利用率高。

(2) 通过计算地址直接访问任何数据元素，即可以随机访问。

(3) 插入和删除操作会引起大量元素的移动。

链式存储结构的主要特点如下。

(1) 结点除自身的信息域外，还有表示关联信息的指针域。因此，链式存储结构的存储密度小、存储空间利用率低。

(2) 在逻辑上相邻的结点在物理上不必相邻，因此，不可以随机存取，只能顺序存取。

(3) 插入和删除操作方便灵活，不必移动结点只需修改结点中的指针域即可。

问题 2：栈与队列都有哪些区别？

答：从“数据结构”的角度看，它们都是线性结构，即数据元素之间的关系相同。但它们是完全不同的数据类型。除了它们各自的基本操作集不同外，主要区别是对插入和删除操作的“限定”。

(1) 队列先进先出，栈先进后出。

(2) 对插入和删除操作的“限定”。栈是限定只能在表的一端进行插入和删除操作的线性表。队列是限定只能在表的一端进行插入，而在另一端进行删除的线性表。

(3) 遍历数据速度不同。栈只能从头部取数据，也就最先放入的需要遍历整个栈最后才能取出来，而且在遍历数据的时候还得为数据开辟临时空间，保持数据在遍历前的一致性。队列则不同，它基于地址指针进行遍历，而且可以从头或尾部开始遍历，但不能同时遍历，无需开辟临时空间，因为在遍历的过程中不影响数据结构，速度要快得多。

14.6　上机练练手

上机练习 1：使用栈转换数据的进制

编写程序，通过使用栈来实现十进制数转换为指定进制的数的功能。程序运行结果如

图 14-15 所示。

上机练习 2：查找用户输入的数据是否存在

编写程序，设计一个元素由随机数构成的一维数组，查找用户输入的数据是否存在。程序运行结果如图 14-16 所示。

```
Microsoft Visual Studio 调试控制台
请输入要转换的数:
101
请输入要转换成的进制数:
2

101 相对应的 2 进制是:
1100101
```

图 14-15　进制转换

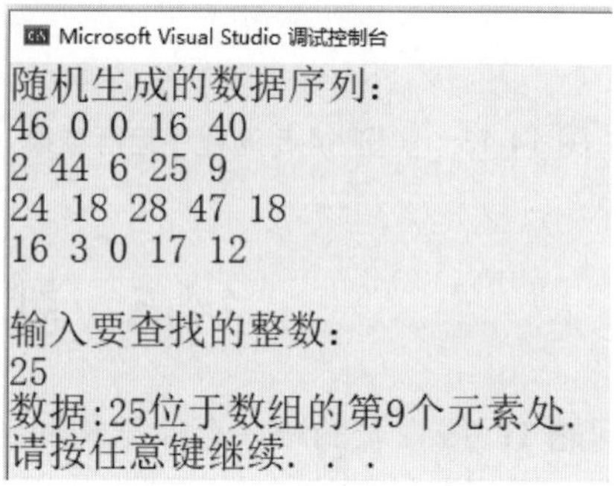

```
Microsoft Visual Studio 调试控制台
随机生成的数据序列:
46 0 0 16 40
2 44 6 25 9
24 18 28 47 18
16 3 0 17 12

输入要查找的整数:
25
数据:25位于数组的第9个元素处.
请按任意键继续. . .
```

图 14-16　查找结果

上机练习 3：查找一维数组中的指定元素

编写程序，定义一个已排列的一维数组，使用折半查找法对一维数组中的指定元素进行查找。程序运行结果如图 14-17 所示。

```
Microsoft Visual Studio 调试控制台
**********展示结果**********
1 2 3 4 5 6 7 8 9
**********展示完毕**********

请输出要查找的数:
5
5在列表中的位置是: 5
```

图 14-17　查找数组中的元素

第 15 章

动态数据结构链表

静态数据结构的特点是由系统分配固定大小的存储空间，之后在程序运行的过程中，存储空间的位置和容量都不会再改变。而实际生活中常常有这样的问题，数据量的多少是动态变化的，为此 C 语言提供了动态数据结构来解决此类问题。本章就来介绍C语言的动态存储分配函数与链表的应用。

15.1 动态存储分配函数

C 语言的标准函数库中提供了若干个动态内存操作标准函数，分别为 malloc()、calloc()、realloc()以及 free()等。

15.1.1 malloc()函数

malloc()函数定义在头文件“stdlib.h”中，使用时需要添加此头文件，该函数的原型为：

```
void *malloc(unsigned int size);
```

它的作用是向系统申请一个确定大小(size 个字节)的内存空间。若函数调用成功，则返回值为指向 void 类型的分配域起始地址的指针值；若函数调用失败，则返回值为空。

malloc()函数的使用语法如下：

```
指针变量=(基类型*)malloc(内存空间字节数);
```

例如：

```
int *p;
p=(int*)malloc(sizeof(int));
```

上述 malloc()函数分配的是一个 int 型空间，需要使用强制类型转换保证返回相对应的 int 型指针。

实例 15-1： 使用 malloc()函数进行动态内存分配(源代码\ch15\15.1.txt)

编写程序，使用 malloc()函数进行动态内存分配，通过输入端输入一个数据并输出结果。

```
#include <stdio.h>
/* 添加头文件 */
#include <stdlib.h>
int main()
{
    int *p;
    int a;
    /* 调用函数动态分配内存 */
    p=(int*)malloc(sizeof(int));
    if(!p)
    {
        exit(0);
    }
    p=&a;
    scanf_s("%d",p);
    printf("a=%d\n",a);
    return 0;
}
```

程序运行结果如图 15-1 所示。在代码中，首先添加头文件“stdlib.h”，接着在 main()函数中定义一个指针变量 p，使用 malloc()函数进行动态内存的分配，并将分配的 int 型空间内存起始地址赋予指针变量 p，若分配成功，则通过输入端输入一个数据存储到该空间中，然后输出验证。

```
Microsoft Visual Studio 调试控制台
50
a=50
```

图 15-1　实例 15-1 的程序运行结果

15.1.2　calloc()函数

calloc()函数定义在头文件“stdlib.h”中，使用时需要添加此头文件，该函数的原型为：

```
void *calloc(unsigned int n, unsigned int size);
```

它的作用是向系统申请 n 个 size 字节大小的连续内存空间，若是函数调用成功，则返回值为一个指向 void 类型的分配域起始地址的指针值；若是函数调用失败，则返回值为空。使用该函数能够为一维数组开辟一片连续的动态存储空间。

calloc()函数的使用语法如下：

```
指针变量=(数组元素类型*)calloc(n, 每一个数组元素内存空间字节数);
```

例如：

```
int *p;
p=(int*)calloc(5, sizeof(int));
```

表示使用函数 calloc()动态地分配 5 个大小为 int 类型字节的连续内存空间，最后将返回的指针赋予指针变量 p，可以理解为该指针变量指向的是一个有 5 个元素的一维数组的首地址。

实例 15-2：使用 calloc()函数进行动态内存分配(源代码\ch15\15.2.txt)

编写程序，使用函数 calloc()动态地分配一个包含有 5 个元素的一维数组的连续存储空间，并分别为它们进行赋值，最后输出结果。

```
#include <stdio.h>
/* 添加头文件 */
#include <stdlib.h>
#define S 5
int main()
{
    int *p;
    int a,i;
    /* 调用函数动态分配一组内存 */
    p=(int*)calloc(S,sizeof(int));
    if(!p)
    {
        exit(0);
    }
    printf("请为%d 个整型数据赋值：\n",S);
    for(i=0;i<S;i++)
    {
        scanf_s("%d",&a);
```

```
        *(p+i)=a;
    }
    printf("\n");
    for(i=0;i<S;i++)
    {
        printf("%d\t",*(p+i));
    }
    printf("\n");
    return 0;
}
```

运行上述程序，结果如图 15-2 所示。

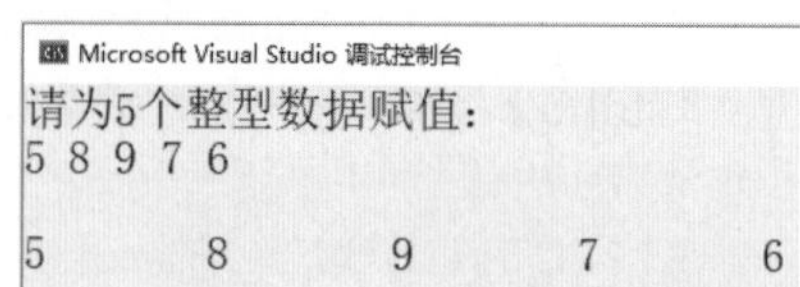

图 15-2　实例 15-2 的程序运行结果

在代码中，首先添加头文件“stdlib.h”并定义一个符号常量 S，用于表示开辟元素的个数。接着在 main()函数中定义一个指针变量 p，然后调用函数 calloc()动态地分配一组拥有 5 个元素大小为 int 型字节的连续存储空间，并将首地址赋予指针变量 p，若是函数调用成功，则通过输入端为这 5 个元素进行赋值，最后输出赋值结果。

15.1.3　realloc()函数

realloc()函数定义在头文件“stdlib.h”中，使用时需要添加此头文件，该函数的原型为：

```
void *realloc(void *p, unsigned int size);
```

它的作用是向系统申请一个大小为 size 的内存空间，并将指针变量 p 指向的空间大小改为 size，同时将原存储空间中存放的数据传递到新的地址空间的低端，原存储空间的数据将会丢失。若是函数调用成功，则返回一个指向 void 类型的分配域起始地址的指针值；若是函数调用失败，则返回值为空。

realloc()函数的使用语法如下：

```
指针变量=(基类型*)realloc(原存储空间首地址,新的存储空间字节数);
```

例如：

```
int *p1,*p2;
p1=(int*)malloc(sizeof(int)*2);
p2=(int*)realloc(p1,sizeof(int)*4);
```

表示通过 realloc()函数对 p1 所指向的空间大小进行扩充，并将改变之后的内存空间首地址赋予指针变量 p2。

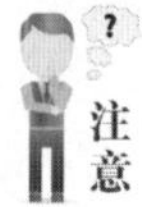

使用 realloc()函数设定的 size 大小为任意值，也就是说可以比原存储空间大，也可以比原存储空间小。

实例 15-3：使用 malloc()函数和 realloc l 函数进行动态内存分配(源代码\ch15\15.3.txt)

编写程序，先使用 malloc()函数分配动态内存空间，然后使用 realloc()函数将该内存空间进行扩充，分别输出扩充前以及扩充后的动态内存的首地址。

```
#include <stdio.h>
/* 添加头文件 */
#include <stdlib.h>
int main()
{
    int *p1,*p2;
    int a;
    /* 调用函数 malloc()动态分配内存并将首地址赋予 p1 */
    p1=(int*)malloc(sizeof(int)*2);
    if(p1)
    {
        printf("内存分配在：%p1\n",p1);
    }
    else
    {
        printf("内存不足！\n");
        exit(0);
    }
    /* 调用函数 realloc()将 p1 中数据大小进行改变，并将改变后的内存首地址赋予 p2 */
    p2=(int*)realloc(p1,sizeof(int)*4);
    if(p2)
    {
        printf("内存重新分配在：%p2\n",p2);
    }
    else
    {
        printf("没有足够内存！\n");
        exit(0);
    }
    return 0;
}
```

程序运行结果如图 15-3 所示。

```
Microsoft Visual Studio 调试控制台
内存分配在：00E98B181
内存重新分配在：00E98B182
```

图 15-3　实例 15-3 的程序运行结果

在代码中，首先添加头文件“stdlib.h”，接着在 main()函数中定义两个指针变量 p1 和 p2，调用函数 malloc()动态分配内存并将首地址赋予指针变量 p1，若是调用成功则输出该内存的首地址，然后调用函数 realloc()将 p1 中内存大小进行改变，并将改变后的内存首地址赋予指针变量 p2，若是调用成功则输出该内存的首地址。

15.1.4　free()函数

free()函数定义在头文件“stdlib.h”中，使用时需要添加此头文件，该函数的原型为：

```
void free(void *p);
```

它的作用是释放指针变量 p 所指的内存区，将该存储空间返还给系统，使得其他变量能够使用此存储空间。该函数没有任何返回值。

free()函数的使用语法如下：

```
free(指针变量);
```

例如：

```
int *p;
p=(int*)malloc(sizeof(p));
free(p);
```

表示使用 free()函数将 malloc()函数分配的动态内存空间释放。

实例 15-4：使用 free()函数进行动态内存分配(源代码\ch15\15.4.txt)

编写程序，使用 free()函数将事先分配好的动态内存空间进行释放，输出释放前后该内存中存放的数据。

```
#include <stdio.h>
/* 添加头文件 */
#include <stdlib.h>
#include <string.h>
int main()
{
    /* 定义字符指针 */
    char *str;
    /* 调用 malloc()函数分配动态内存 */
    str=(char*)malloc(10);
    /* 调用 strcpy_s()函数将字符串赋给 str */
    strcpy_s(str,"Apple");
    printf("字符串为： %s\n", str);
    /* 调用 free()函数释放内存空间 */
    free(str);
    printf("释放后字符串为： %s\n", str);
    return 0;
}
```

程序运行结果如图 15-4 所示。

```
Microsoft Visual Studio 调试控制台
字符串为： Apple
释放后字符串为： 葺葺葺葺葺葺葺
```

图 15-4　实例 15-4 的程序运行结果

在代码中，首先添加头文件“stdlib.h”以及“string.h”，接着在 main()函数中定义字符指针 str，调用 malloc()函数分配动态 10 字节大小的内存空间并将首地址赋予 str，然后调用 strcpy_s()函数将字符串存放到该内存空间内，并输出该字符串，接着使用 free()函数将此内存空间释放，再次输出该字符串为乱码，原因是内存已经被释放，其中存放的数据就不存在了。

15.2　链 表 概 述

C 语言中，链表用于表示一组具有线性关系的数据元素，它属于动态结构。链表中的每一个数据元素都占用独立的存储空间，该存储空间为一个结构体类型变量。它主要包含两部分：其中一部分为值域，用于存放数据元素的值；另一部分为指针域，用于存放一个指向该结构体类型的指针变量值，它的作用是存放逻辑上排在本结点后的结点内存空间的首地址，如图 15-5 所示。

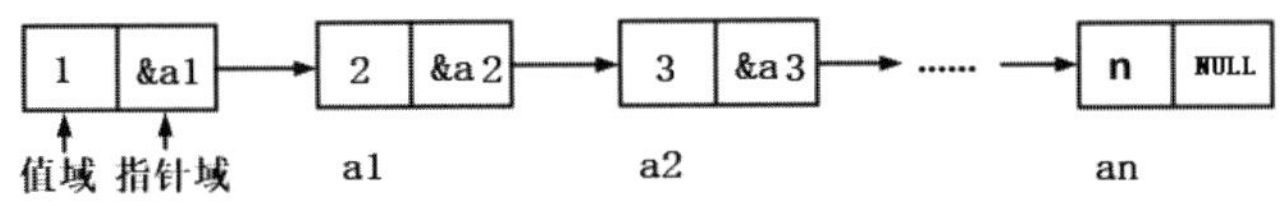

图 15-5　单向链表

线性链表按照逻辑顺序将若干结点连接成一排，一环扣一环。

15.2.1　链表结点的定义

链表结点通过结构体类型来描述一个数据元素，定义一个结点类型的语法格式如下：

```
struct LNode
{
   ElemType data;
   struct LNode *next;
}LNode,*LinkList;
```

其中，LNode 为一个结点的类型名称，它拥有两个成员，一个是类型为数据元素的 data，用于存放数据元素的值；另一个是类型为指向本结构体类型的指针 next，用于存放逻辑上排在本结点后面的结点的首地址。LinkList 表示指向 LNode 类型的指针类型。

ElemType 用于表示数据元素的一般性描述类型，如 int、float、char 等。

例如，定义一个用于存放整型的数据元素链表结点类型，语法如下：

```
struct LNode
{
   int data;
   struct LNode *next;
}LNode,*LinkList;
```

15.2.2　链表的建立

链表结点创建完成后，就可以使用 malloc()函数来创建链表了。

首先定义一个结构体指针变量，并使用 malloc()函数动态分配存储空间，然后通过输入端输入结点数据，并将指向的下一个结点置为空。语法如下：

```
struct LNode *p;
p=(struct LNode*)malloc(sizeof(struct LNode));
scanf("%d",&p->data);
p->next=NULL;
```

如上所示，根据语法可以建立若干个结点，并使每个结点的 next 指针指向下一个结点，如此便可形成简单的链表结构。

15.2.3 链表的遍历

链表的遍历是通过其结构指针来对每一个结点进行访问，不同于数组的是，链表不能对其某个结点进行访问，而必须对所有的结点进行遍历操作。

实例 15-5： 创建链表并遍历输出(源代码\ch15\15.5.txt)

编写程序，创建一个简单的链表，对其结点进行遍历操作并输出。

```
#include <stdio.h>
#include <stdlib.h>
typedef struct node                 // 定义链表中的结点
    {
        int data;                   // 结点中的成员
        struct node* pNext;         // 指向下一个结点的指针
    }NODE, * PNODE;
    PNODE CreateList();             // 声明创建链表函数
    void TraverseList(PNODE pH);    // 声明遍历链表函数
    int main()
    {
        PNODE pH = NULL;            // 定义初始化头结点
        pH = CreateList();          // 调用创建链表函数，并将该链表的头结点的地址赋给 pH
        TraverseList(pH);           // 调用遍历链表函数
        return 0;
    }
    PNODE CreateList()              // 定义创建链表函数
    {
        int i;                      // 用于 for 循环
        int len;                    // 表示结点的长度
        int value;                  // 用于临时存放用户输入的数据
        PNODE pH, pT;               // 定义头结点 pH 和尾结点 pT
        pH = (PNODE)malloc(sizeof(NODE));  // 给头结点分配一段内存
        if (pH == NULL)                    // 判断链表头结点的内存是否分配成功
        {
            printf("链表创建失败！\n");
            return 0;
        }
        pT = pH;                    // 尾结点保留头结点的地址
        pT->pNext = NULL;           // 让尾结点的指针置为空
        printf("请输入结点个数：");
        scanf_s("%d", &len);        // 输入结点个数
        for (i = 0; i < len; i++)
        {
            printf("第 %d 个结点的数值：", i + 1);
            scanf_s("%d", &value);      // 添加数据
            PNODE pNew = (PNODE)malloc(sizeof(NODE));  // 定义一个新结点，并分配空间
            pNew->data = value;         // 将用户输入的数据赋给节点的成员
            pT->pNext = pNew;           // 将新结点的地址放到尾结点的指针域里
            pNew->pNext = NULL;         // 将新节点中的指针置为空
            pT = pNew;                  // 将新节点赋给最后的一个节点
        }
        return pH;                      // 返回头节点
    }
    void TraverseList(PNODE pH)         // 遍历链表函数
    {
        PNODE p = pH->pNext;            // 将头节点的指针给予临时节点 p
        while (NULL != p)               // 节点 p 不为空，循环
        {
            printf("%d ", p->data);     // 依次打印出链表
```

```
        p = p->pNext;                    // 指向下一个结点
    }
    printf("\n");
}
```

程序运行结果如图 15-6 所示。

```
Microsoft Visual Studio 调试控制台
请输入结点个数: 5
第 1 个结点的数值: 1
第 2 个结点的数值: 2
第 3 个结点的数值: 3
第 4 个结点的数值: 4
第 5 个结点的数值: 5
1 2 3 4 5
```

图 15-6　实例 15-5 的程序运行结果

15.2.4　链表结点的插入

数组在内存中是顺序存储的，要在数组中插入一个数据就变得颇为麻烦。这就像是在一排麻将中插入一个牌，必须把后面的牌全部依次顺移。然而，链表中各结点的关系是由指针决定的，所以在链表中插入结点要显得方便一些。这就像是把一条链子先一分为二，然后用一个环节再把它们连接起来，如图 15-7 所示。

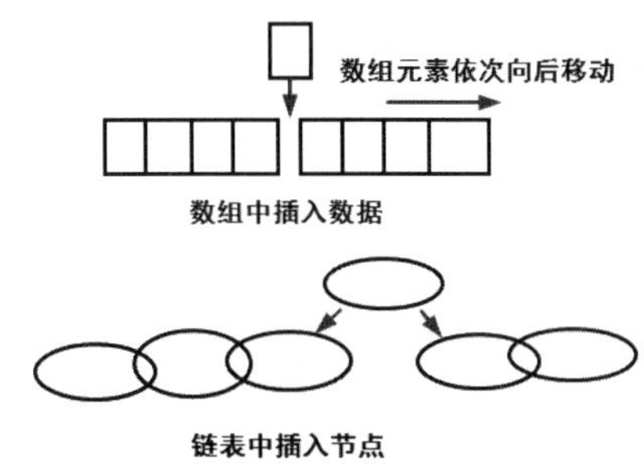

图 15-7　在数组和链表中插入数据的比较

链表结点的插入操作可根据结点的位置分为以下 3 种情况。

1. 插入链表表头

由于插入的是链表表头，所以只需要将新结点的指针指向链表的第一个结点即可，如图 15-8 所示。

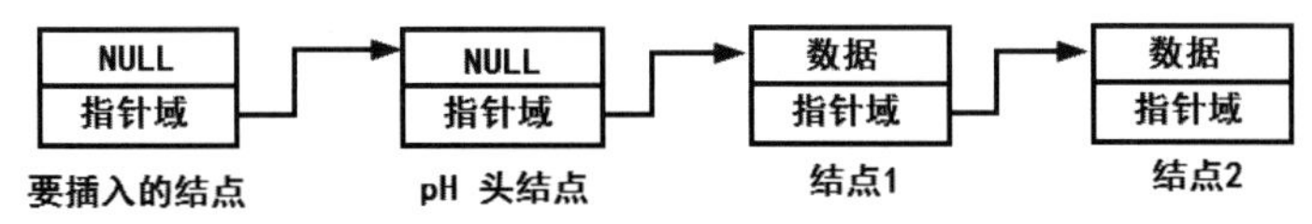

图 15-8　插入链表表头

2. 插入链表表中

若是要将新结点插入到链表的中间某处，例如结点 1 与结点 2 两结点之间，那么只需要将结点 1 的指针指向新结点，新结点的指针指向结点 2 即可，如图 15-9 所示。

3. 插入链表表尾

若是要将新结点插入到链表的最后一个结点之后，那么只需要将最后一个结点的指针指向新结点，然后将新结点指针指向 NULL 即可，如图 15-10 所示。

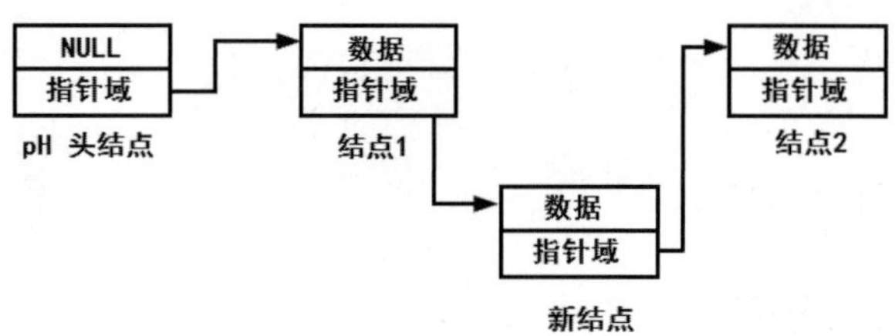

图 15-9　插入链表表中

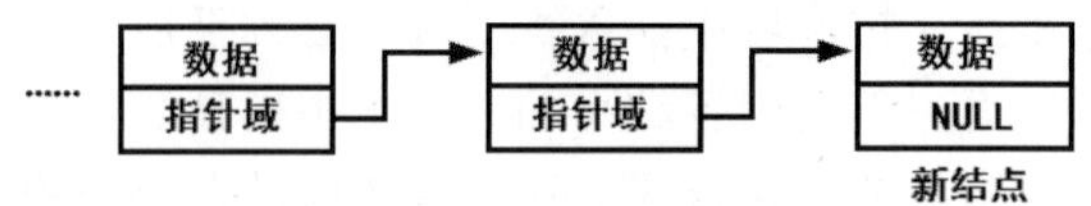

图 15-10　插入链表表尾

实例 15-6： 链表结点的插入操作(源代码\ch15\15.6.txt)

编写程序，在输出链表之后再调用链表结点插入函数 Insert_Node()，分别演示链表结点插入的 3 种情况。

```
#include <stdio.h>
#include <stdlib.h>
typedef struct node                  // 定义链表中的结点
    {
        int data;
        struct node* pNext;
    }NODE, * PNODE;
    PNODE CreateList();                          // 声明创建链表函数
    void TraverseList(PNODE pH);                 // 声明遍历链表函数
    void Insert_Node(PNODE pH, int front, int value);  // 声明链表结点插入函数
    int main()
    {
        int value;
        int num;
        PNODE pH = NULL;                         // 定义初始化头结点
        pH = CreateList();                       // 调用创建链表函数
        TraverseList(pH);                        // 调用遍历链表函数
        printf("头结点插入数据: ");
        scanf_s("%d", &num);
        printf("请输入要插入的数据: ");
        scanf_s("%d", &value);
        Insert_Node(pH, num, value);     // 调用链表结点插入函数
        TraverseList(pH);
        printf("中间结点插入数据: ");
        scanf_s("%d", &num);
        printf("请输入要插入的数据: ");
        scanf_s("%d", &value);
        Insert_Node(pH, num, value);
        TraverseList(pH);
    printf("尾结点插入数据: ");
        scanf_s("%d", &num);
        printf("请输入要插入的数据: ");
        scanf_s("%d", &value);
        Insert_Node(pH, num, value);
        TraverseList(pH);
```

```
    return 0;
}
PNODE CreateList()                          // 定义创建链表函数
{
    int i;
    int len;
    int value;
    PNODE pH, pT;                           // 定义头结点 pH 和尾结点 pT
    pH = (PNODE)malloc(sizeof(NODE));       // 给头结点分配一段内存
    if (pH == NULL)                         // 判断链表头结点的内存是否分配成功
    {
        printf("链表创建失败！\n");
        return 0;
    }
    pT = pH;                                // 尾结点保留头结点的地址
    pT->pNext = NULL;                       // 让尾结点的指针置为空
    printf("请输入结点个数：");
    scanf_s("%d", &len);                    // 输入结点长度
    for (i = 0; i < len; i++)
    {
        printf("第 %d 个结点的数值：", i + 1);
        scanf_s("%d", &value);              // 添加数据
        PNODE pNew = (PNODE)malloc(sizeof(NODE));   // 定义一个新结点，并分配空间
        pNew->data = value;                 // 将用户输入的数据赋给结点的成员
        pT->pNext = pNew;                   // 将新结点的地址放到尾结点的指针里
        pNew->pNext = NULL;                 // 将新结点中的指针置为空
        pT = pNew;                          // 将新结点赋给最后的一个结点
    }
    return pH;                              // 返回头结点
}
void TraverseList(PNODE pH)                 // 遍历链表函数
{
    PNODE p = pH->pNext;
    while (NULL != p)
    {
        printf("%d ", p->data);
        p = p->pNext;
    }
    printf("\n");
}
void Insert_Node(PNODE pH, int front, int value)     // 链表结点插入函数
// 第一个参数是头结点，第二个参数是要在第几个结点前插入，第三个参数是要插入的数据
{
    int i = 0;
    PNODE _node = pH;
    PNODE pSwap;                  // 用于交换
    if ((front < 1) && (NULL != _node))
    // 判断用户输入的数据是否大于等于 1,_node 是否为空
    {
        return 0;
    }
    while (i < front - 1)         // 通过循环使指针指向要插入哪个结点前的结点
    {
        _node = _node->pNext;     // 指向下一个结点
        ++i;
    }
    PNODE pNew = (PNODE)malloc(sizeof(NODE));
    pNew->data = value;           // 把输入的数据赋给要插入的结点
    pSwap = _node->pNext;         // 把下一个结点的地址，给予用于交换的 pSwap
    _node->pNext = pNew;          // 把要插入的结点的地址，给予上个结点的指针域
```

```
    pNew->pNext = pSwap;              // 把插入结点的下一个结点的地址，给予插入结点的指针域
    return 1;
}
```

程序运行结果如图 15-11 所示。

图 15-11　实例 15-6 的程序运行结果

15.2.5　链表结点的删除

与插入数据类似，数组为了保持其顺序存储的特性，在删除某个数据时，其后的数据都要依次前移。而链表中结点的删除仍然只要对结点周围小范围的操作就可以了，不必去修改其他的结点。删除链表中的结点可以根据该结点的位置分为以下 3 种情况。

1. 删除链表头结点

删除链表的头结点，即第一个结点，只需要将链表结构指针指向下一个结点即可，如图 15-12 所示。

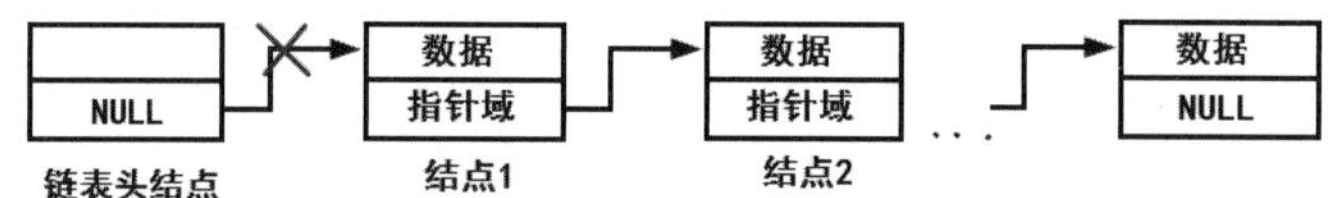

图 15-12　删除链表头结点

2. 删除链表中间结点

删除两个结点中间的结点，例如结点 1 与结点 3 之间的结点，只需要将结点 1 的结构指针指向结点 3 即可，如图 15-13 所示。

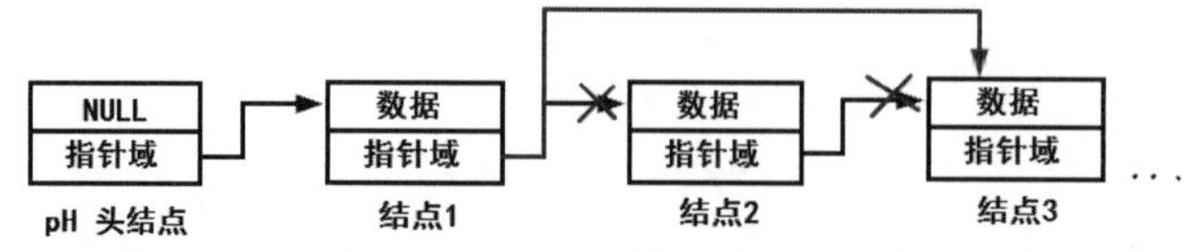

图 15-13　删除链表中间结点

3. 删除链表的尾结点

要删除链表的尾结点，只需要将指向最后一个结点的指针指向 NULL 即可，如图 15-14 所示。

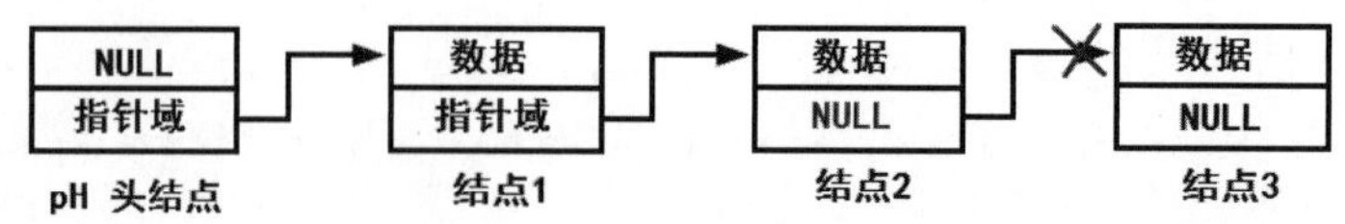

图 15-14　删除链表尾结点

实例 15-7：链表结点的删除操作(源代码\ch15\15.7.txt)

编写程序，在输出链表之后再调用链表结点删除函数 Del_Node()，删除链表结点。

```
#include <stdio.h>
#include <stdlib.h>
typedef struct node                           // 定义链表中的结点
    {
        int data;
        struct node* pNext;                   // 指向下一个结点的指针
    }NODE, * PNODE;
    PNODE CreateList();                       // 声明创建链表函数
    void TraverseList(PNODE pH);              // 声明遍历链表函数
    int Del_Node(PNODE pH, int back);         // 声明链表结点删除函数
    int main()
    {
        int value;
        int num;
        PNODE pH = NULL;                      // 定义初始化头结点
        pH = CreateList();                    // 调用创建链表函数
        TraverseList(pH);                     // 调用遍历链表函数
        printf("请输入要删除第几个结点的数据: ");
        scanf_s("%d", &num);
        value = Del_Node(pH, num);            // 调用链表结点删除函数
        if (value == 0)                       // 判断结点是否删除成功
        {
            printf("删除失败。\n");
        }
        else
        {
            printf("删除成功。删除的元素是: %d\n", value);
        }
        printf("操作完成后的数据是: ");
        TraverseList(pH);
        return 0;
    }
    PNODE CreateList()                                  // 定义创建链表函数
    {
        int i;
        int len;
        int value;
        PNODE pH, pT;                                   // 定义头结点 pH 和尾结点 pT
        pH = (PNODE)malloc(sizeof(NODE));               // 给头结点分配一段内存
        if (pH == NULL)                                 // 判断链表头结点的内存是否分配成功
        {
            printf("链表创建失败! \n");
            return 0;
        }
        pT = pH;                                        // 尾结点保留头结点的地址
        pT->pNext = NULL;                               // 让尾结点的指针置为空
        printf("请输入结点个数: ");
        scanf_s("%d", &len);                            // 输入结点长度
        for (i = 0; i < len; i++)
        {
            printf("第 %d 个结点的数值: ", i + 1);
            scanf_s("%d", &value);                      // 添加数据
            PNODE pNew = (PNODE)malloc(sizeof(NODE));   // 定义一个新结点，并申请空间
            pNew->data = value;                         // 将用户输入的数据赋给结点的成员
            pT->pNext = pNew;                           // 将新结点的地址放到尾结点的指针里
            pNew->pNext = NULL;                         // 将新结点中的指针置为空
            pT = pNew;                                  // 将新结点赋给最后的一个结点
        }
        return pH;                                      // 返回头结点
    }
```

```
void TraverseList(PNODE pH)              // 遍历链表函数
{
    PNODE p = pH->pNext;                 // 将头结点的指针给予临时结点 p
    while (NULL != p)                    // 结点 p 不为空，循环
    {
        printf("%d ", p->data);          // 依次输出链表
        p = p->pNext;
    }
    printf("\n");
}
int Del_Node(PNODE pH, int back)         // 定义链表结点删除函数
// 第一个参数是头结点，第二个参数是要删除的第几个结点
{
    int i = 0;
    int value;
    PNODE _node = pH;
    PNODE pSwap;
    if ((back < 1) && (NULL == _node->pNext))
    {
        printf("删除失败！ \n");
        return 0;
    }
    while (i < back - 1)
    {
        _node = _node->pNext;
        ++i;
    }
    pSwap = _node->pNext;
    value = pSwap->data;
    _node->pNext = _node->pNext->pNext;
free(pSwap);                             // 清空结点
return value;
}
```

程序运行结果如图 15-15 所示。

```
Microsoft Visual Studio 调试控制台
请输入结点个数：5
第 1 个结点的数值：1
第 2 个结点的数值：2
第 3 个结点的数值：3
第 4 个结点的数值：4
第 5 个结点的数值：5
1 2 3 4 5
请输入要删除第几个结点的数据：3
删除成功。删除的元素是：3
操作完成后的数据是：1 2 4 5
```

图 15-15　实例 15-7 的程序运行结果

15.3　就业面试问题解答

问题 1：动态内存分配相对于静态内存分配有哪些特点？

答：动态内存不需要预先分配存储空间，而且分配的空间可以根据程序的需要扩大或缩小。要实现根据程序的需要动态分配存储空间，就必须用到 malloc()函数。

问题 2：在 C 语言表示的数据结构中，为什么创建链表必须要用 malloc()分配的动态内存？

答：不分配内存，就不能存储数据。如果是用数组方式存储，则是顺序表。链式，不需要每个元素的地址连续。这里存在两个概念，物理结构和逻辑结构。顺序表就是物理结构，链式就是逻辑结构。

15.4　上机练练手

上机练习 1：链表的逆向输出

编写程序，创建一个链表，该链表每个结点存放一个字符，通过输入端输入每个结点的字符，然后逆向输出该链表，程序运行结果如图 15-16 所示。

上机练习 2：遍历输出链表

编写程序，创建一个单向链表的函数，存放学生数据，然后使用 for 循环遍历链表输出学生信息。程序运行结果如图 15-17 所示。

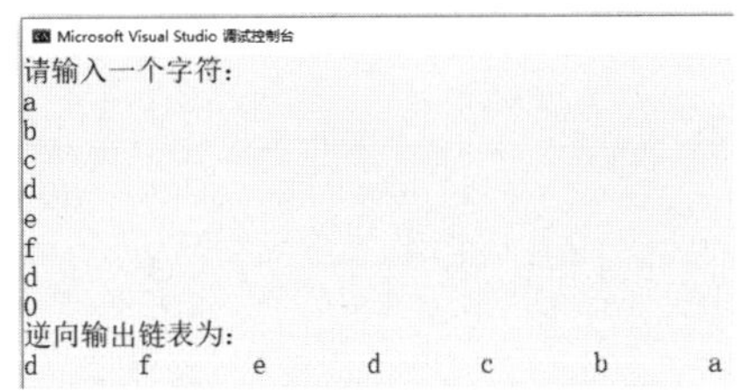

图 15-16　链表的逆向输出

Microsoft Visual Studio 调试控制台

姓名	学号	成绩
王丽	101	95.00
小明	102	90.00
小红	103	92.00
张宇	104	97.00
张扬	105	89.00

图 15-17　遍历输出链表

上机练习 3：使用链表添加学生信息

编写程序，定义一个学生信息结构体类型，包含学号以及姓名，演示链表结点插入的情况。程序运行结果如图 15-18 所示。

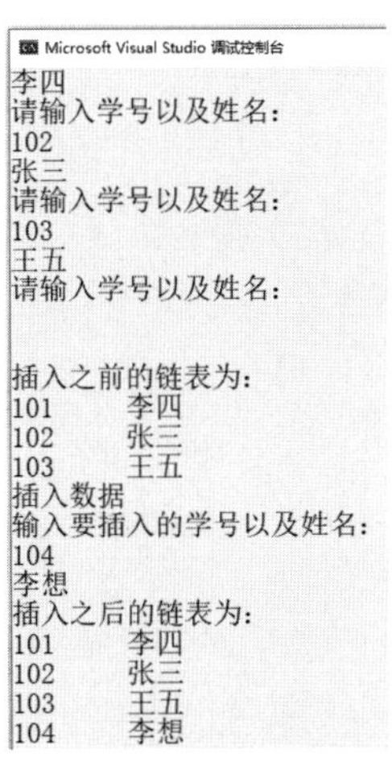

图 15-18　使用链表添加学生信息

第 16 章

开发商品信息管理系统

本章设计一个商品信息管理系统，采用的编程语言是面向过程的 C 语言，通过该案例的学习，读者可熟悉 C 语言编程的基本操作，提升自身的编程技能。

16.1 系 统 简 介

商品信息管理系统使用了 C 语言中最具特色的结构体，将每个商品的所有信息存在结构体中，并且定义一个结构体类型的数组保存所有商品的信息，并且按照模块化的编程思想，将要实现的每个功能编写成独立的函数，这样既方便阅读同时也方便差错修改。

商品信息管理系统的主要功能包括：密码账户登录、创建商品信息、打印商品信息、查询商品信息、修改商品信息、删除商品信息、商品价格信息排名、退出程序等。

在 Visual Studio 2019 中展开案例的项目代码，代码结构如图 16-1 所示。

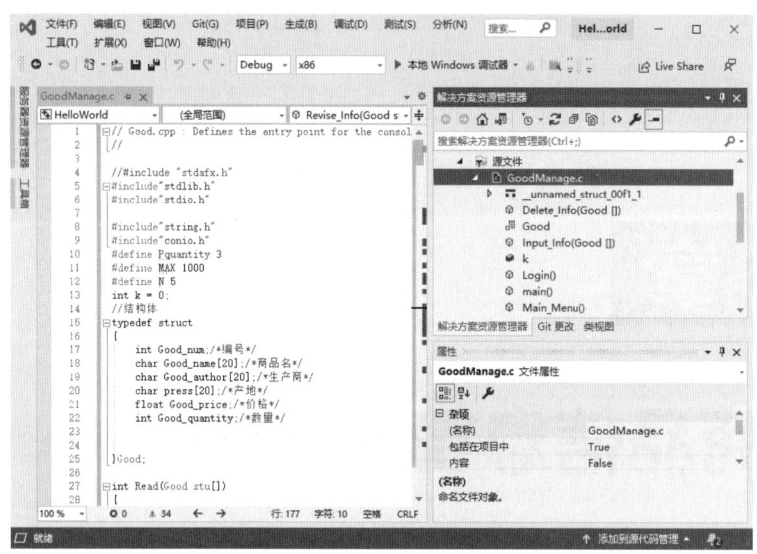

图 16-1 程序代码结构

16.2 必备知识点

在开发商品信息管理系统之前，读者需要理解结构体和结构体数组的使用方法。

16.2.1 结构体的使用

对于商品信息，包括商品名、商品 ID、商品价格、折扣、数量、剩余数量等属性。在 C 语言中，可以把这些属性组合成一个变量的只有结构体。例如：

```
struct Goods
{
   char  title[50];
   char  author[50];
   char  subject[100];
   int   Good_id;
} Good;
```

这就是一个结构体，其中类型为 Good，也就是说 Good 就相当于 int 或者 double 一样，用户可以使用 Good 去定义对象。

为了访问结构的成员，可以使用成员访问运算符(.)。成员访问运算符是结构变量名称和要访问的结构成员之间的一个句号。例如，使用结构体 Good 定义了一个变量 B。然后对 B 的 title 赋值，代码如下：

```
Good B
B.title='洗衣机'
```

也就是这个圆点，可以让用户访问结构体中的变量，然后就可以操作结构体了。

16.2.2　结构体数组的使用

一个结构体变量中可以存放一组数据(如一个学生的学号、姓名、成绩等数据)。如果有 10 个学生的数据需要参加运算，显然应该用数组，这就是结构体数组。结构体数组与以前介绍过的数值型数组不同之处在于每个数组元素都是一个结构体类型的数据，它们分别包括各个成员(分量)项。

与定义结构体变量的方法相同，只需说明其为数组即可。

```
struct student
{
   int num;
   char name[20];
   char sex;
   int age;
   float score;
   char addr[31];
};
struct student stu[3];
```

以上定义了一个数组 stu，其元素为 struct student 类型数据，数组有 3 个元素，其中每个元素的类型都是结构体 student 类型。

16.3　系统代码编写

根据商品信息管理系统功能来编写相关 C 语言代码。

16.3.1　商品结构体定义

商品信息管理系统使用结构体来存储商品的信息。如编号、商品名称、生产商、产地、价格、数量。代码如下：

```
//#include "stdafx.h"
#include"stdlib.h"
#include"stdio.h"

#include"string.h"
#include"conio.h"
#define Pquantity 3
#define MAX 1000
#define N 5
```

```
int k=0;
  //结构体
typedef struct
{   int Good_num;           /*编号*/
    char Good_name[20];     /*商品名*/
    char Good_author[20];   /*生产商*/
    char press[20];         /*产地*/
    float Good_price;       /*价格*/
    int Good_quantity;      /*数量*/


}Good;
```

这里定义了一个商品结构体 Good 和一个结构体类型的数组，用来存储所有商品数据。

16.3.2 界面显示

由于 C 语言只支持命令行界面，所以，为了用户了解程序以及便于输入相应的信息，这里定义一个界面。代码如下：

```
void MENU()   // 定义要显示的命令行界面
{
   printf(" \n\n\n            **********************************\n");
   printf("               *                                *\n");
   printf("               *                                *\n");
   printf("               *                                *\n");
   printf("               *      商品信息管理系统          *\n");
   printf("               *                                *\n");
   printf("               *                                *\n");
   printf("               *                                *\n");
   printf("               **********************************\n");
}
```

16.3.3 登录功能

商品信息管理系统设置了一个密码和账户验证机制，只有正确输入密码和账户才可以使用该系统，由于没有用到数据库，所以手动定义账户和密码的取值，即将密码和账户固化到程序中。将用户输入的账户和密码与固化的密码和账户进行对比，如果一致，则可以使用该软件，即弹出软件的主界面，否则需要重新输入密码和账户。直到输入的次数超过三次。具体代码如下：

```
void Login()   // 首先验证登录  只有正确输入密码和账户后才可以使用该软件
// 没有数据库，我们将用户和密码固化到程序中，设定为 123
{
   char userName[5];/*用户名*/
   char userPWD[5];/*密码*/
   int i,sum;
   system("color 1d");
   for(i = 1; i < 4; i++)
   {

       printf("\n       请输入您的用户名:");
       gets(userName);
```

```
        printf("\n       请输入您的密码:");
        gets(userPWD);

        if ((strcmp(userName,"root")==0) && (strcmp(userPWD,"123456")==0))/*验证用户
名和密码*/
        {
            printf("\n    *用户名和密码正确，显示主菜单*");
            return;
        }
        else
        {
            if (i < 3)
            {
                printf("用户名或密码错误，提示用户重新输入");
                printf("用户名或密码错误，请重新输入!");
            }
            else
            {
                printf("连续 3 次输错用户名或密码，退出系统。");
                printf("您已连续 3 次将用户名或密码输错，系统将退出!");
                exit(1);
            }
        }
    }
}
```

16.3.4　系统主界面

当密码和账户都验证正确时，进入主界面，此时执行主界面函数，该函数有以下几个操作。

(1)　打开文本文档(没有的话提示用户需要手动创建)。

(2)　定义命令行界面显示的内容。

(3)　不断地循环，检测用户在命令行界面上输入的操作代码，然后执行相应的操作。

具体代码如下：

```
void Main_Menu()  // 主界面 (首先验证是否存在文本文档，没有的话提示需要手动创建)，存在的话根据
操作选择不同的功能
{
  Good stu[20];
  int choice,k,sum;
  sum=Read(stu);
  if(sum==0)
   {  printf("首先录入基本库存信息! 按回车后进入————————\n");
      getch();
    sum=Input_Info(stu);
   }

  do
  {  system("cls");
     printf("\n\n\n                 ********商品信息管理系统********\n\n");
     printf("                              1. 创建商品信息\n\n");
     printf("                              2. 打印商品信息\n\n");
     printf("                              3. 查询商品信息\n\n");
     printf("                              4. 修改商品信息\n\n");
     printf("                              5. 删除商品信息\n\n");
     printf("                              6. 商品价格信息排名\n\n");
```

```
    printf("                    0. 退出系统\n\n");
    printf("                    请选择(0-6):");
    scanf("%d",&choice);
   switch(choice)
   {
     case 1: k=Input_Info(stu); break;        /*创建商品*/
     case 2: Output_Info( stu) ; break;       /*打印信息*/
     case 3: Select_Info(stu); break;         /*查询信息*/
     case 4: Revise_Info(stu); break;         /*修改信息*/
     case 5: Delete_Info(stu); break;         /*删除信息*/
     case 6: sort(stu); break;                /*价格排名*/
     case 0: break;
   }
  }while(choice!=0);
  SAVE_INFO(stu,sum);  // 保存到结构体数组中
}
```

16.3.5 保存商品信息

商品信息管理系统使用结构体数组来暂存输入的商品信息，最后保存到本地的文本文档中。具体代码如下：

```
int Read(Good stu[])
{ FILE *fp;
   int i=0;
  if((fp=fopen("stu.txt","rt"))==NULL)
  {printf("\n\n————文件不存在！请手动创建");
   return 0;
  }
  while(feof(fp)!=1)
    {
  fread(&stu[i],sizeof(Good),1,fp);
  if(stu[i].Good_num==0)
    break;
  else
    i++;
  }
  fclose(fp);
  return i;
}
void SAVE_INFO(Good stu[],int sum)      //将结构体数组中的商品信息保存到文件中
{FILE*fp;
 int i;
 if((fp=fopen("stu.txt","wb"))==NULL)   // 打开文件
 {printf("写文件错误!\n");
  return;
 }
   for(i=0;i<sum;i++)                   //将结构体数组中的每个结构体都写入到文件中
     if(fwrite(&stu[i],sizeof(Good),1,fp)!=1)
       printf("写文件错误!\n");
     fclose(fp);
}
```

16.3.6 创建商品信息

创建商品信息就是根据命令行上的信息提示，输入商品的信息，并存放到结构体数组中。具体代码如下：

```
//  商品信息的录入
int Input_Info(Good stu[])
{  int i,x;
   for(i=0;i<1000;i++)
   {
    system("cls");
    printf("\n\n                    录入商品  (最多%d个)\n",MAX);
    printf("            ----------------------------\n");

        printf("\n                    第%d个",k+1);
        printf("\n 请输入商品的编号:");
        scanf("%d",&stu[k].Good_num);
        printf("\n 请输入商品的名称:");
        scanf("%s",stu[k].Good_name);
        printf("\n 请输入商品的生产商:");
        scanf("%s",stu[k].Good_author);
        printf("\n 请输入商品的产地:");
        scanf("%s",stu[k].press);
        printf("\n 请输入商品的价格:");
        scanf("%f",&stu[k++].Good_price);
        printf("\n 请输入商品的数量:");
        scanf("%d",&stu[i].Good_quantity);
        printf("\n 请按1键返回菜单或按0键继续创建");
        scanf("%d",&x);
    if(x)
      break;
   }

       return k;
}
```

16.3.7　打印商品信息

打印商品信息就是将创建的所有商品信息以列表方式显示并输出。也就是将结构体数组从下标 0 输出到最后一个元素即可。具体代码如下：

```
/*打印信息*/
void Output_Info(Good stu[])
{
     int i;
     system("cls");

   for(i=0;i<k;i++)    // 格式输出
     printf("编号: %d,名称: %s,生产商: %s,产地: %s,价格: %.2f,数
量: %d\n",stu[i].Good_num,stu[i].Good_name,
      stu[i].Good_author,stu[i].press,stu[i].Good_price,stu[i].Good_quantity);
   printf("按任意键加回车返回主菜单!");
   scanf("%d",&i);
   getchar();
}
```

16.3.8　查询商品信息

根据商品的名称查询商品信息。具体的操作就是给出商品的名字，对比结构体中的 name 字段。从数据的第一个元素开始到最后一个依次对比，查找到则输出该节点的所有信

息即可，找到数组结尾还没有找到则输出未找到。具体代码如下：

```
/*查询信息*/
void Select_Info(Good stu[])
  { int i;
    char Good_name[20];
    system("cls");
    printf("     \n\n 输入要查找的名称：");
    scanf("%s",&Good_name);
    for(i=0;i<k;i++)
      if(strcmp(Good_name,stu[i].Good_name)==0)  // 比较
         printf("\n\n\n 编号：%d,名称：%s,生产商：%s,产地：%s,价格：%.2f,数
量：%d\n",stu[i].Good_num,stu[i].Good_name,
     stu[i].Good_author,stu[i].press,stu[i].Good_price,stu[i].Good_quantity);
    printf("按任意键加回车返回主菜单!");
    scanf("%d",&i);
    getchar();
  }
```

16.3.9 修改商品信息

首先用户输入需要修改信息的商品的 ID，然后程序在结构体数组中查找该 ID 的商品，若查找到，则显示出来，并且提示用户需要修改哪些属性，最后再重新保存。具体代码如下：

```
/*修改信息*/
void Revise_Info(Good stu[])
  {  int Good_num,i,choice;
     system("cls");
   printf("\n\n\n      请输入您要修改的商品的编号");
     scanf("%d",&Good_num);
     for(i=0;i<k;i++)
     { if(Good_num==stu[i].Good_num)  // 找到，则显示出
         printf("\n 编号：%d,名称：%s,生产商：%s,产地：%s,价格：%.2f,数
量：%d\n",stu[i].Good_num,stu[i].Good_name,
     stu[i].Good_author,stu[i].press,stu[i].Good_price,stu[i].Good_quantity);

     printf("\n\n\n     ********请输入您想要修改的数据********\n\n");  // 根据提示显示需要
修改的信息
     printf("            1. 编号\n\n");
     printf("            2. 名称\n\n");
     printf("            3. 生产商\n\n");
     printf("            4. 产地\n\n");
     printf("            5. 价格\n\n");
     printf("            6. 数量\n\n");
     printf("             请选择(1-6):");
    scanf("%d",&choice);
    switch(choice)
    {case 1:{
          printf("\n   请输入你改的新编号");
            scanf("%d",&stu[i].Good_num);
        break;
        }
     case 2:{
          printf("\n   请输入你改的新名称");
            scanf("%s",stu[i].Good_name);
        break;
```

```
        }
    case 3:{
          printf("\n   请输入你改的新生产商");
            scanf("%s",stu[i].Good_author);
        break;
        }
    case 4:{
          printf("\n   请输入你改的新产地");
            scanf("%s",stu[i].press);
        break;
        }
    case 5:{
          printf("\n   请输入你改的新价格");
            scanf("%f",&stu[i].Good_price);
        break;
    case 6:{
          printf("\n   请输入你改的新数量");
            scanf("%d",&stu[i].Good_quantity);
        break;
        }
        }
    }

    printf("编号：%d,名称：%s,生产商：%s,产地：%s,价格：%.2f,数
量：%d\n",stu[i].Good_num,stu[i].Good_name,
    stu[i].Good_author,stu[i].press,stu[i].Good_price,stu[i].Good_quantity);  //
重新放到原数组中
    printf("按任意键加回车返回主菜单!");
    scanf("%d",&i);
    break;
  }
}
```

16.3.10　删除商品信息

输入商品名称，在结构体数组中查找，如果找到，则删除该节点。后续节点向前移动一个位置即可，其原理和一般的数组删除元素一样。具体代码如下：

```
/*删除信息*/
void Delete_Info(Good stu[])
  {

     int i,j;

     char Stuname2[20];
     system("cls");


   printf("请输入商品名称：");
   scanf("%s",Stuname2);
   printf("\n");
   for(i=0;i<k;i++)
   if(strcmp(stu[i].Good_name,Stuname2)==0)
     for(j=0;j<20;j++)
       stu[i].Good_name[j]=stu[i+1].Good_name[j];
   k--;


   printf("删除成功\n");
```

```
    printf("按任意键加回车返回主菜单!");
    scanf("%d",&i);
    getchar();
}
```

16.3.11 按商品价格进行排序

提取结构体中每个元素的 price 字段，然后进行排序。具体代码如下：

```
/*按照价格排序*/
void sort(Good stu[])
  {  int i,j,n=1,x;
 int t;
    system("cls");

    for(i=0;i<k-1;i++)
     for(j=i+1;j<k;j++)  // 采用交换排序
     if(stu[i].Good_price<stu[j].Good_price)
     { t=stu[i].Good_price;
       stu[i].Good_price=stu[j].Good_price;
       stu[j].Good_price=t;
            t=stu[i].Good_num;
       stu[i].Good_num=stu[j].Good_num;
       stu[j].Good_num=t;

     }
    for(i=0;i<k;i++)  // 排序
   printf("排名    编号     价格
\n %d       %d        %.2f\n",n++,stu[i].Good_num,stu[i].Good_price);
    printf("按任意键加回车返回主菜单!");
  scanf("%d",&x);
    getchar();
  }
```

16.4 系统运行与测试

商品信息管理系统的整个代码编写完成后，即可运行并测试系统了，操作步骤如下。

01 单击工具栏中 ▶ 本地 Windows 调试器 按钮，即可运行系统，进入系统登录界面，如图 16-2 所示。

02 根据提示输入用户名，按 Enter 键，然后根据提示输入登录密码，如图 16-3 所示。

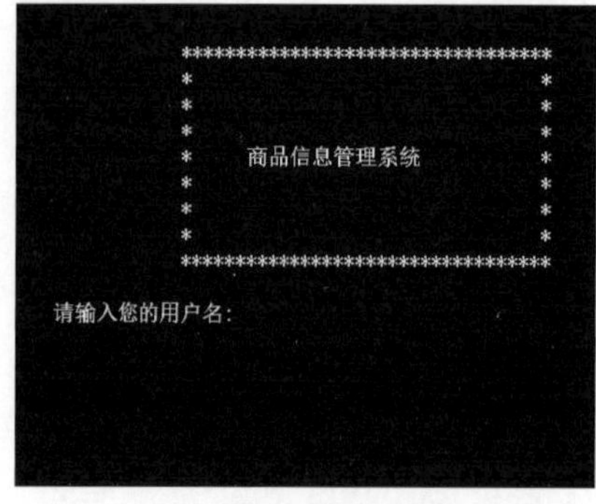

图 16-2 登录界面

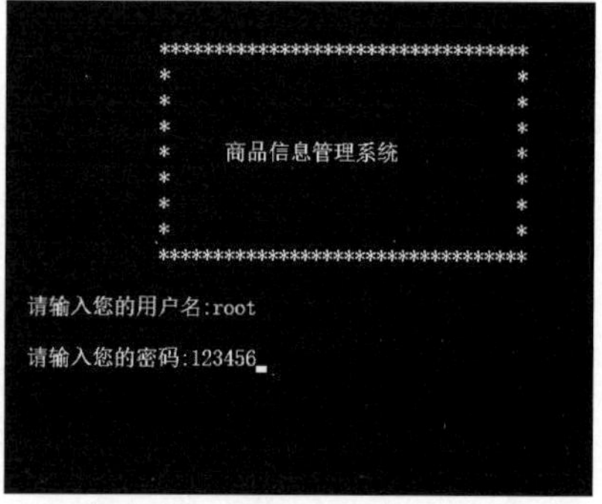

图 16-3 输入用户名和密码

03 由于第一次登录，还没有录入基本库存信息，所以没有显示主菜单的内容，如图 16-4 所示。

04 按 Enter 键，进入录入商品界面，根据提示首先录入商品的编号，如图 16-5 所示。

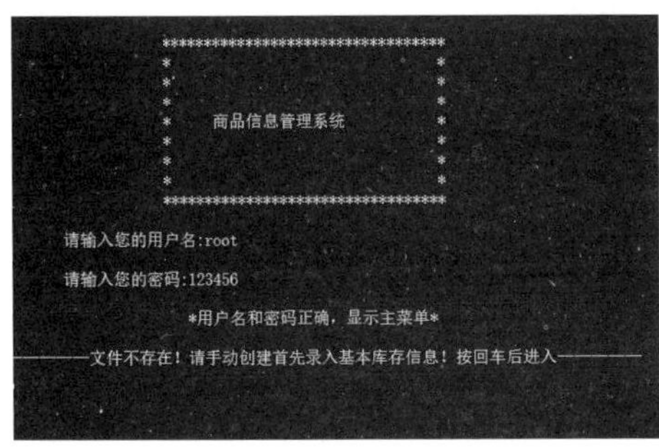

图 16-4　提示录入库存信息

图 16-5　录入商品的编号

05 继续输入商品的其他信息，如图 16-6 所示。

06 如果需要继续录入商品信息，需要输入“0”后按 Enter 键，即可录入第 2 个商品信息，如图 16-7 所示。

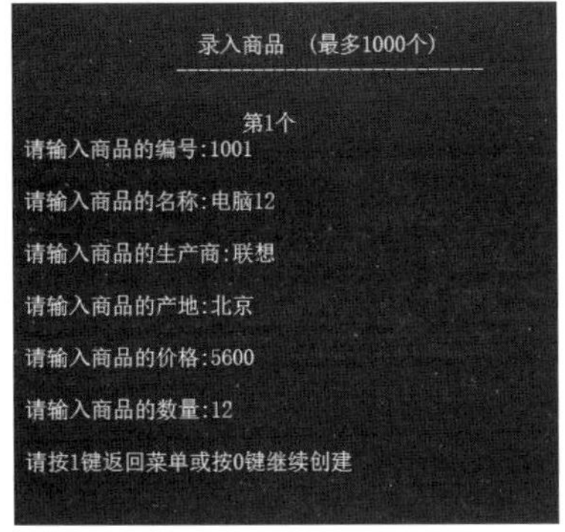

图 16-6　录入商品的其他信息

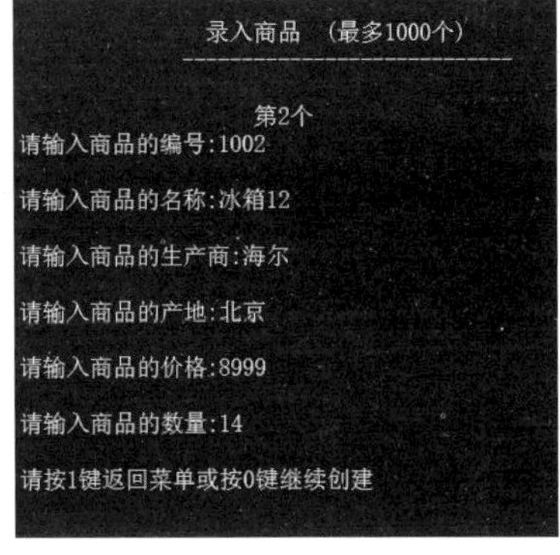

图 16-7　录入第 2 个商品信息

07 录入商品完成后，输入“1”键，即可返回到系统主菜单中。输入相应的数字，按 Enter 键，即可进入相应的功能模块，如图 16-8 所示。

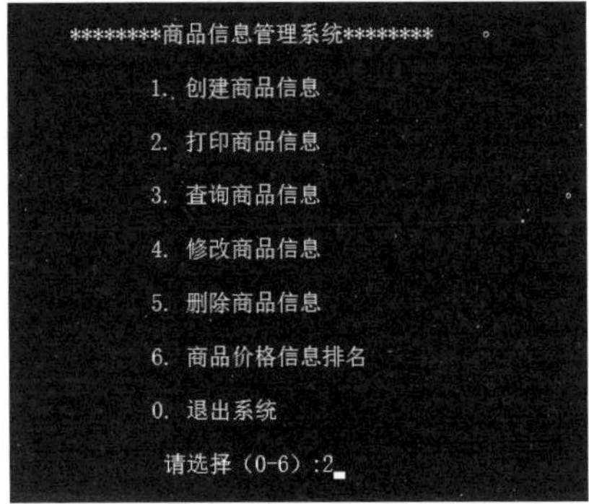

图 16-8　系统主菜单界面

08 输入“2”后按 Enter 键，进入打印商品信息界面，这里会显示所有的商品信息，如图 16-9 所示。

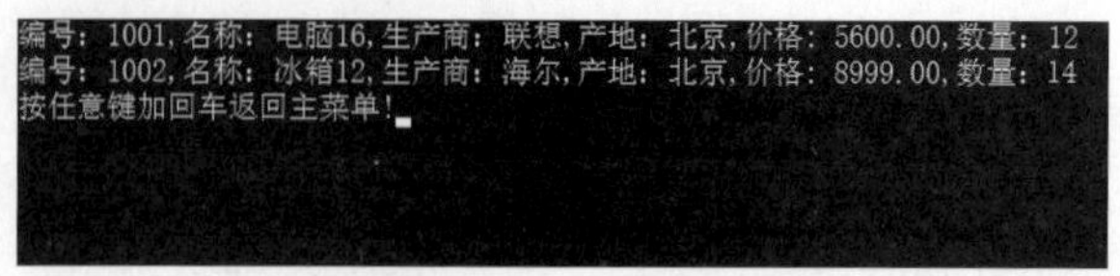

图 16-9　打印商品信息界面

09 按 Enter 键返回到系统主菜单中，按“3”数字键，如图 16-10 所示。

10 按 Enter 键，进入查询商品信息界面，这里输入商品的名称：电脑 12，按 Enter 键，即可查询商品信息，如图 16-11 所示。

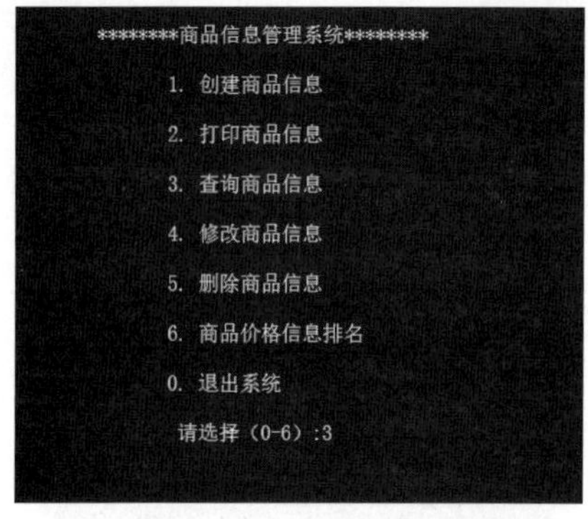

图 16-10　系统主菜单界面

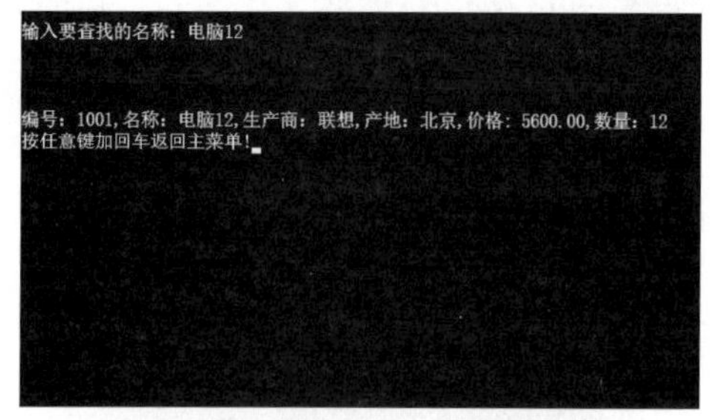

图 16-11　查询商品信息界面

11 按 Enter 键返回到系统主菜单中，按“4”数字键，如图 16-12 所示。

12 按 Enter 键，进入修改商品信息界面，这里输入商品的编号：1001，按 Enter 键，即可修改商品信息，包括商品的编号、名称、生产商、产地、价格和数量，如图 16-13 所示。

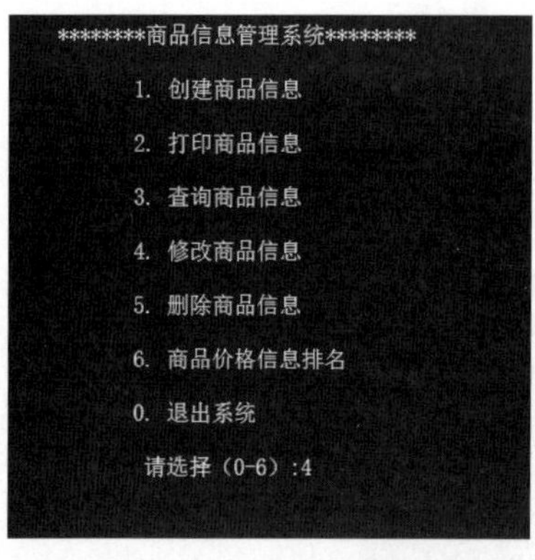

图 16-12　系统主菜单界面

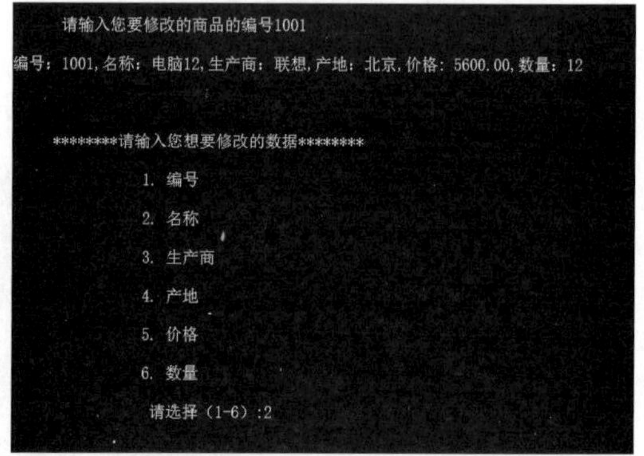

图 16-13　修 改商品信息界面

13 例如，这里以修改商品名称为例进行讲解，输入“2”后按 Enter 键，然后根据提示输入商品的新名称：电脑 16，如图 16-14 所示。

14 按 Enter 键，确认商品名称的修改，即可看到修改后的效果，如图 16-15 所示。

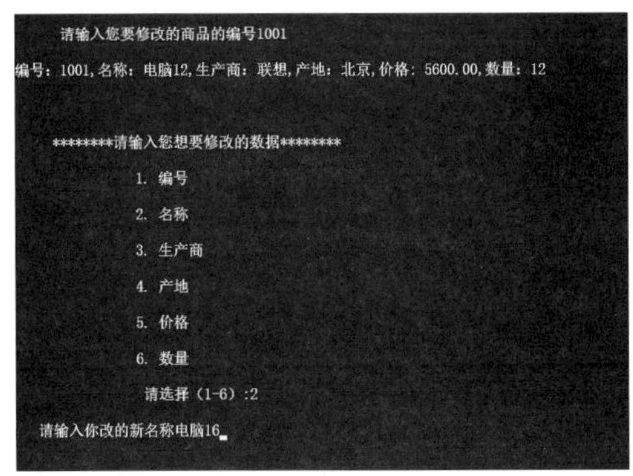

图 16-14　修改商品信息界面

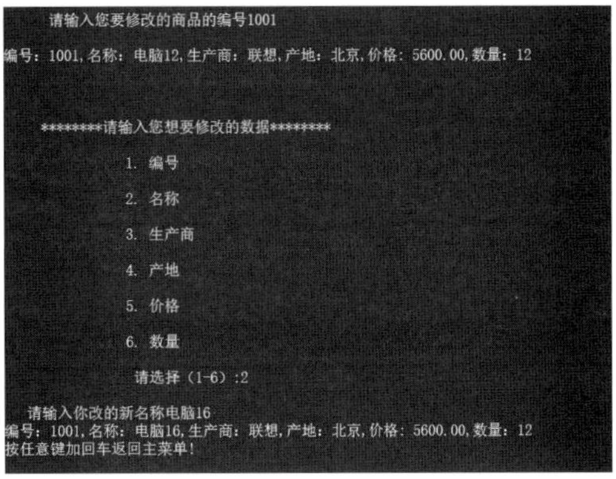

图 16-15　修改后的商品信息

15 按 Enter 键返回到系统主菜单中，按“6”数字键，如图 16-16 所示。

16 按 Enter 键，进入按商品价格排序界面，即可看到商品价格从大到小排序后的结果，如图 16-17 所示。

图 16-16　系统主菜单界面

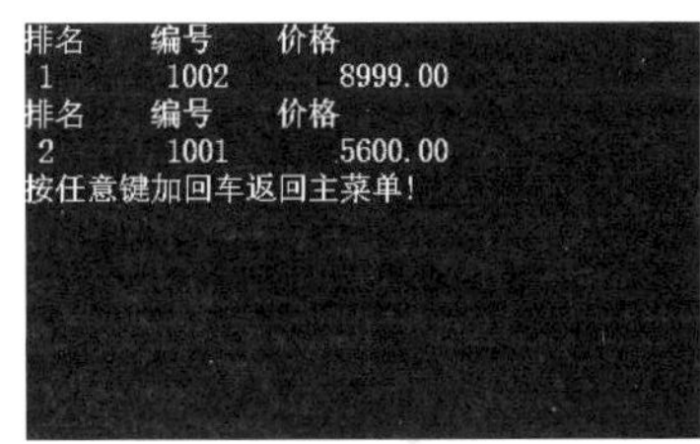

图 16-17　按商品价格排序界面

17 按 Enter 键返回到系统主菜单中，按“5”数字键，如图 16-18 所示。

18 按 Enter 键，进入删除商品信息界面，输入需要删除商品的名称，然后按 Enter 键，即可删除选择的商品，结果如图 16-19 所示。

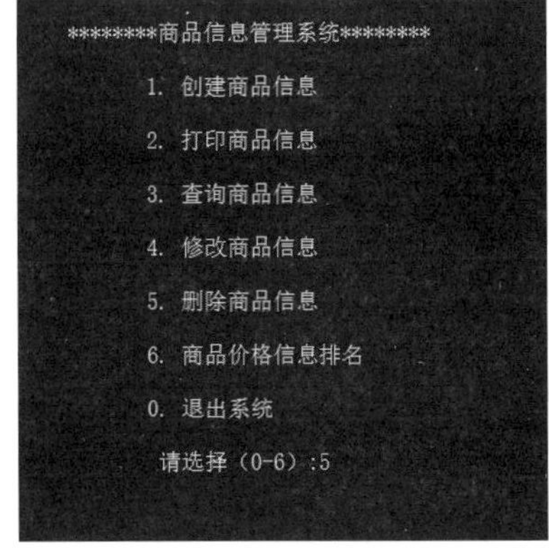

图 16-18　系统主菜单界面

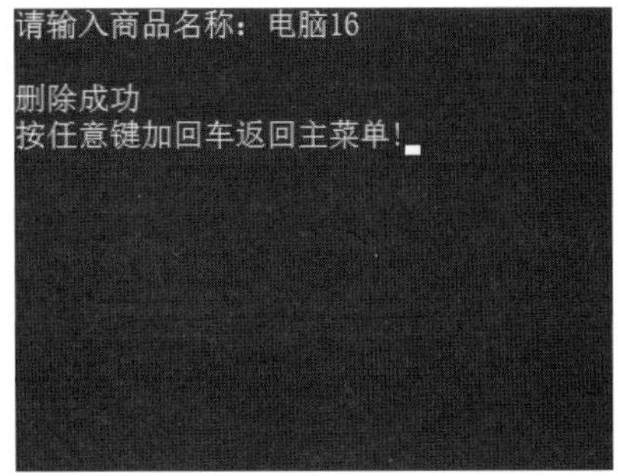

图 16-19　删除商品信息界面